"十四五"职业教育国家规划教材

国家职业教育物联网应用技术专业
教学资源库配套教材

ICVE 智慧职教 高等职业教育电类课程
新形态一体化教材

"十三五"江苏省高等学校重点教材
（编号：2018-2-034）

RFID技术及应用

▶主　编　黄从贵
▶副主编　王　荣　平　毅
▶参　编　李　晴　孙炜一

中国教育出版传媒集团
高等教育出版社·北京

内容简介

本书是“十四五”职业教育国家规划教材，也是国家职业教育物联网应用技术专业教学资源库配套教材之一。本书严格按照高职物联网应用技术专业人才培养的要求，结合近几年物联网行业应用及岗位需求的深刻分析编写而成。

国家职业教育专业教学资源库是教育部、财政部为深化高等职业教育教学改革，加强专业与课程建设，推动优质教学资源共建共享，提高人才培养质量而启动的国家级高职教育建设项目。物联网应用技术专业于2014年6月被教育部确定为国家职业教育专业教学资源库年度立项及建设专业。本书是物联网应用技术专业教学资源库“RFID技术及应用”课程的配套教材，是按照高职高专物联网应用技术专业人才培养方案的要求，总结近几年国家示范性高职院校专业教学改革经验编写而成的。

配套教材实现了互联网与传统教育的完美融合，采用“纸质教材+数字课程”的出版形式，以新颖的留白编排方式，突出资源的导航，扫描二维码，即可观看微课、动画等视频类数字资源，随扫随学，突破传统课堂教学的时空限制，激发学生的自主学习，打造高效课堂。资源具体下载和获取方式请见“智慧职教服务指南”。

全书分为四个学习项目，每个项目选取典型的RFID技术应用案例作为载体，项目一选取智能RFID图书馆系统，项目二选取低频RFID门禁系统，项目三选取高频RFID智能卡充值消费系统、项目四选取超高频RFID ETC系统。在项目的教学内容选取上，项目一基于人的认知规律，依次讲解RFID技术认知、RFID系统分析、RFID系统方案设计、RFID系统技术需求及RFID应用系统的构建；项目二~项目四基于RFID应用系统的构建流程，细化为5个学习任务：系统分析、关键技术、硬件设计、软件设计和系统实现，逐步递进式地强化学习者综合能力的培养，形成科学的学习过程。

本书可作为物联网、电子信息、计算机、软件等电子信息大类专业教学使用，也可作为物流类、管理类、经济类等专业学习选用，还可供物联网产业从业人员和社会学习爱好者参考使用。

图书在版编目(CIP)数据

RFID技术及应用/黄从贵主编.--北京：高等教育出版社，2019.8(2023.8重印)
ISBN 978-7-04-051434-6

Ⅰ.①R… Ⅱ.①黄… Ⅲ.①无线电信号-射频-信号识别-应用-高等职业教育-教材 Ⅳ.①TN911.23

中国版本图书馆CIP数据核字(2019)第036613号

RFID Jishu ji Yingyong

策划编辑 孙 薇　责任编辑 孙 薇　封面设计 赵 阳　版式设计 马 云
插图绘制 于 博　责任校对 李大鹏　责任印制 刁 毅

出版发行	高等教育出版社	网　址	http://www.hep.edu.cn
社　址	北京市西城区德外大街4号		http://www.hep.com.cn
邮政编码	100120	网上订购	http://www.hepmall.com.cn
印　刷	天津嘉恒印务有限公司		http://www.hepmall.com
开　本	850mm×1168mm 1/16		http://www.hepmall.cn
印　张	14.75		
字　数	380千字	版　次	2019年8月第1版
购书热线	010-58581118	印　次	2023年8月第7次印刷
咨询电话	400-810-0598	定　价	41.80元

物 料 号　51434-B0

“智慧职教”服务指南

“智慧职教”(www.icve.com.cn)是由高等教育出版社建设和运营的职业教育数字教学资源共建共享平台和在线课程教学服务平台,与教材配套课程相关的部分包括资源库平台、职教云平台和 App 等。用户通过平台注册,登录即可使用该平台。

- 资源库平台:为学习者提供本教材配套课程及资源的浏览服务。

登录“智慧职教”平台,在首页搜索框中搜索“RFID 技术及应用”,找到对应作者主持的课程,加入课程参加学习,即可浏览课程资源。

- 职教云平台:帮助任课教师对本教材配套课程进行引用、修改,再发布为个性化课程(SPOC)。

1. 登录职教云平台,在首页单击“新增课程”按钮,根据提示设置要构建的个性化课程的基本信息。

2. 进入课程编辑页面设置教学班级后,在“教学管理”的“教学设计”中“导入”教材配套课程,可根据教学需要进行修改,再发布为个性化课程。

- App:帮助任课教师和学生基于新构建的个性化课程开展线上线下混合式、智能化教与学。

1. 在应用市场搜索“智慧职教 icve”App,下载安装。

2. 登录 App,任课教师指导学生加入个性化课程,并利用 App 提供的各类功能,开展课前、课中、课后的教学互动,构建智慧课堂。

“智慧职教”使用帮助及常见问题解答请访问 help.icve.com.cn。

前 言

党的二十大报告提出，以中国式现代化全面推进中华民族伟大复兴，分两步走全面建成社会主义现代化强国。我们要加快构建新发展格局，着力推进高质量发展，推进新型工业化，加快建设制造强国、质量强国、航天强国、交通强国、网络强国、数字中国；实施科教兴国战略，强化现代化建设人才支撑，坚持教育优先发展、科技自立自强、人才引领驱动，加快建设教育强国、科技强国、人才强国；推动绿色发展，促进人与自然和谐共生。

1. 起因

物联网被称为继计算机、互联网与移动通信之后世界信息产业发展的第三次浪潮，被列为国家重点发展的战略性新兴产业之一。如今，从“互联网+”到“中国制造 2025”，都离不开物联网的支撑。截止 2020 年底，我国物联网产业规模已突破 2.4 万亿元。国家“十四五”规划和 2035 年远景目标纲要将物联网纳为 7 大数字经济重点产业之一。

在物联网中，RFID 技术是实现物联网的关键技术，被公认为 21 世纪最有发展前途的十大重要技术之一。RFID 技术与互联网、移动通信等技术相结合，可以实现全球范围内物品的跟踪与信息的共享，从而给物体赋予智能，实现人与物体以及物体与物体的沟通和对话，最终构成联通万事万物的物联网。

2017 年，无锡职业技术学院联合全国 16 所高职院校和 29 家知名企业及机构，主持完成国家职业教育物联网应用技术专业教学资源库建设，开发了包括 RFID 技术及应用课程在内的 13 门专业主干课程资源库，目前本课程已制作教学课件、视频、动画、微课等资源 800 余条，为了更好地辅助教师教学和学生学习，丰富课堂教学内容和教学模式，编写了这本配套平台课程资源使用、方便学习者线上线下自主学习的新形态一体化教材。

2. 结构

本书基于人的认知规律、职业教育规律特点，选取四个典型的 RFID 技术应用项目作为载体，每个项目独立成体系，适应于不同层次的学习需求。学生和社会学习者可以针对实际的工作任务——RFID 认知、RFID 读写器设计、简单 RFID 应用系统构建、较复杂 RFID 应用系统设计与实施，对照数字化学习资源，结合实际条件实现自主学习，达到课程学习目标。

四个项目的教学内容选取简化设计，突出重点，力争简化其非核心技术模块，突出 RFID 的技术应用，弱化 RFID 系统其他方面的细枝末节。

3. 特点

（1）课程体系方面：运用信息技术整合物联网应用工程项目，每个教学项目又基于 RFID 应用系统的构建流程，细化为系统分析、关键技术、硬件设计、软件设计和系统实现 5 个学习任务，逐步递进式地强化学习者综合能力的培养，形成科学的学习过程。

（2）教学内容方面：针对课程的重点、难点，借助信息技术，开发了动画、视频、虚拟仿真等动态资源，帮助学生解决抽象性、理论性问题，激发学习者的学习兴趣；同时，提供了丰富的习题资源，实现了在线组卷、在线测试等功能，提高了学习效率。

(3) 教学方法方面:通过课程在线开放平台,在课堂教学中引入翻转课堂、混合教学等先进教学模式,真正实现"以学生为中心",帮助学生建立多元化、开放式的学习途径和方法。在教学实施过程中,融入成本意识、敬业精神、质量意识、创新意识等,树立"课程思政"的核心理念,实现知识传授与价值引领相结合。

4. 使用

本书可作为物联网应用技术、电子信息工程技术、应用电子技术、计算机应用技术等电子信息大类专业教学使用,也可作为物流类、经济类、管理类等专业学习选用,还可供企业员工和社会学习者参考选用。针对不同院校、不同专业培养目标设置的课程定位差异性,作者建议物联网应用技术专业学生掌握本书所讲的全部内容,至少安排48学时;电子信息大类其他专业学生选取项目一、项目二、项目三等相关内容,可安排32学时理解物联网RFID技术和应用领域;针对经济类、管理类、物流类专业学生选取项目一内容,可安排16学时了解物联网RFID技术的基本知识及其应用。为了便于广大读者使用,本书配套了丰富的线上教学资源,可以随时随地使用手机登录移动终端随扫随学。

5. 完善

本书自2019年出版以来,基于物联网产业的发展、最新的课程教学改革成果和广大院校师生的教学反馈,不断优化、完善教材内容,及时吸收了一些新的技术(如我国的5G、北斗等),增加了课程思政小案例(如我国制定的RFID国际标准ISO18186),充实了部分代码内容(如高频RFID系统计算机控制串口控件),全面提升了本书的教学适用性。

6. 致谢

在本书的编写过程中,教材编写团队参考了大量的网络资源、技术资料和国内外优秀的RFID技术方面的专著和教材,同时也得到了上海交通大学RFID与物联网研究所、江苏瑞孚特物联网科技有限公司、无锡国高物联网科技有限公司等行业企业的大力支持和帮助,以及所提出的许多宝贵的建议和意见,在此一并感谢。同时,也要感谢家人在写书期间的默默付出。

本书由无锡职业技术学院RFID技术课程组编写。其中,项目一、项目二由无锡职业技术学院黄从贵编写,项目三由无锡职业技术学院王荣编写,项目四由无锡职业技术学院平毅编写。常州信息职业技术学院李晴老师、江苏瑞孚特物联网科技有限公司孙炜一总经理参与了教材的编审及修订。全书由黄从贵任主编和统稿,王荣、平毅任副主编。

无锡职业技术学院王波老师负责项目二资源制作,瞿惠琴、吴孔培、谷永先、潘健、张彦芳等老师参与了课程资源制作。陈鹏飞、王磊、符逸飞、于婉茹、王进、徐冠宇等同学在课程资源制作过程中做了大量辅助工作。在此致以衷心的感谢。

RFID技术涉及多学科、多技术交叉融合的技术群,涵盖无线电通信、电磁辐射、芯片设计、天线设计、数据变换、信息安全等技术,加上编者水平有限,书中难免有错误或不妥之处,恳请国内外专家与读者批评指正,意见请致 huangcg@ wxit.edu.cn。

编者

2022年11月

目 录

项目一　RFID 应用系统的构建 … 1
引导案例 …… 1
学习目标 …… 2
任务 1　RFID 技术认知 …… 2
【任务描述】 …… 2
【知识准备】 …… 2
1.1.1　RFID 技术初识 …… 2
1.1.2　RFID 技术定义 …… 7
1.1.3　RFID 技术发展 …… 8
1.1.4　RFID 技术应用 …… 9
【任务实施】 …… 12
【问题研讨】 …… 12
【知识拓展】 …… 12
任务 2　RFID 系统分析 …… 13
【任务描述】 …… 13
【知识准备】 …… 13
1.2.1　RFID 系统组成 …… 13
1.2.2　RFID 系统硬件组件 …… 14
1.2.3　RFID 系统软件组件 …… 19
1.2.4　RFID 系统成本构成 …… 21
【任务实施】 …… 22
【问题研讨】 …… 22
【知识拓展】 …… 22
任务 3　RFID 系统方案设计 …… 23
【任务描述】 …… 23
【知识准备】 …… 23
1.3.1　RFID 应用系统类型 …… 23
1.3.2　RFID 系统工作流程 …… 25
1.3.3　RFID 系统耦合方式 …… 26
1.3.4　RFID 系统性能指标 …… 27
【任务实施】 …… 29
【问题研讨】 …… 29
任务 4　RFID 系统技术需求 …… 30
【任务描述】 …… 30
【知识准备】 …… 30
1.4.1　RFID 工作频率 …… 30
1.4.2　RFID 天线技术 …… 34
1.4.3　RFID 通信技术 …… 40
1.4.4　RFID 数据传输 …… 49
【任务实施】 …… 58
【问题研讨】 …… 58
任务 5　RFID 应用系统的构建 …… 58
【任务描述】 …… 58
【知识准备】 …… 58
1.5.1　RFID 标准体系 …… 58
1.5.2　RFID 应用系统的构建 …… 71
1.5.3　RFID 应用系统的测试 …… 79
【任务实施】 …… 84
【问题研讨】 …… 84
习题与测试 …… 84
项目二　低频 RFID 系统设计与实现 …… 87
引导案例 …… 87
学习目标 …… 88
任务 1　低频 RFID 系统分析 …… 89
【任务描述】 …… 89
【知识准备】 …… 89
2.1.1　低频 RFID 系统技术特点 …… 89
2.1.2　低频 RFID 系统工作原理 …… 89
2.1.3　门禁系统组成与分类 …… 91
2.1.4　RFID 门禁系统分析 …… 93
2.1.5　RFID 门禁系统结构 …… 95
【任务实施】 …… 97
【问题研讨】 …… 97

任务 2　低频 RFID 系统关键技术 ········· 97
【任务描述】 ································ 97
【知识准备】 ································ 97
2.2.1　低频 RFID 电子标签 ············ 97
2.2.2　低频 ID 卡芯片 ················· 98
2.2.3　低频 RFID 读写器芯片 ········ 100
2.2.4　低频 RFID 通信协议 ··········· 102
【任务实施】 ································ 104
【问题研讨】 ································ 104
任务 3　低频 RFID 系统硬件设计 ········· 104
【任务描述】 ································ 104
【知识准备】 ································ 104
2.3.1　系统硬件设计方案 ············· 104
【任务实施】 ································ 105
2.3.2　单片机最小系统设计 ··········· 105
2.3.3　RFID 读卡电路设计 ············ 106
2.3.4　系统外围电路设计 ············· 107
【问题研讨】 ································ 109
任务 4　低频 RFID 系统软件设计 ········· 109
【任务描述】 ································ 109
【知识准备】 ································ 110
2.4.1　系统软件设计思路 ············· 110
【任务实施】 ································ 110
2.4.2　系统主函数设计 ················ 110
2.4.3　UART 串口初始化 ·············· 113
2.4.4　RFID 液晶显示子函数 ········· 113
【问题研讨】 ································ 115
【知识拓展】 ································ 115
任务 5　低频 RFID 系统的实现 ··········· 115
【任务描述】 ································ 115
【知识准备】 ································ 115
2.5.1　系统硬件连线 ··················· 115
【任务实施】 ································ 116
2.5.2　系统软件调试 ··················· 116
【任务实施】 ································ 123
【问题研讨】 ································ 124
【知识拓展】 ································ 124
习题与测试 ·································· 124
项目三　高频 RFID 系统设计与实现 ········ 127
引导案例 ···································· 127
学习目标 ···································· 128
任务 1　高频 RFID 系统分析 ·············· 128
【任务描述】 ································ 128
【知识准备】 ································ 128
3.1.1　高频 RFID 系统技术特点 ······ 129
3.1.2　高频 RFID 系统基本构成 ······ 129
3.1.3　高频 RFID 系统工作原理 ······ 130
3.1.4　高频 RFID 系统标准体系 ······ 131
【问题研讨】 ································ 131
【知识拓展】 ································ 131
任务 2　高频 RFID 系统关键技术 ········· 132
【任务描述】 ································ 132
【知识准备】 ································ 133
3.2.1　高频 RFID 电子标签 ··········· 133
3.2.2　Mifare One 电子标签 ·········· 134
3.2.3　高频 RFID 读写器 ·············· 137
3.2.4　读写器与 M1 卡的通信过程 ··· 139
【任务实施】 ································ 140
【问题研讨】 ································ 140
任务 3　高频 RFID 系统硬件设计 ········· 140
【任务描述】 ································ 140
【知识准备】 ································ 140
3.3.1　系统硬件设计方案 ············· 140
3.3.2　单片机最小系统设计 ··········· 141
3.3.3　RC522 读写器电路设计 ········ 142
3.3.4　通信接口电路设计 ············· 144
3.3.5　其他外围电路设计 ············· 144
【任务实施】 ································ 145
3.3.6　读写器电路板的实现 ··········· 145
【问题研讨】 ································ 146
任务 4　高频 RFID 系统软件设计 ········· 146
【任务描述】 ································ 146
【知识准备】 ································ 147
3.4.1　系统软件功能划分 ············· 147

【任务实施】…… 147
3.4.2 读写器控制程序的设计 …… 147
3.4.3 计算机控制程序的设计 …… 151
【任务实施】…… 161
【问题研讨】…… 161
任务5 高频RFID系统实现 …… 161
【任务描述】…… 161
【知识准备】…… 162
3.5.1 程序下载方法 …… 162
【任务实施】…… 163
3.5.2 读写器通信命令的测试 …… 163
3.5.3 计算机控制程序的测试 …… 164
【问题研讨】…… 166
【知识拓展】…… 166
3.5.4 ISO/IEC 14443标准分类 …… 166
3.5.5 ISO/IEC标准高频频段防冲突机制简介 …… 168
3.5.6 NFC技术简介 …… 170
3.5.7 高频RFID系统与NFC技术 …… 171
3.5.8 NFC的发展现状与应用前景 …… 172
习题与测试 …… 173
项目四 超高频RFID系统的设计与实现 …… 175
引导案例 …… 175
学习目标 …… 176
任务1 超高频RFID系统分析 …… 176
【任务描述】…… 176
【知识准备】…… 176
4.1.1 超高频RFID系统技术特点 …… 177
4.1.2 超高频RFID系统工作原理 …… 177
4.1.3 超高频RFID系统工作频率 …… 178
4.1.4 超高频RFID ETC系统分析 …… 179
【任务实施】…… 181
【问题研讨】…… 181
任务2 超高频RFID系统关键技术 …… 182
【任务描述】…… 182
【知识准备】…… 182
4.2.1 超高频RFID协议标准 …… 182
4.2.2 超高频RFID系统天线 …… 184
4.2.3 超高频RFID电子标签 …… 186
4.2.4 超高频RFID系统读写器 …… 188
4.2.5 超高频RFID系统中间件 …… 191
【任务实施】…… 193
【问题研讨】…… 193
任务3 超高频RFID系统硬件设备 …… 193
【任务描述】…… 193
【知识准备】…… 193
4.3.1 超高频RFID ETC系统组成 …… 193
4.3.2 超高频RFID ETC读写器选型 …… 194
4.3.3 超高频RFID ETC电子标签 …… 195
4.3.4 超高频RFID标签天线设计 …… 198
【任务实施】…… 200
【问题研讨】…… 200
任务4 超高频RFID系统软件设计 …… 200
【任务描述】…… 200
【知识准备】…… 200
4.4.1 ETC系统软件工作流程 …… 200
【任务实施】…… 203
4.4.2 ETC系统读写器软件设计 …… 203
4.4.3 ETC系统上位机界面设计 …… 204
【问题研讨】…… 206
任务5 超高频RFID系统实现 …… 206
【任务描述】…… 206
【知识准备】…… 206
4.5.1 超高频RFID ETC系统软件安装 …… 206
4.5.2 超高频RFID ETC系统阅读器操作 …… 209
【任务实施】…… 215
4.5.3 超高频RFID ETC系统测试 …… 215
【问题研讨】…… 218
习题与测试 …… 218
附录1 缩略语英汉对照表 …… 219
附录2 RFID设备供应商 …… 223
参考文献 …… 225

项目一

RFID 应用系统的构建

微课
RFID 图书馆管理系统.mp4

引导案例

图书馆是图书管理需求最为集中的应用场所。据调研分析，目前全国共有 1 万多家图书馆，且大多数图书馆已经从纯手工管理方式过渡到了数字化管理模式。虽然采用了条形码识别、计算机网络、计算机软件技术等现代化技术，但还是有许多问题困扰着图书馆的管理及工作人员。例如，图书的自助借还、图书的快速盘点/查找、图书的乱架整理、门禁出入管理等问题还是没有很好地得到解决，阻碍了图书馆进一步提高管理和服务水平。图书馆界也在不断地努力寻找一种更为先进的技术实现他们的迫切愿望。图书馆智能化发展方向如图 1-1 所示。

智能 RFID 图书馆采用电子标签来标识每一本图书，用读写器来读取电子标签信息，然后用计算机来检索和处理图书信息。图书被借阅时，和计算机相连的电子标签读写器自动识别所有借阅的图书信息。智能 RFID 图书馆系统概念图如图 1-2 所示。

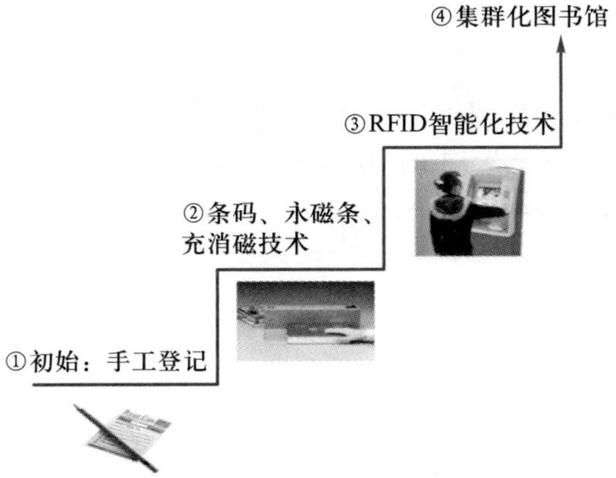

图 1-1 图书馆智能化发展方向

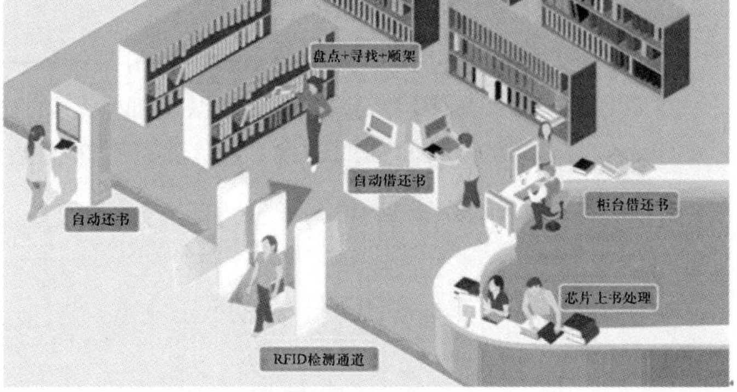

图 1-2 智能 RFID 图书馆系统概念图

读者选择好自己要借阅的书后,通过借阅卡在自助借阅机上自动办理借阅手续,系统自动识别生成相关数据,当读者经过出口门形感应天线时,门形天线自动校对图书信息,校对无误,闸道自动放行;否则会警示,读者无法通过安全门。同样,读者可以通过还书机办理还书手续,这些过程无需人工干预,自动完成,系统都会生成日志记录,方便查寻。

立足本课程的定位与培养目标,本项目以智能 RFID 图书馆为载体,结合 RFID 图书馆硬件系统的选型与构建过程,介绍 RFID 技术特点,分析 RFID 系统组成、工作原理技术需求,最后介绍 RFID 应用系统构建方法和测试方法等。

学习目标

知识目标

- 了解常见的自动识别技术定义、工作原理
- 掌握 RFID 技术的定义及其特点
- 熟悉 RFID 技术的历史、产业发展、应用领域与存在问题
- 掌握 RFID 系统的基本组成、硬件组件、软件组件
- 掌握 RFID 系统的工作流程、耦合方式、性能指标
- 掌握 RFID 系统的工作频率、天线技术、标准规范
- 理解 RFID 系统的编码调制方法、数据校验方法、防碰撞算法
- 了解 RFID 系统中安全、隐私问题及其应对策略
- 了解 RFID 系统测试内容、测试方法、测试流程与规范

技能目标

- 能够描述 RFID 技术定义及其特征
- 能够描述 RFID 工作频率划分、技术特点及其应用领域
- 能够描述 RFID 天线的分类、性能指标与制造工艺
- 能够描述 RFID 编码调制与数据校验方法
- 能够描述 RFID 系统的硬件构成及其工作原理
- 能够分析智能 RFID 图书馆系统的构成

任务 1 RFID 技术认知

【任务描述】

通过认知典型的 RFID 应用系统——智能 RFID 图书馆系统,结合 ID 技术、AID 技术和 RFID 技术的相关知识详细介绍,使学生了解并掌握 RFID 技术简史、功能特征、应用方向和面临的问题,学会观察身边生活中应用 RFID 技术的场景。

【知识准备】

1.1.1 RFID 技术初识

一、物联网与 RFID 技术

物联网(Internet of Things),顾名思义,就是“物与物相连的互联网”。它是在互联

网的基础上,将用户端延伸和扩展到任何物体,进行信息交换和通信的一种网络,即从任何时间、任何地点人与人之间的沟通和连接,扩展到人与物、物与物之间的沟通和连接。

物联网的定义是,通过射频识别(RFID)、传感器、全球定位系统、激光扫描器等信息传感设备,按照约定的协议,把任何物体与互联网连接起来,进行信息交换和通信,以实现智能化识别、定位、跟踪、监控和管理的一种网络。

如图 1-3 所示,RFID 技术与互联网、移动通信等技术相结合,可以实现全球范围内物品的跟踪与信息的共享,从而赋予物体智能,最终构成连通万事万物的物联网。RFID 技术将物联网的触角延伸到了物体之上,同时也将人与物、物与物之间的距离变小了,因此,**RFID 技术是实现物联网的关键技术**。

案例
华为在引领物联网技术发展

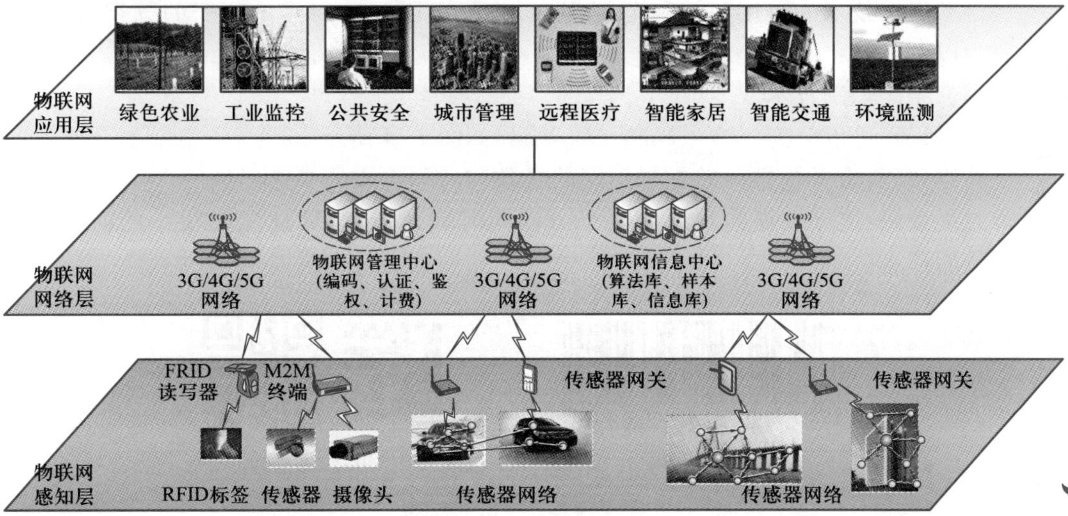

架构	感知层	网络层	应用层
作用	感知和识别物体,获取信息	传递和处理信息,连接感知层与应用层	将物联网技术与行业需求相结合,实现广泛智能化应用的解决方案
实现方式	RFID 标签和读写器、摄像头、GPS、北斗、M2M 终端、二维码等	光纤通信、WiFi、蓝牙、ZigBee、WLAN、2G/3G/4G/5G、LPWAN、LTE-M 等	中间件技术、大数据、云计算等
发展现状	短距离为主,嵌入式基本实现,能够满足部分应用	当前标准化程度最高,产业化能力最强、最成熟的部分	应用广泛,覆盖范围遍布个人、家庭和企业,增长空间巨大
突破方向	更精确和全面的感知功能,解决低功耗、小型化、低成本问题	拓宽规模,实现泛在,简化结构,统一标准	信息技术与行业深度融合,增强信息安全保障,商业模式开发

图 1-3 物联网系统三层结构图

二、自动识别技术与 RFID 技术

教学课件
自动识别技术定义及其分类.pptx

微课
自动识别技术定义及其分类.mp4

1. 自动识别技术的概念

自动识别技术就是应用一定的**识别装置**，通过**被识别物品**和识别装置之间的接近活动，**自动地获取**被识别物品的相关信息，并提供给后台的计算机处理系统来完成相关后续处理的一种技术。

常见的自动识别技术主要有条码技术、卡识别技术、生物识别技术、射频识别技术等。其中，条码是光识别技术；磁卡是磁识别技术；IC 卡是电识别技术；射频识别是无线识别技术。

教学课件
条码识别技术原理.pptx

微课
条码识别技术原理.mp4

动画演示
条码识别技术原理.mp4

2. 自动识别技术分类

自动识别技术的应用领域和范围很广，按照应用领域和具体特征的分类标准，可以分为以下七种：

（1）条码识别技术

条码识别可以分为一维条码和二维条码，如图 1-4 所示。

一维条码：由平行排列的宽窄不同的线条和间隔组成的二进制编码。

二维条码：能够在横向和纵向两个方向同时表达信息，因此能在很小的面积内表达大量的信息。

4 901234 567894

(a) 一维条码　　(b) 二维条码

图 1-4　条码识别技术

（2）生物识别技术

生物识别技术是指通过获取和分析人体的物理特征和行为特征来实现人的身份的自动鉴别技术。如图 1-5 所示，物理特征包括指纹、眼睛（视网膜和虹膜）、脸型和 DNA 等；行为特征包括签名、语音等。

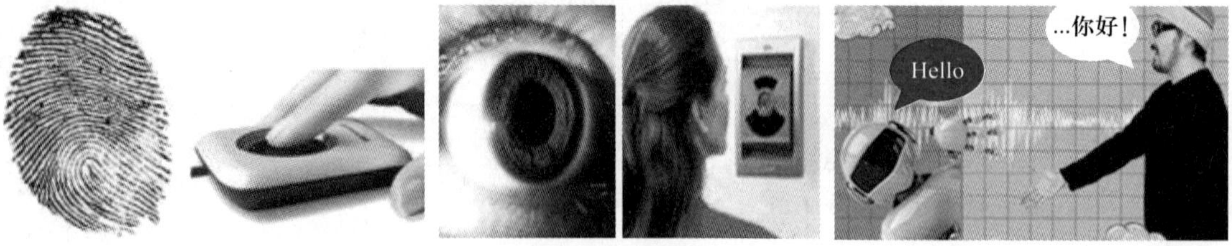

图 1-5　生物识别技术

（3）图像识别技术

在信息化领域，图像识别技术是指利用计算机对图像进行处理、分析和理解，以识别各种不同模式的目标和对象的技术，如图 1-6 所示。

图 1-6　图像识别技术

（4）磁卡识别技术

磁卡识别技术是指通过变化磁的极性来记录信息的技术，读卡器可以识读到磁性变化，并将它们转换回字母或数字的形式，以便由计算机来处理，如图 1-7 所示。

教学课件
磁卡识别技术的原理.ppt

微课
磁卡识别技术的原理.mp4

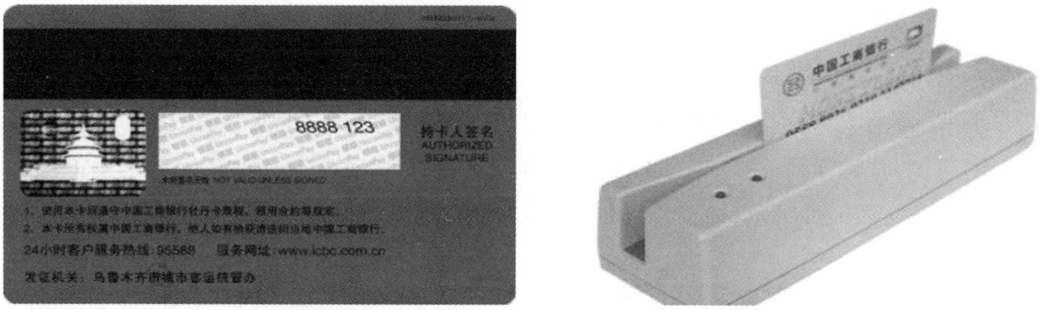

(a) 磁卡　　(b) 读卡器

图 1-7　磁卡识别技术

磁卡识别技术能够在小范围内存储较大数量的信息，在磁条上的信息可以被重写或更改。

（5）IC 卡识别技术

IC 卡即集成电路卡，按读取界面可将 IC 卡分为如图 1-8 所示的两种。

- 接触式 IC 卡：通过与 IC 卡的触点接触后进行数据的读写。
- 非接触式 IC 卡：通过非接触式的读写技术（如无线射频技术）进行读写。

教学课件
IC 卡识别技术.ppt

微课
IC 卡识别技术.mp4

(a) 接触式IC卡　　(b) 非接触式IC卡

图 1-8　磁卡识别技术

（6）光学字符识别技术（OCR）

光学字符识别技术是指采用光学方式将文档资料转换成为黑白点阵的图像文件，

然后通过识别软件将图像中的文字转换成文本格式，以便文字处理软件进一步编辑加工的系统技术，如图 1-9 所示。

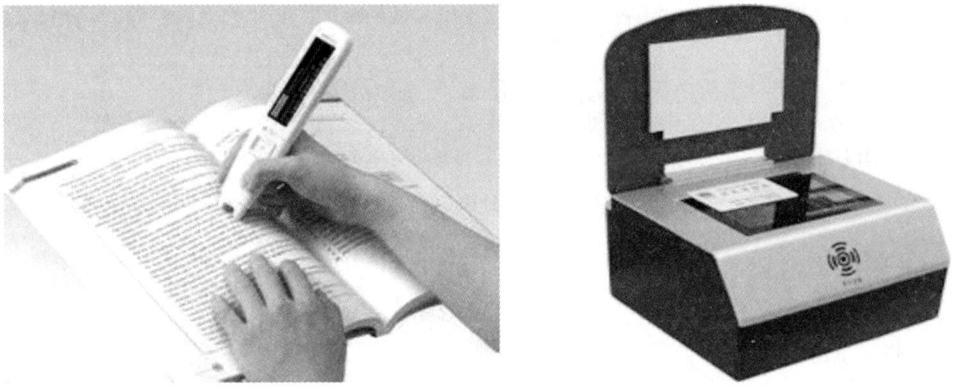

图 1-9 光学字符识别技术

(7) 射频识别技术(RFID)

RFID 技术是一种自动识别技术，它利用射频信号实现无接触信息传递，达到物品识别的目的，如图 1-10 所示。**RFID 技术是目前最重要的自动识别技术。**

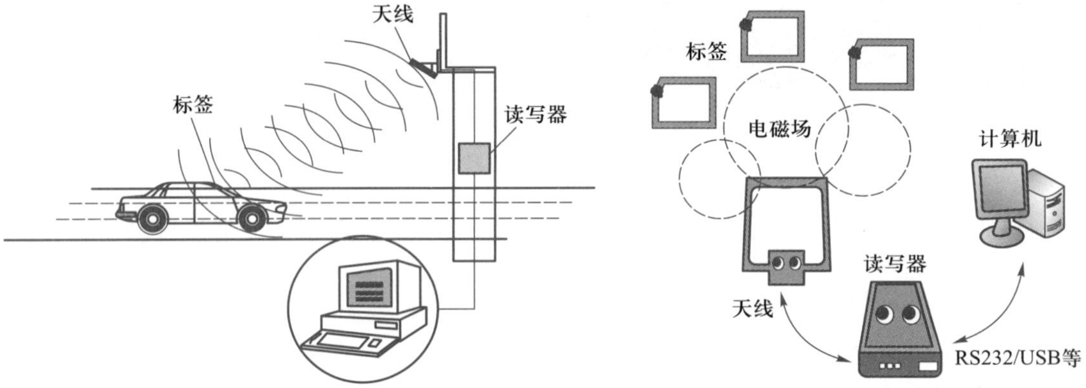

图 1-10 射频识别技术

教学课件
常用自动识别技术的比较.ppt

微课
常用自动识别技术的比较.mp4

3. 常用自动识别技术比较

常用自动识别技术的特性比较见表 1-1。

表 1-1 常用自动识别技术的特性比较

系统参数	条形码	OCR	生物识别	IC 卡	RFID
典型数据量	1~100 B	1~100 B	—	16~64 KB	16~64 KB
数据密度	低	低	高	很高	很高
数据载体	纸、塑料或金属表面	物体表面	生物本身	EEPROM	EEPROM
读取方式	CCD 或激光扫描	光电转换	机器识读	电擦写	无线方式

续表

系统参数	条形码	OCR	生物识别	IC 卡	RFID
人工读取	受限	简单	不可	不可	不可
遮盖的影响	完全失效	完全失效	依赖于具体的实现技术	—	不影响
方向和位置的影响	很小	很小	—	单向	不影响
退化和磨损	有限	有限	—	有(接触)	不影响
购买成本	很低	中	很高	低	中
运行成本	低	低	无	有(接触)	无
安全性能	无	无	好	好	好
阅读/读取速度	慢,约 4 s	慢,约 3 s	较慢	较慢	快,约 0.5 s
阅读器/读写器/扫描器和载体之间最大距离	0~50 cm	小于 1 cm	0~50 cm	直接接触	0~5 m,微波频段更远

1.1.2 RFID 技术定义

RFID 技术是实现物联网的关键技术之一,也是目前最重要的自动识别技术,被公认为 21 世纪最有发展前途的十大技术之一。那么,什么是 RFID 技术?RFID 技术又有哪些特点呢?

一、RFID 技术含义

RFID(Radio Frequency Identification)的中文译名是无线射频识别。它是一种非接触式的自动识别技术,通过射频信号自动识别目标对象并获取相关数据,并对其进行标志、登记、存储和管理,识别工作无须人工干预,可工作于各种恶劣环境。

二、RFID 技术特点

微课
RFID 技术定义及其特点.mp4

埃森哲实验室首席科学家弗格森认为 RFID 是一种突破性的技术,可以识别单个的非常具体的物体,可以透过外部材料读取数据,可以同时对多个移动的物体进行识读,储存的信息量也非常大。

特点一:操作方便,工作距离长,可以实现对移动目标的识别。

特点二:无硬件接触,避免了因机械接触而产生的各种故障,使用寿命长。

特点三:射频识别卡无外露金属触点,整个卡片完全密封,具有良好的防水、防尘、防污损、防磁、防静电性能,适合恶劣环境条件(如温、湿度变化大,灰尘多,难以保持卡面清洁的井下环境)下工作。

特点四:对无线传输数据都经过随机序列的加密,并有完善、保密的通信协议。卡内序列号是唯一的，制造商在卡出厂前已将此序列号固化，安全性高。

特点五：卡内具有防碰撞机制，可实现同时对多个移动目标进行识别。

特点六：信号的穿透能力强（可穿透墙壁、路面、衣物、人等），数据传输量小，抗干扰能力强，感应灵敏，易于维护和操作。

微课

RFID 技术的历史与发展.mp4

1.1.3 RFID 技术发展

RFID 直接继承了雷达的概念，并由此发展出一种生机勃勃的自动识别新技术——RFID 技术。1948 年，哈里·斯托克曼发表的《利用反射功率的通讯》奠定了 RFID 的理论基础。

一、RFID 技术的发展历史

在 20 世纪中，无线电技术的理论与应用研究是科学技术发展最重要的成就之一。RFID 技术的发展可按 10 年期划分如下：

1941—1950 年：第二次世界大战，雷达的改进和应用催生了 RFID 技术，1948 年奠定了 RFID 技术理论基础。

1951—1960 年：早期 RFID 技术的探索阶段，主要处于实验室实验研究。

1961—1970 年：RFID 技术的理论得到了发展，开始了一些应用尝试。

1971—1980 年：RFID 技术与产品研发处于一个大发展时期，各种 RFID 技术测试得到加速。出现了一些最早的 RFID 应用。

1981—1990 年：RFID 技术及产品进入商业应用阶段，各种规模应用开始出现。

1991—2000 年：RFID 技术标准化问题越来越得到重视，RFID 产品得到广泛采用，并逐渐成为人们生活中的一部分。

2001 至今：RFID 产品种类更加丰富，有源电子标签、无源电子标签及半无源电子标签均得到发展，电子标签成本不断降低，规模应用行业扩大。

RFID 射频识别技术的理论得到丰富和完善。单芯片电子标签、多电子标签识读、无线可读可写、无源电子标签的远距离识别、适应高速移动物体的 RFID 正在成为现实。

二、RFID 技术的发展现状

1. 国外 RFID 的发展现状

美国已经在 RFID 标准的建立、相关软硬件技术的开发与应用等方面走在了世界的前列。

欧洲 RFID 标准追随美国主导的 EPC global 标准。在封闭系统应用方面，与美国基本处在同一阶段。

日本虽然已经提出 UID 标准，但主要得到的是本国厂商的支持，如要成为国际标准还有很长的路要走。

2. 我国 RFID 的发展现状

① 起步晚：RFID 在近十年才成为中国市场热点，也将成为信息产业新的经济增长点。

② 水平较低：国产的低频和高频产品已经相对成熟，多频以及超高频、微波产品刚

开始研发应用。

③ 应用面窄:大规模应用在政府引导项目,如二代身份证、铁路车皮管理调度系统、危险品管理、军车牌、停车场管理、门禁/门票管理、宠物管理等。

④ 增长快速:中国的 IC 行业连续几年保持快速增长,年增长率已经超过美国和日本,成为世界上半导体增长最快的地方。目前国产 UHF 芯片已出现。

⑤ 政府支持:政府强调自主创新,十三五规划的重点工作之一就是大力推进我国的 RFID 产业的发展。

三、RFID 技术的发展趋势

第一,打破目前以 LF、HF 频段证卡应用为主的 RFID 市场格局,许多从事 LF、HF 频段设备生产的企业将会面临产业升级或倒闭。

第二,国产 UHF 芯片出现。会有大批的企业加入 RFID 标签、天线、读写设备的设计、制造行业中来,进口品牌的市场份额将会受到严重冲击。

第三,在 RFID 超高频(UHF)和微波(MW)频段较早介入的企业,将会抓住机遇,发挥先发优势,实现突破性的发展,成为 RFID 行业的巨头。

第四,食品、药品安全、固定资产管理尤其是军用物资的管理将会与现代物流、零售、生产管理这些传统的 RFID 应用领域并重,成为两个强大的应用领域。

第五,RFID 将和其他无线技术结合,跨产业的合作是大势所趋。结合感测装置、人体、显示装置、定位功能,可以在水中、金属中读取标签技术。

1.1.4 RFID 技术应用

经过十多年的探索与尝试,特别是在当今互联网+、工业 4.0、物联网战略的大背景下,随着国内人力成本上扬、RFID 价格也越来越亲民,作为物品标识、信息采集的重要手段也被越来越多的行业所应用。那么,RFID 技术产业有哪些?主要应用在哪些领域?

一、RFID 产业

如图 1-11 所示,RFID 产业链主要包括:标签芯片设计与制造、天线设计与制造、标签封装技术与设备;读写器模块设计与制造、读写器天线设计与制造、读写器设计与制造;RFID 测试;标签打印和贴标、软件中间件、系统集成、公共服务体系、标准制定等。

教学课件
RFID 产业及其发展.pptx

微课
RFID 产业及其发展.mp4

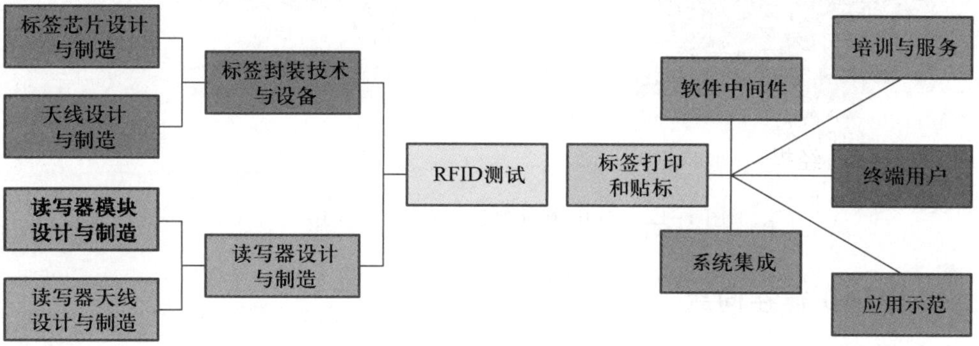

图 1-11 RFID 产业链

二、RFID应用领域

教学课件
RFID应用领域与存在问题.pptx

微课
RFID应用领域与存在问题.mp4

RFID技术具有无接触、精度高、抗干扰、速度快以及适应环境能力强等显著优点，可广泛应用于诸如物流管理、交通运输、医疗卫生、商品防伪、资产管理以及国防军事等众多领域。在未来，行业应用比较看好的领域包含：服装零售业、航空业、智能制造、防伪溯源、资产管理、智能交通等。

服装零售业：利用RFID技术掌控商品从采购、存储、包装、装卸、运输、配送、销售到服务的各个环节信息。海澜之家自2015年引入RFID技术后，人工减至原来的1/3，效率提高5~14倍，也成为国内首家大规模应用物联网RFID技术的服装企业。

航空业：2016年全球航空业为丢失和延误的行李支付的费用高达25亿美元。许多航空公司已经采用了RFID技术来加强对行李的追踪、分配和传输，提高安全管理，避免误送情况的发生。

智能制造：智能制造成为业界关注的热点。RFID技术应用于数字化车间、智能产品全生命周期管理、制造物流智能化等，提高产品的质量和服务水平，实现产品全生命周期，有效提升其制造效率和品质，如图1-12(a)所示。

防伪溯源：RFID技术可以对产品的整个生产、流通、销售过程进行全程跟踪与监管，现已被广泛应用于酒类、食品安全等防伪溯源系统管理中。

资产管理：RFID技术解决资产管理中账、卡、物不符，资产不明、设备不清，闲置浪费、虚增资产和资产流失等问题，实现资产管理工作的信息化、规范化与标准化管理，全面提升企事业单位资产管理工作的工作效率与管理水平。

智能交通：RFID技术能够促进城市交通监管信息化、智能化、人性化，推动城市交通安全有序进行，同时还可以促进相关涉车行业的发展，如图1-12(b)所示。

案例
海澜之家RFID读取系统 破解收发货瓶颈

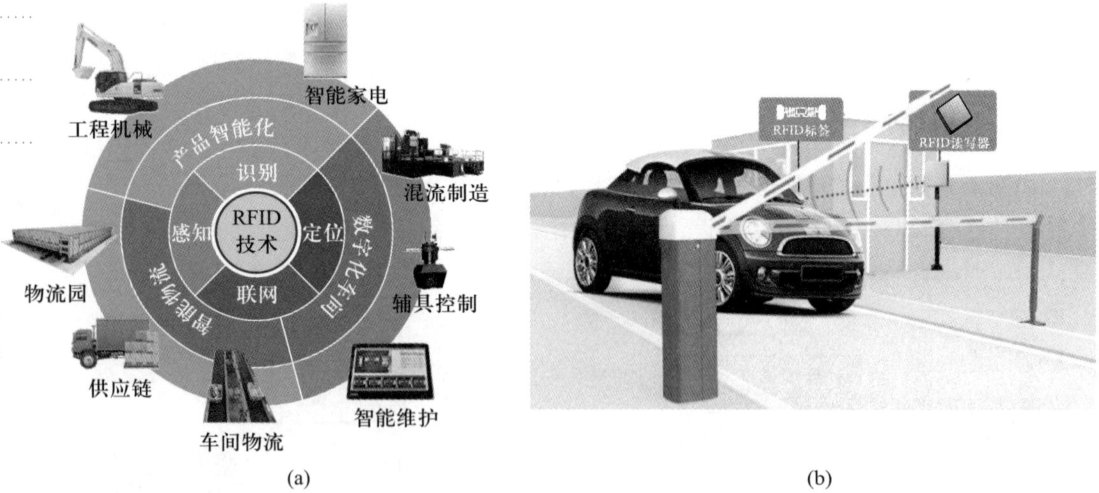

(a) (b)

图1-12 RFID智能制造、智能交通应用

三、RFID存在问题

当前RFID应用和发展还面临一些关键问题与挑战，主要包括标准问题、价格问

题、技术问题、安全问题等。

1. 标准问题

标准化是推动产品全球化、广泛使用的必要措施。尽管 RFID 的有关标准正在逐步开发制定并不断完善,但是不同国家又有自己的规则。而不同制造商所开发的标签通信协议,使用不同频率,且封包格式不一。此外,标签上的芯片性能,存储器存储协议与天线设计约定等,也都没有统一标准。

2. 价格问题

价格的门槛使得 RFID 标签难以大规模普及。目前,RFID 标签的成本平均已经降低到 2 元左右(低频段),但仍是条形码的 100 倍,对一些价位较低的商品,采用高档 RFID 标签显然不划算。另外,对使用 RFID 系统客户而言,其设备也价格不菲。据有关报告指出,为每个商店安装一台 RFID 和 EPC(电子产品编码)识读装置的成本至少是 10 万美元。

3. 技术问题

RFID 技术尚未完全成熟,特别是应用于某些特殊的产品,如液体或金属罐等,大量 RFID 标签无法正常起作用。标签的可靠性也是个大问题。就目前看来,现在普遍使用的 134 kHz 和 13.56 MHz 因传输距离太短,限制了读写器和 RFID 标签间的传输距离,使若干标签不能有效地被读取,标签失效率很高。

4. 安全问题

RFID 的大规模应用会涉及隐私保护以及安全问题,当前的无源 RFID 系统没有读写能力,所以无法使用密钥验证方法来进行身份验证。如果标签是有源的,并且会收到不断变化的验证密钥,将会大大提高其安全性,不过这又会增加其成本。

四、与其他技术相结合

教学课件
RFID 技术与其他技术结合.pptx

视频
RFID 技术与其他技术结合.mp4

1. 结合传感器技术

RFID 技术结合传感器技术的应用是最多的,通过传感器感知"物"本身的状况并采取相应措施。例如胃镜胶囊技术,电子标签结合温度、酸碱度传感器和光电传感器,可检测肠胃温度、酸碱度,真彩色图像,如图 1-13 所示。

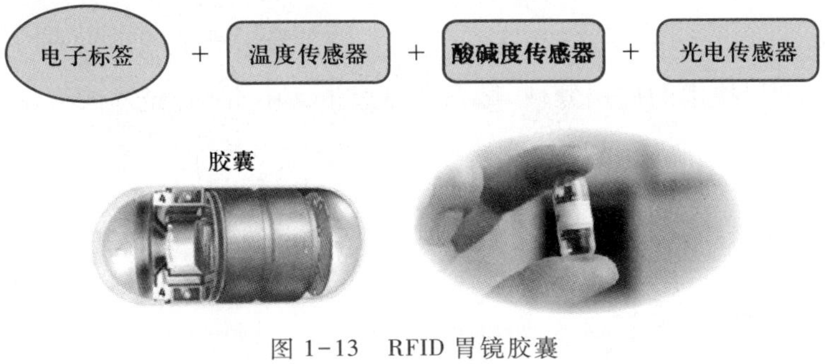

图 1-13　RFID 胃镜胶囊

RFID 技术结合无线传感网络。RFID 抗干扰性差,有效距离小于 10 m,如果 RFID 与无线传感网络结合起来,有效距离可达 100 m,形成无线传感器识别(WSID),具有更广阔的应用。例如,可将 ZigBee 看成主动式电子标签,利用更多的传感器和更少的网关,可以大大降低 RFID 系统的成本。如图 1-14 所示是无线传感远距离数据采集系统。

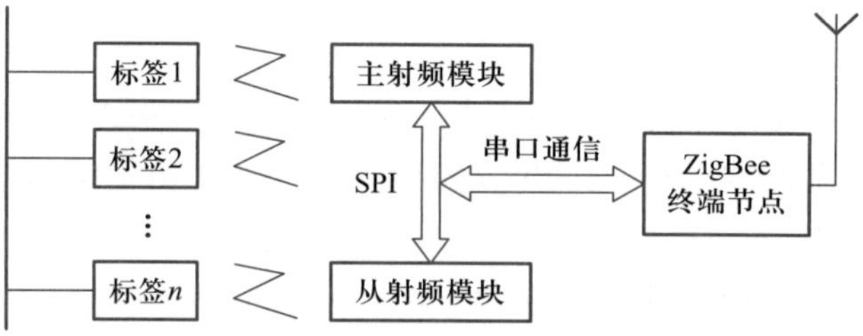

图 1-14 无线传感远距离数据采集系统

2. 结合 NFC 技术

NFC(Near Field Communication,近距离无线通信)技术将非接触读卡器、非接触卡和点对点功能整合进一块单芯片,强调信息交互;而 RFID 必须由读写器和标签组成,只能实现信息的读取以及判定。

NFC 传输范围比 RFID 小。RFID 的传输范围可达几米、甚至几十米,相对于 RFID 来说,NFC 具有距离近、带宽高、能耗低等特点。

应用方向不同。NFC 更多针对消费类电子设备的相互通信,如门禁、公交、手机支付等领域;有源 RFID 则更擅长于长距离识别,如生产、物流、跟踪、资产管理等。

3. 结合 3G、4G、5G 技术

可以想象,贴有 RFID 电子标签的物体,可以结合 3G、4G、5G 的网络环境中精准定位并实时传递信息。RFID 标签可以解决短距离尤其是室内物体的定位,可以弥补 GPS、北斗等定位系统只能适用于室外大范围的不足。GPS 定位、手机定位再加上 RFID 短距离定位手段与无线通信手段一起可以实现“物”位置的全程跟踪与监视。

【任务实施】

列举传统图书馆采用的自动识别技术及其存在的不足,分析采用 RFID 技术的智能图书馆的优势,同时还结合了哪些其他技术。

【问题研讨】

1. 区别于其他常用的自动识别技术,RFID 技术具有哪些显著特征。
2. 结合 RFID 技术的应用领域,试列举身边生活中 RFID 技术的应用场景。

案例
中国北斗卫星导航系统全球领先

【知识拓展】

目前,从产业格局来看,RFID 技术厂商主要集中在欧美市场。

主要 RFID 芯片厂商有:德州仪器、西门子、Intel、飞利浦、NEC、日立、SI 等。

主要 RFID 标签、天线厂商有:Symbol、TransCore、UPM、Intermec、Alien、Matrics 等。

主要 RFID 读写器厂商有:Symbol、SAMSys、AWID、Intermec、Alien、Impinj。

主要 RFID 打印机厂商有:Zebra、Printronix、Avery Dennison、Datamax。

主要软件解决方案厂商有:BEA、HP、微软、SAP、Oracle、Sybase、IBM。

目前,国内主要的 RFID 芯片厂商集中在北京、上海两地,代表企业如下:

北京厂商主要有:中电华大、大唐微电子、清华同方微电子等。

上海厂商主要有：复旦微电子、上海华虹、上海贝岭等。

国内 RFID 中间件市场上，国外厂商仍然占主导地位，主流厂商包括 IBM、BEA、Oracle、微软等。而国内一些规模较大的软件公司也相继进入此领域，形成了包括东方通科技、金蝶、中关村科技等在内的一批中间件专业厂商。由于中间件产品在中国大规模应用的时间较短，国内外厂商在技术领域差距不是很大，因此国内市场迅速形成国内外厂商激烈争夺的局面。其中，IBM、BEA 和东方通是中国市场上最大的三个厂商，占据 70%左右的市场份额。

任务 2　RFID 系统分析

【任务描述】

了解并掌握 RFID 最小系统、基本系统、应用系统，硬件组件、软件组件等基本知识，学会分析具体的 RFID 应用系统的硬件组件、软件组件。

【知识准备】

1.2.1　RFID 系统组成

教学课件
RFID 系统的基本组成.pptx

微课
RFID 系统的基本组成.mp4

一、RFID 最小系统

如图 1-15 所示，RFID 最小系统包括电子标签、读写器和天线。其中，电子标签（Electronic Tag）是 RFID 系统真正的数据载体；读写器（Reader/Writer）是读取或者写入标签信息的设备；天线（Antenna）在电子标签和读写器间传递射频信号。

二、RFID 基本系统

实际应用时，RFID 最小系统需与计算机及应用系统相结合，组成 RFID 基本系统。因此，RFID 基本系统包括电子标签、天线、读写器、计算机控制端，如图 1-16 所示。

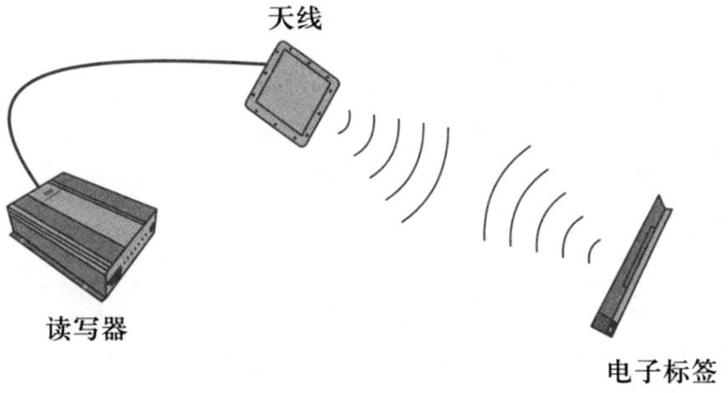

图 1-15　RFID 最小系统

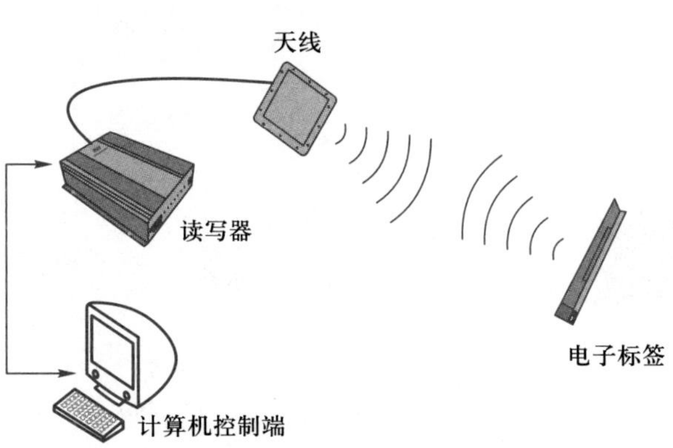

图 1-16　RFID 基本系统

三、RFID 应用系统

如图 1-17 所示，RFID 应用系统，建立在 RFID 基本系统的基础之上，主要包括电子标签、读写器、天线、计算机应用系统、网络通信系统等。其中，计算机应用系统包括中间件、应用软件。

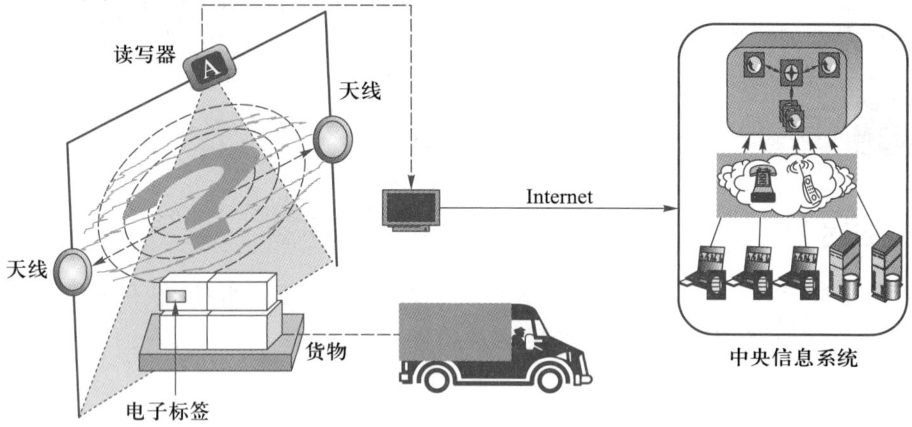

图 1-17 RFID 货物跟踪系统

教学课件
RFID 系统的硬件组件.pptx

微课
RFID 系统的硬件组件.mp4

1.2.2 RFID 系统硬件组件

RFID 系统硬件组件主要包括电子标签、读写器及天线、计算机、通信设备等。

一、RFID 电子标签

电子标签也称应答器，是一个微型的无线收发装置。每个 RFID 电子标签具有唯一的电子编码，附着在物体目标对象上，是 RFID 系统真正的数据载体。

如图 1-18 所示，实物 RFID 电子标签由标签天线、芯片等采用特殊的封装工艺封装而成。标签封装用来安装和保护芯片和天线。

教学课件
RFID 电子标签的基本知识.ppt

微课
RFID 电子标签的基本知识.mp4

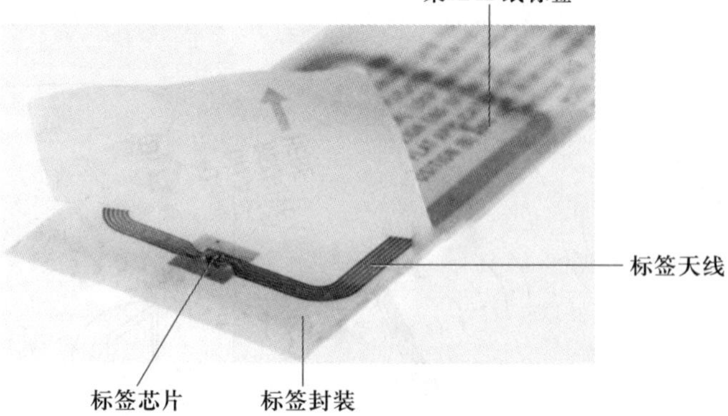

图 1-18 实物 RFID 电子标签

1. 电子标签组成

如图 1-19 所示,RFID 电子标签主要由内置天线和芯片组成,其中芯片是电子标签的核心。

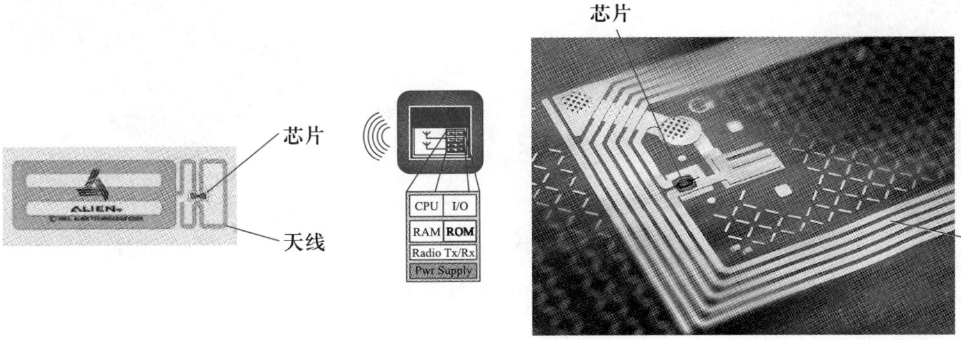

图 1-19　RFID 电子标签

标签天线的功能是接收读写器传送过来的电磁信号或者将读写器所需要的数据传回给读写器,也就是负责发送和接收信息和指令。

案例
从电子面单到 RFID 标签,菜鸟重构物流链路

标签芯片的功能是对标签接收的信号进行解调、解码等各种处理,并对电子标签需要返回的信号进行编码、调制等各种处理。

2. 标签芯片结构

如图 1-20 所示,标签芯片内部功能模块主要包括射频接口、逻辑控制单元和存储单元。

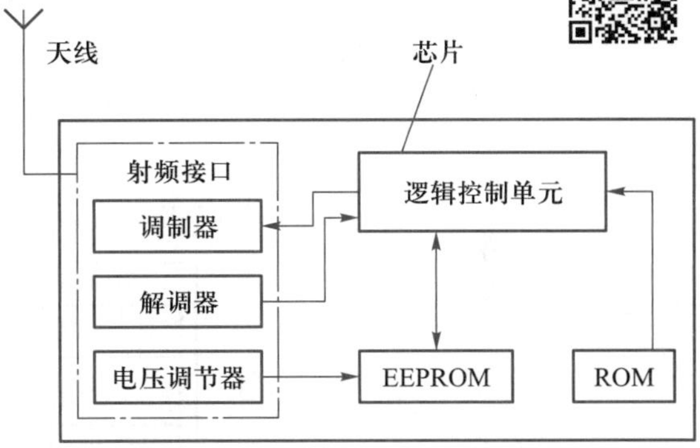

图 1-20　RFID 标签芯片内部组成

① 射频接口:包括电压调节器、调制器、解调器。

- **电压调节器**:把由标签读写器送来的射频信号转换为直流电源,并经大电容储存能量,再经稳压电路以提供稳定的电源。
- **调制器**:将逻辑控制电路送出的数据经调制电路调制后加载到天线发送给读写器。
- **解调器**:把载波去除以取出真正的调制信号。

② 逻辑控制单元:用来译码读写器送来的信号,并依其要求回送数据给读写器。

③ 存储单元:包括 EEPROM 与 ROM,作为系统运行及存放识别数据的位置。

教学课件
RFID 读写器的基本知识.pptx

二、RFID 读写器

微课
RFID 读写器的基本知识.mp4

在 RFID 系统中,读写器作为连接后端应用系统与前端信息载体(电子标签)之间的主要通道,在整个系统中起着举足轻重的作用。

读写器是利用射频技术读写电子标签信息的设备,接收应用系统的控制指令,负责与电子标签的双向通信。读写器可设计为手持式、一体式、桌面式和固定

式，如图 1-21 所示。

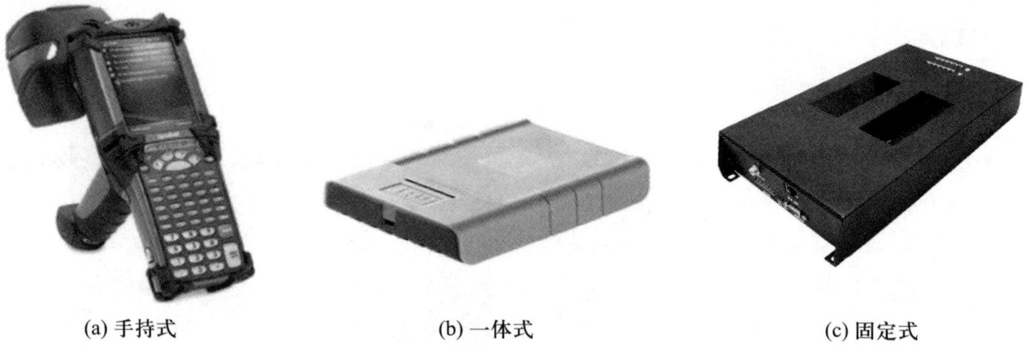

图 1-21 RFID 读写器

1. 读写器基本组成

从硬件实现角度来看，如图 1-22 所示，典型的读写器主要由射频模块（发射器和接收器）、逻辑控制单元和读写器天线组成。

（1）射频模块

射频模块可分为发射通道和接收通道两部分，主要作用是对射频信号进行处理。

① 产生高频发射能量，激活电子标签并为其提供能量。

② 对发射信号进行调制，经读写器天线发射出去，将数据传输给电子标签。

③ 接收并解调来自电子标签的射频信号，提取出电子标签发送的信号，并将信号放大。

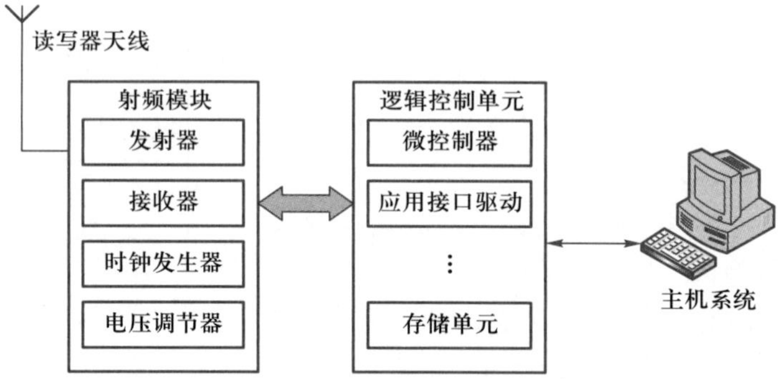

图 1-22 RFID 读写器基本组成

（2）逻辑控制单元

逻辑控制单元对读写器发出的命令进行编码，对射频模块解调后的电子标签信号进行解码后送到微控制器，并通过编程实现以下功能。

① 与应用系统软件进行通信，并执行从应用系统软件发送来的指令。

② 控制读写器与电子标签之间的通信过程。

③ 实现与后端应用程序之间的接口规范。

④ 对读写器和标签之间传输的数据进行加密和解密。

⑤ 执行防碰撞算法，实现多标签同时识别。

⑥ 对读写器和标签的身份进行验证。

2. 读写器的功能特性

读写器的主要功能特性有两个：

（1）完成与电子标签之间的通信

读写器以射频方式向电子标签传输能量，对电子标签完成基本操作，基本操作主要包括对电子标签初始化、读取或写入电子标签内存的信息、使电子标签功能失效等。

（2）实现与计算机之间的通信

读写器将读取到的电子标签信息传递给计算机，计算机对读写器进行控制和信息交换，从而完成特定的应用任务。

三、读写器天线

硬件组成中还有一个重要的设备，就是读写器天线。如图 1-23 所示，天线是电子标签与读写器之间传输数据的发射、接收装置。无论是电子标签还是读写器的正常工作，都离不开天线或耦合线圈。

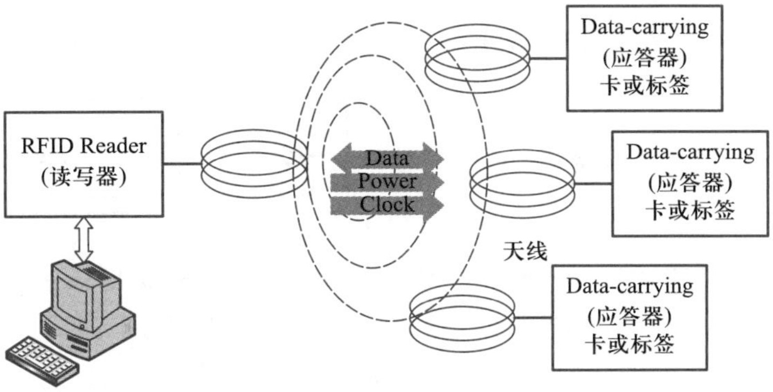

图 1-23　RFID 读写器天线、标签天线

1. 读写器天线功能

一方面，无源电子标签芯片要启动电路工作，需要通过自身天线在读写器天线产生的电磁场中获得足够的能量。

另一方面，天线决定了电子标签与读写器之间的通信信道和通信方式，天线在电子标签与读写器实现数据通信过程中起到了关键的作用。

2. 读写器天线应用

对于近距离 RFID 应用，读写器天线一般采用线圈天线，且和读写器集成在一起，如图 1-24(a)所示。

对于远距离 RFID 应用，读写器天线一般采用平板天线，与读写器相分离，通过阻抗匹配的同轴电缆连接，如图 1-24(b)所示。

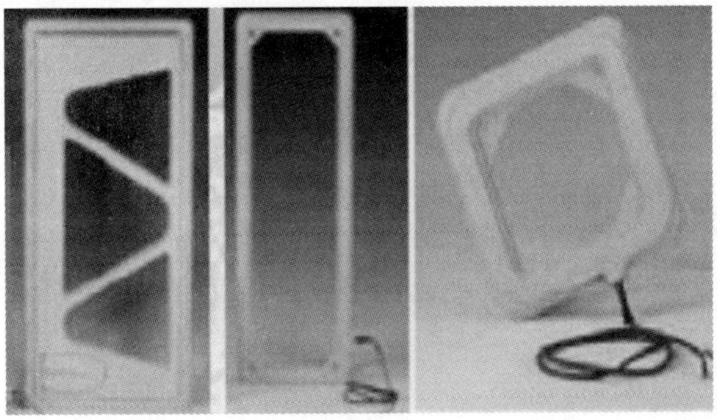

(a) 线圈天线

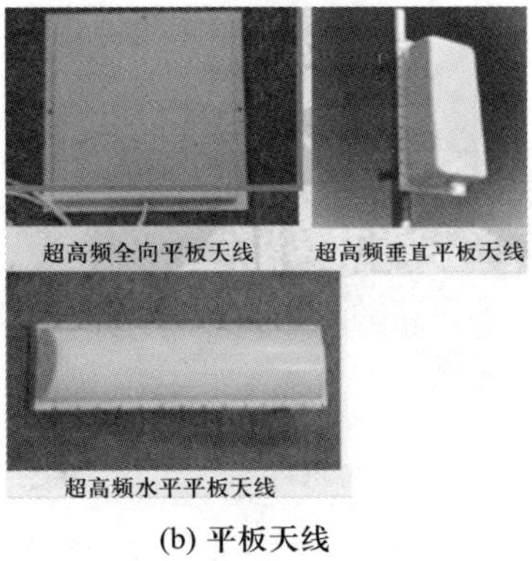

(b) 平板天线

图 1-24　RFID 读写器天线

教学课件
RFID 系统的通信设施.pptx

微课
RFID 系统的通信设施.mp4

四、通信设施

通信设施是 RFID 应用系统的重要组成部分,负责整个 RFID 系统的信息传递,同时为不同的 RFID 系统管理提供安全通信连接。通信设施包括:有线或无线网络、读写器与计算机连接的串行通信接口。

1. 有线或无线网络

有线网络是指采用同轴电缆、双绞线和光纤来连接的通信网络。

无线网络可以是个域网(PAN)(如蓝牙技术)、局域网(如 802.11x、WiFi),也可以是广域网(如 GPRS、3G、4G、5G 技术)。在 RFID 系统通信设施中,常用的无线联网设备有网络适配器、接入点(AP)、WLAN 交换机、无线路由器、无线网桥、无线中继器、天线。

RFID 系统中的网络如图 1-25 所示。

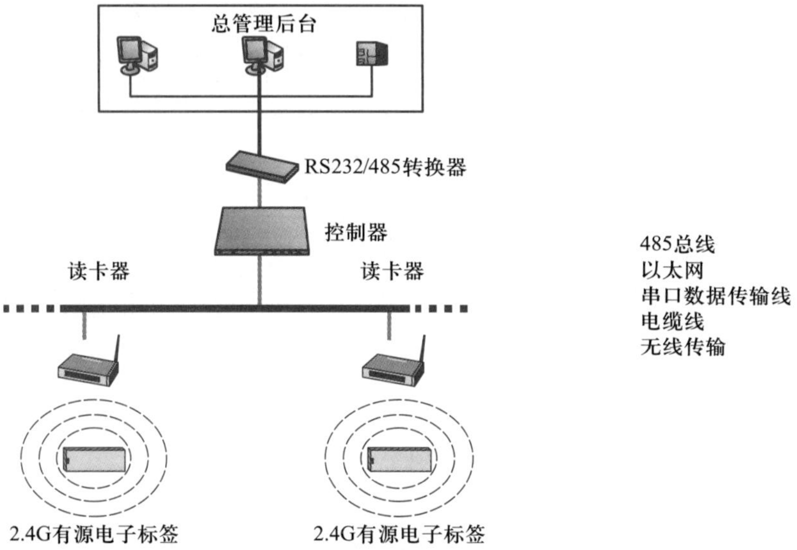

图 1-25 RFID 系统中的网络

2. 串行通信接口

如图 1-26 所示,读写器与应用系统计算机接口非常灵活,包括以太网接口(RJ45)、USB 接口、RS485 接口、RS232 接口、Wiegand(韦根)接口等。

(a) 网口 (b) RS232/485 (c) USB

图 1-26 各类串行通信接口

1.2.3　RFID 系统软件组件

教学课件
RFID 系统的软件组件.pptx

微课
RFID 系统的软件组件.mp4

RFID 系统软件主要包括 4 类:前端软件、RFID 中间件、应用系统软件和其他软件。

一、RFID 前端软件

RFID 前端软件是指设备供应商提供的系统演示软件、驱动软件、接口软件、集成商或者客户自身开发的 RFID 前端操作软件等。其功能主要包括:

(1) 读/写功能

读功能就是从电子标签中读取数据;写功能就是将数据写入电子标签。

(2) 防碰撞功能

很多时候不可避免地会有多个电子标签同时进入读写器的读取区域,要求同时识别和传输数据时,就需要前端软件具有防碰撞功能。

(3) 安全功能

确保电子标签和读写器双向数据交换通信的安全。

(4) 检/纠错功能

由于使用无线方式传输数据很容易被干扰,使得收到的数据产生畸变,从而导致传输出错。

二、RFID 中间件

教学课件
RFID 中间件的选型.pptx

微课
RFID 中间件的选型.mp4

如图 1-27 所示,RFID 中间件位于 RFID 读写器和应用系统之间,负责它们之间的数据传递,是衔接硬件设备(如标签、读写器)和企业应用软件(如 ERP 企业资源规划、CRM 客户关系管理)的桥梁,屏蔽了 RFID 设备的多样性和复杂性,为后台应用系统提供强大的支撑,从而驱动更广泛、更丰富的 RFID 应用。

1. RFID 中间件组成

RFID 中间件组件主要包括读写器适配器、应用程序接口(API)和事件管理器。

① 读写器适配器的作用是负责前端和相关硬件的连接。

② 事件管理器的作用是过滤事件。

③ 应用程序接口(API)的作用是提供一个基于标准的服务接口。

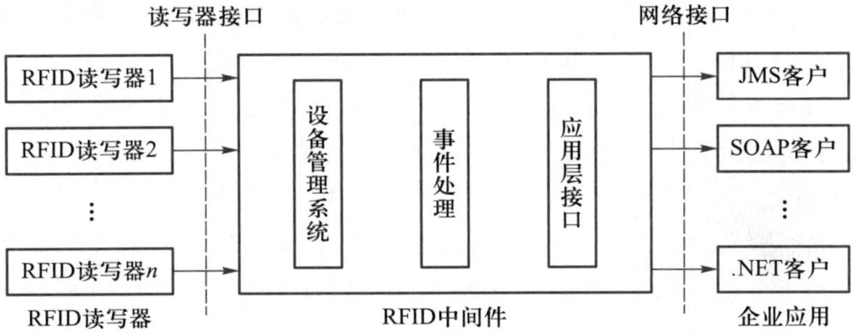

图 1-27　RFID 中间件组成

2. RFID 中间件功能

RFID 中间件的主要任务是对读写器读取的标签数据进行过滤、汇总、计算、分组,以减少从读写器传给应用软件的大量原始数据。RFID 电子标签中数据经过读写器读取，再经过 API 程序传送给 RFID 中间件；RFID 中间件对数据进行处理后，通过标准的接口和服务对外进行数据发布。

如图 1-28 所示，RFID 中间件具有如下主要功能：

① 读写器协调控制：终端用户可以通过 RFID 中间件接口直接配置、监控以及发送指令给读写器。典型的企业级应用需要管理成百上千的读写器（可能是不同牌子的），RFID 中间件可以对其进行配置管理，实时监控读写器的状态。

② 数据过滤与处理：通过一定的算法去除读写器产生的冗余、错误的标签数据。生成报告时只上传有用的数据（分组统计的）。

③ 数据路由与集成：RFID 中间件能够决定采集到的数据传递给哪一个应用。

④ 进程管理：RFID 中间件根据客户定制的任务负责数据的监控与事件的触发。

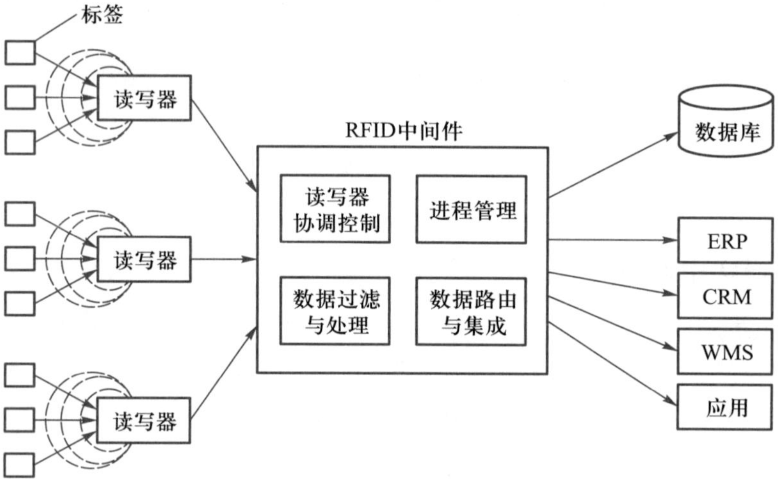

图 1-28 RFID 中间件功能

教学课件
RFID 应用系统软件.pptx

三、RFID 应用系统软件

RFID 应用系统软件是指处理这些采集的信息的后台应用软件和管理信息系统软件。它是针对不同行业的特定需求开发的软件，能有效地控制读写器读写电子标签信息，并对收集到的目标信息进行集中的统计与处理。

微课
RFID 应用系统软件.mp4

RFID 应用系统软件可以集成到现有的电子商务和电子政务平台中，与 ERP、CRM 以及 SCM 等系统结合以提高企业生产效率，其功能主要如下：

① RFID 系统管理：系统设置以及系统用户信息和权限。

② 电子标签管理：在数据库中管理电子标签序列号和每个物品对应的序号和产品名称、型号规格、芯片内记录的详细信息等，完成数据库内所有电子标签的信息更新。

③ 数据分析和储存：对整个系统内的数据进行统计分析，生成相关报表，对采集到的数据进行存储和管理。

RFID 物流仓储管理系统如图 1-29 所示。

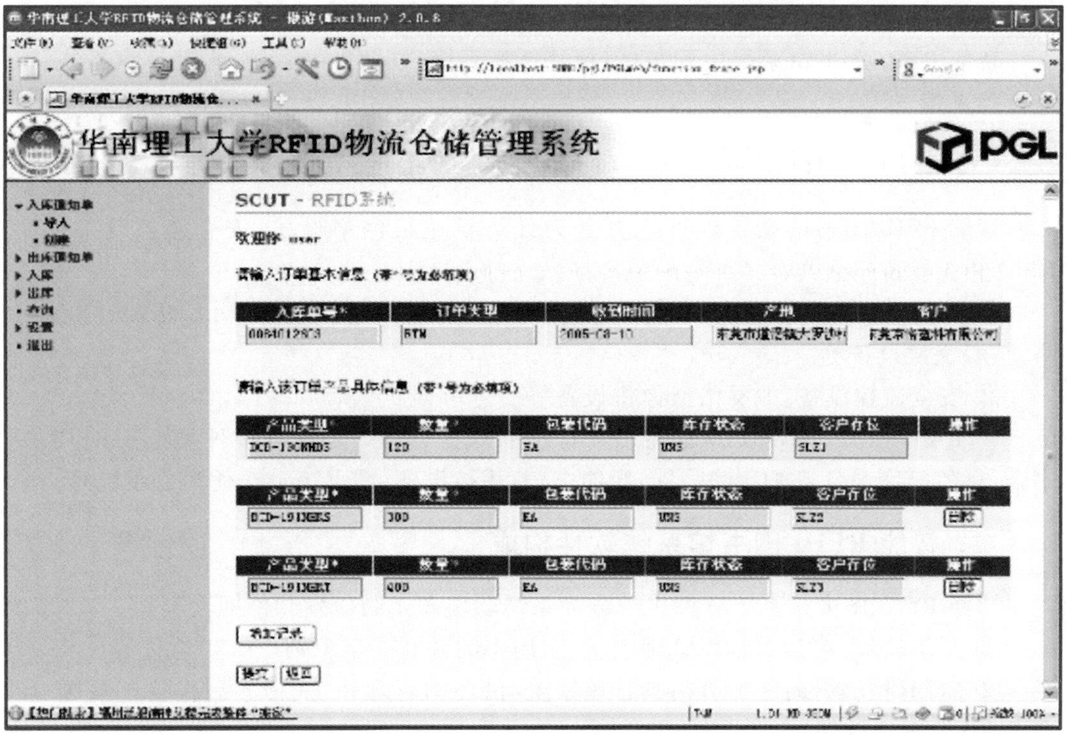

图 1-29 RFID 物流仓储管理系统界面

四、RFID 其他软件

RFID 的其他软件主要包括开发平台、测试软件、评估软件、演示软件，以及模拟系统性能而开发的仿真软件等。

1.2.4 RFID 系统成本构成

微课
RFID 应用系统成本.mpg

如图 1-30 所示，一套完整的 RFID 系统的成本由标签成本、读写器成本、天线与复用器成本、电缆成本、安装成本、控制器成本、测试费用、软件与中间件费用、整合费用、维护费用、人力资源成本构成。

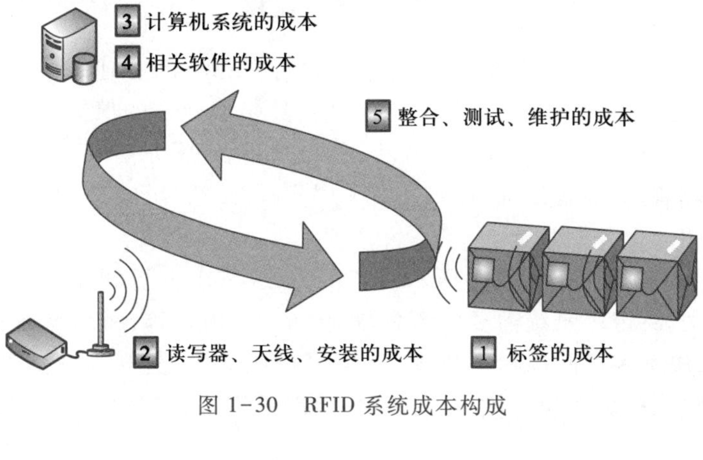

图 1-30 RFID 系统成本构成

教学课件
智能 RFID 图书馆系统构成.pptx

微课
智能 RFID 图书馆系统构成.mp4

下面以智能 RFID 图书馆系统为例,介绍其硬件构成和软件构成。

智能 RFID 图书馆系统主要包括:标签转换系统、自助借书系统、自助还书系统、智能查找系统、推车式盘点系统、安全门检测系统等。

一、智能 RFID 图书馆系统硬件构成

智能 RFID 图书馆系统硬件主要分为计算机主机网络设备、安全监控设备以及 RFID 相关设备三大类。

① 计算机主机网络设备:服务器(包括数据库系统和应用系统)、无线 AP、有线网络、核心交换设备等。

② 安全监控设备:如网络摄像机设备等。

③ RFID 相关设备:RFID 标签(RFID 图书标签、架标、层标等多种类型)、RFID 借书证、标签打印设备、RFID 读写器、智能书车、手持设备、图书馆自动化集成系统等。

二、智能 RFID 图书馆系统软件构成

智能 RFID 图书馆系统软件主要分为系统软件和定制研发软件两大类。

① 系统软件:包括数据库管理系统、应用中间件和文字识别(OCR)软件等。

② 定制研发软件:主要有门禁管理系统、借还书管理系统、标签制作管理系统、后台 RFID 管理系统等。

【任务实施】

分析智能 RFID 图书馆系统的硬件组件与软件组件,针对其核心的 RFID 软、硬件进行选型,列举目前国内外常用的厂家和品牌。

【问题研讨】

1. RFID 系统的基本组成是什么? 简述 RFID 系统的分类方法。
2. RFID 读写器的基本组成及其功能是什么? 有哪些常用的结构形式?

【知识拓展】

读写器的开发流程

在各种产品竞争加剧的现在,不管是产品设计还是产品管理等各个方面,规范化、模块化、标准化等现代化设计管理技术是产品在其领域立足的保证。相关开发公司都是严格按照流程进行开发。设计开发流程主要包括前期需求分析、核心芯片和软件平台的选取、腔体的购买或者设计、硬件电路和应用软件的设计、软硬件联合开发调试、生成样品等。

典型产品开发流程如图 1-31 所示。其中,系统需求分析和体系结构设计是整个系统设计的基础,决定了系统需要实现的功能、成本、用途等;机械系统设计则是设计产品外形腔体,决定了产品以后的外形,这需要按照适用、美观等原则设计;硬件设计和软件设计是整个系统设计的核心,功能、性能能否实现,产品是否稳定耐用是由这个

阶段决定的；系统测试则是在软硬件设计完成后测试整个系统是否达到预设的目标；经过以上各个环节的设计，最终完成产品。

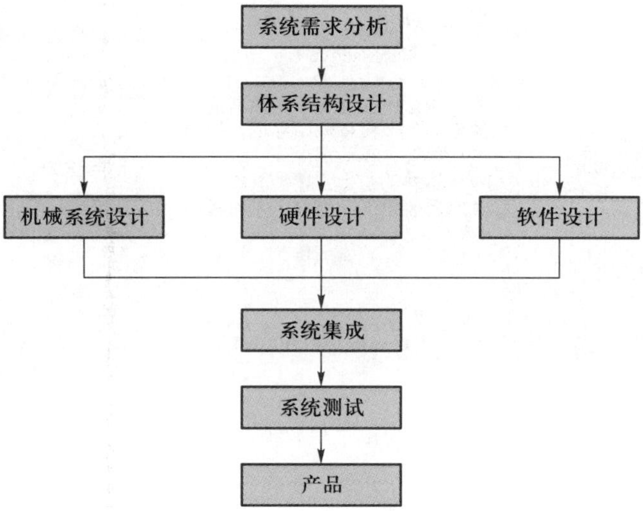

图 1-31　典型产品开发流程

任务3　RFID系统方案设计

【任务描述】

了解并掌握RFID系统工作流程、耦合方式，RFID应用系统分类及性能指标等基本知识，学会分析不同的RFID应用系统的类型、耦合方式、主要性能指标等。

【知识准备】

1.3.1　RFID应用系统类型

教学课件
RFID应用系统的类型.pptx

微课
RFID应用系统的类型.mp4

1. 按电子标签供电方式分类

如图1-32所示，按电子标签供电方式的不同，RFID应用系统可分为无源电子标签系统、半有源电子标签系统和有源电子标签系统。

① 无源电子标签（被动式）系统：标签内无电池，被唤醒后才进入正常工作模式。

② 半有源电子标签（半主动式）系统：标签内有电池，用以监测周围环境，平时处于休眠模式，只有进入读写器作用范围内才开始工作，主动发送信号。

③ 有源电子标签（主动式）系统：标签内有电池，可以持续不断地主动发射信号给读写器。

2. 按系统工作频率分类

如图1-33所示，按系统工作频率的不同，RFID应用系统可分为低频、高频、超高频和微波RFID系统。

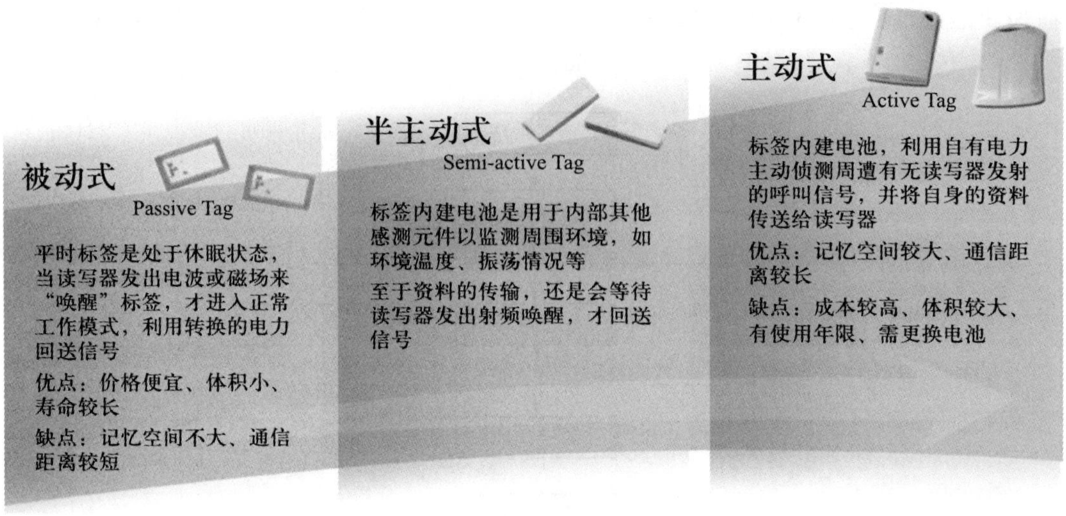

图 1-32 按电子标签供电方式分类

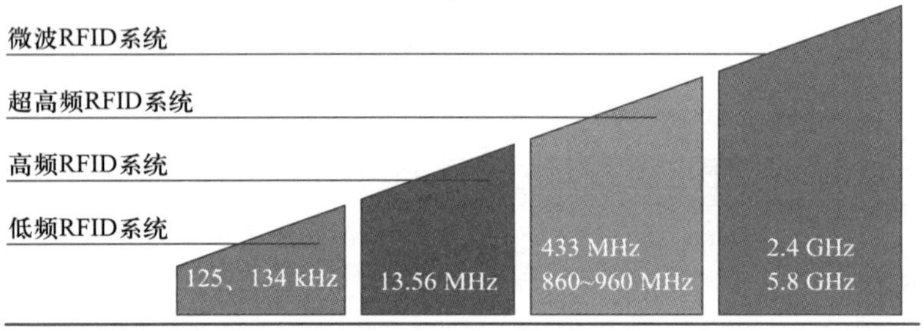

图 1-33 按系统工作频率分类

① 低频 RFID 系统：典型工作频率为 125 kHz、134 kHz，典型的应用包括动物识别、容器识别、工具识别、自动化生产线、精密仪器、电子闭锁防盗等。

② 高频 RFID 系统：典型工作频率为 13.56 MHz，典型的应用包括无线 IC 卡、电子车票、电子身份证、电子闭锁防盗、自动化生产线等。

③ 超高频 RFID 系统：典型工作频率为 433 MHz、860～960 MHz，主要用于商品货物流通管理及特定场合。

④ 微波 RFID 系统：典型工作频率为 2.4 GHz、5.8 GHz，主要用于车辆识别和货物流通。

3. 按系统作用距离分类

按系统作用距离的不同，RFID 应用系统可分为密耦合、遥耦合和远距离系统。

① 密耦合系统：典型作用距离为 0～1 cm。

② 遥耦合系统：可分为近耦合与疏耦合系统，典型作用距离分别为 15 cm 和 1 m。

③ 远距离系统：典型作用距离为 1～10 m，甚至更远。

4. 按系统完成功能分类

按系统完成功能的不同，RFID 系统可粗略分为电子防盗 EAS 系统、便携式数据采集系统、物流控制系统和 RFID 定位系统。

① 电子防盗 EAS 系统:使用特殊的软标签、硬标签,用于商品的防盗,一般安装在大型超市、图书馆的出入口,形成一定的监视空间,如图 1-34 所示。

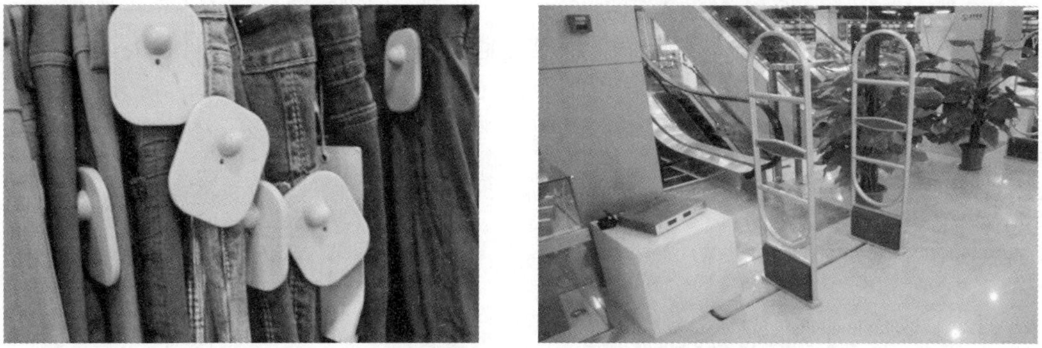

(a) 硬标签　　(b) 防盗门

图 1-34　电子防盗 EAS 系统分类

② 便携式数据采集系统:使用带有 RFID 读写器的手持式数据采集器采集 RFID 标签上的数据,如图 1-35 所示;适用于不宜安装固定式 RFID 系统的应用环境,如库存盘点。

③ 物流控制系统:当物体经过读写器时,读写器会自动扫描标签上的信息,并输入数据管理信息系统存储、分析、处理,达到控制物流的目的。

④ RFID 定位系统:RFID 读写器分散布置在给定的区域,并与数据管理信息系统相连,电子标签一般安装在移动的物体、人体上,用于自动化加工系统中的定位以及对车辆、轮船等运行定位,如图 1-36 所示。

图 1-35　便携式数据采集系统

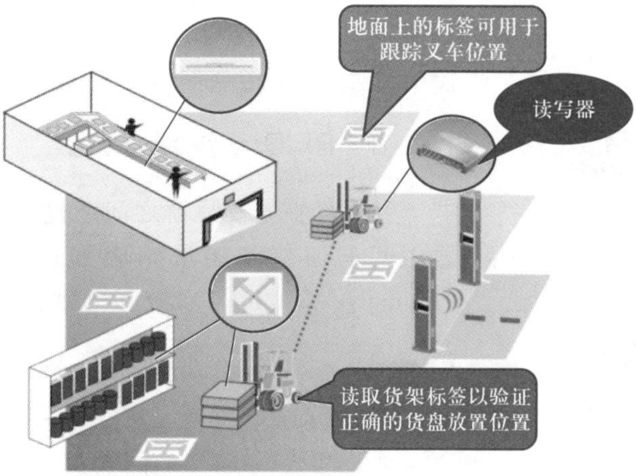

图 1-36　RFID 定位系统

1.3.2　RFID 系统工作流程

如图 1-37 所示,下面以无源电子标签(被动式)RFID 系统为例,简述 RFID 系统的工作流程。

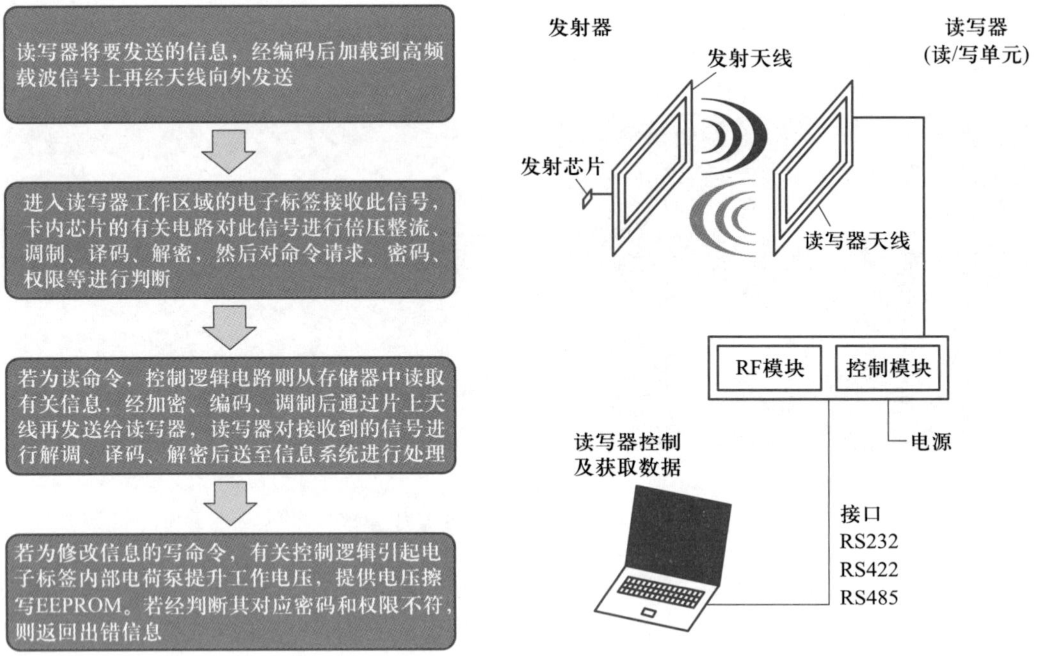

图 1-37 RFID 系统工作流程

① 由读写器通过发射天线发送特定频率的射频信号。

教学课件
RFID 系统的耦合方式.pptx

② 当电子标签进入有效工作区域时产生感应电流，从而获得能量被激活，使得电子标签将自身编码信息通过内置射频天线发送出去。

微课
RFID 系统的耦合方式.mp4

③ 读写器的接收天线接收到从标签发送来的调制信号，经天线调节器发送到读写器信号处理模块，经解调和解码后将有效信息送至后台主机系统进行相关处理。

④ 主机系统根据逻辑运算识别该标签的身份，针对不同的设定做出相应的处理和控制，最终发出指令信号控制读写器完成不同的读写操作。

1.3.3 RFID 系统耦合方式

微课
电感耦合工作原理.mp4

射频标签与读写器之间通过天线架起空间耦合的传输通道。从电子标签到读写器之间的通信和能量感应方式来看，RFID 系统一般可以分成两类，即电感耦合(Inductive Coupling)系统和电磁反向散射耦合(Backscatter Coupling)系统。

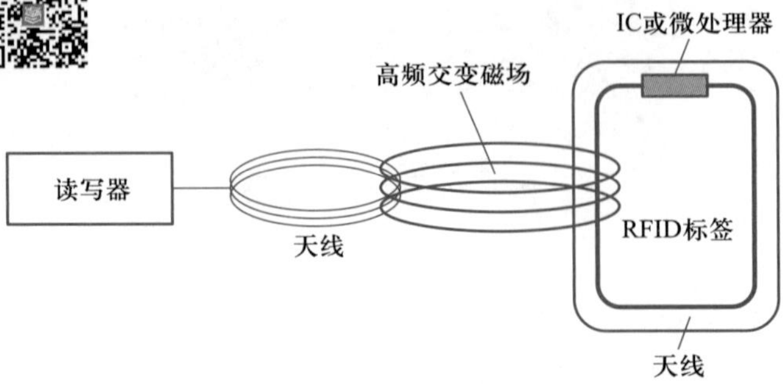

图 1-38 RFID 电感耦合方式

一、RFID 电感耦合

如图 1-38 所示，RFID 电感耦合方式即变压器模型，通过空间高频交变磁场实现耦合，依据的是电磁感应定律。

一般适用于低、高频工作的近距离 RFID 系统。典型的工作频率有 125 kHz、134 kHz、13.56 MHz。识别作用距离小于 1 m，典型作用距离为 10～20 cm。例如，第二代身份证就工作在此模式下。

二、RFID 电磁反向散射耦合

如图 1-39 所示，RFID 电磁反向散射耦合方式即雷达原理模型，发射出去的电磁波碰到目标电子标签后反射，同时携带回目标信息，依据的是电磁波的空间传播规律。

一般适用于超高频、微波工作的远距离 RFID 系统。作用距离大于 1 m，典型的作用距离为 3~10 m。典型的工作频率有 433 MHz、915 MHz、2.45 GHz、5.8 GHz。例如，ETC 就工作在此模式下。

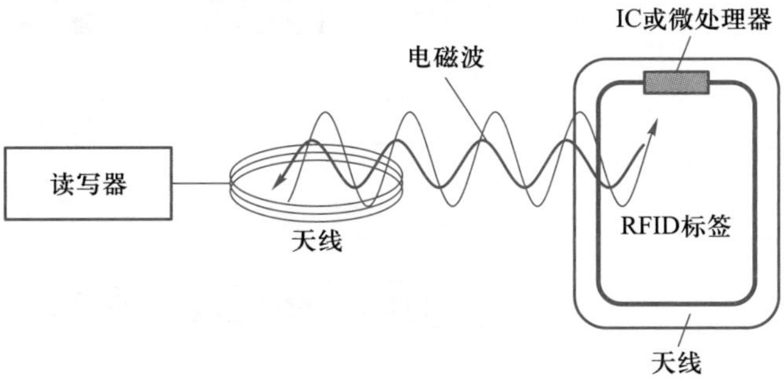

图 1-39 RFID 电磁反向散射耦合方式

1.3.4 RFID 系统性能指标

构建 RFID 系统设计方案时，需要依据 RFID 系统性能指标进行评估。RFID 系统的性能指标主要有射频标签存储容量、工作方式、数据传输速度、读写距离、多个标签识别能力、工作频率、RFID 系统的连通性、数据载体、状态模式、能量供应等。

教学课件 RFID 应用系统的性能指标.pptx

微课 RFID 应用系统的性能指标.mp4

1. 射频标签的存储容量

(1) 1 比特系统

标签存储数据量为 1 bit。系统中读写器能够发送“0”“1”两种状态的信号，只需判断在电磁场中有电子标签和没有电子标签两种情况。

实现简单的监控或者信号发送功能。因为生产 1 比特电子标签不需要电子芯片，所以价格比较便宜，主要应用在商品防盗系统(EAS)中。

(2) 多比特系统

与 1 比特系统相对应，该系统中电子标签的数据量通常在几字节到几千字节之间，主要由具体应用来决定。例如：只读射频标签的数据量为 20 B；有源射频标签的数据量为 8 B~64 KB，足以装入物品清单和测试数据。

一种情况：标签能存储的数据很少，只是标识物品的基本情况，价格便宜，用途有限。

另一种情况：标签能存储的数据很多，无须参考中央数据库，价格比较贵，应用范围广，有安全隐患。

2. 工作方式

基本工作方式可分为全双工、半双工和时序系统。

(1) 全双工系统

如图 1-40 所示，**数据**在读写器和电子标签之间的双向传输是**同时进行**的，并且从读写器到电子标签的**能量**传输是连续的，与数据传输的方向无关。

(2) 半双工系统

如图 1-41 所示，从读写器到电子标签的**数据**传输和从电子标签到读写器的数据传输是**交替进行**的，并且从读写器到电子标签的**能量**传输是连续的，与数据传输的方向无关。

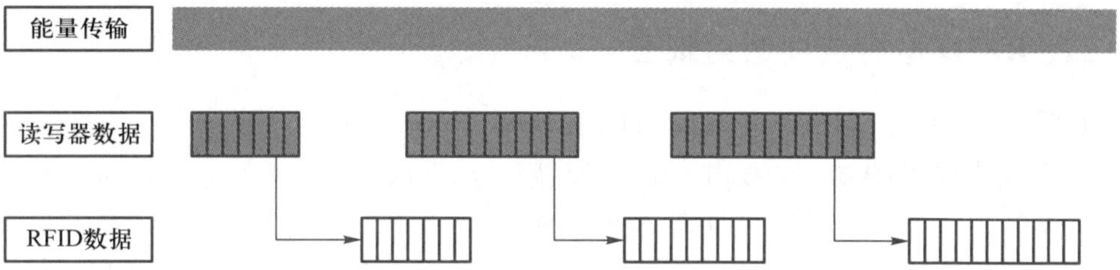

图 1-40 全双工协议

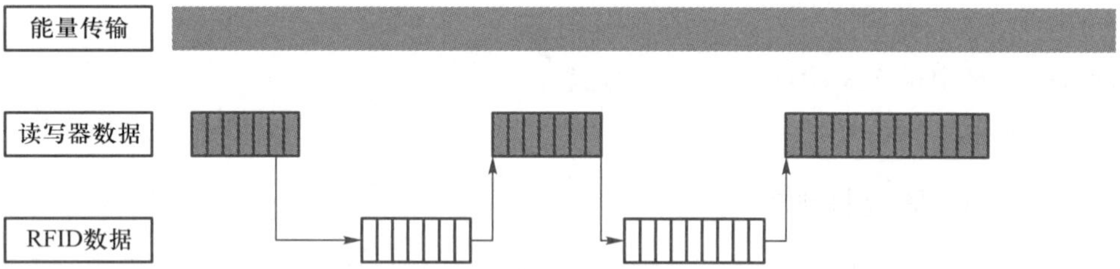

图 1-41 半双工协议

(3) 时序系统

如图 1-42 所示,从电子标签到读写器的**数据**传输是在电子标签的能量供应**间歇**时进行的,而从读写器到电子标签的**能量**传输总是在限定的时间**间隔**内进行。

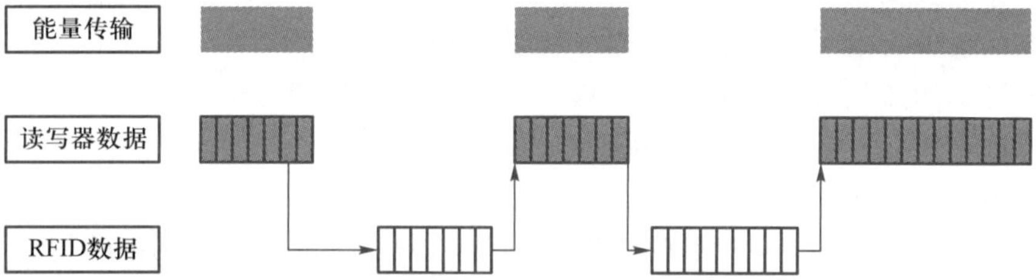

图 1-42 时序协议

缺点是:在读写器发送间歇时,电子标签的能量供应中断,这就要求系统必须有足够大容量的辅助电容器或辅助电池对电子标签进行能量补偿。

3. 数据传输速度

① 只读速度:取决于代码的长度、射频标签数据发送速度、读写距离、载波频率及数据传输的调制技术。

② 无源读写速度:还要考虑射频标签写入数据。

③ 有源读写速度:决定因素与无源系统一样,但不需要激活电子标签上的电容充电来通信。

4. 读写距离

① 低频 RFID 标签读取距离一般短于 10 cm,读取距离跟标签大小成正比。

② 高频 RFID 标签读取距离大多在 1 m 以内。

③ 超高频 RFID 标签传输距离远,一般是 3~5 m,最远可达 10 m。

④ 微波 RFID 标签传输距离较远,可超过 10 m,非常适用于高速公路等收费系统。

总之，读写距离从几毫米到几十米不等。一般来说，距离越大，标签就越贵。

5. 多个标签识别能力

如图 1-43 所示，RFID 系统经常会出现多个读写器以及多个标签的应用场合，即：

① 多标签碰撞问题：多个标签与同一个读写器同时通信时产生的碰撞。

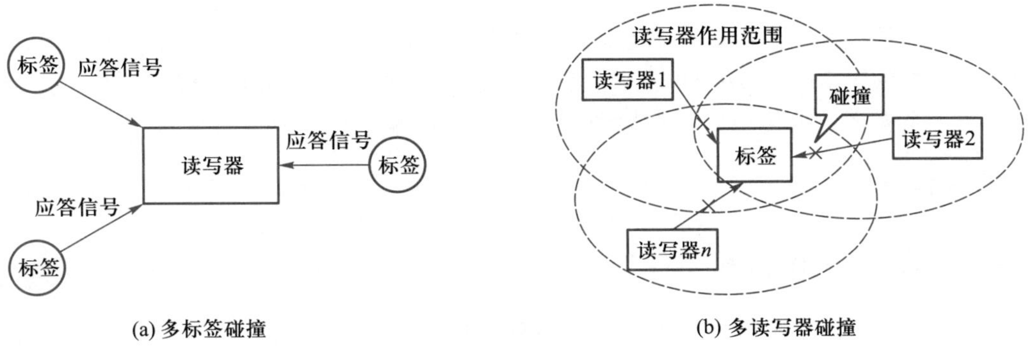

图 1-43 RFID 系统碰撞

② 多读写器碰撞问题：相邻的读写器在其信号交叠区域内产生干扰，导致读写器的阅读范围减小，甚至无法读取标签。

6. 工作频率

工作频率与识别距离密切相关，由电磁波的传播特性所决定。

低频（LF）：30～300 kHz，125 kHz、134 kHz。

高频（HF）：3～30 MHz，13.56 MHz。

超高频（UHF）：300 MHz～3 GHz，433 MHz、900 MHz、2.4 GHz。

微波（MW）：3 GHz 以上，5.8 GHz。

7. RFID 系统的连通性

作为自动识别系统的分支，RFID 系统可以直接与个人计算机、PLC 或工业网络接口模块相连，从而降低安装成本。

8. 数据载体

EEPROM：一般 RFID 系统常用。写入功率消耗很大，使用寿命一般为写入 10 万次。

FRAM：写入功率消耗为 EEPROM 的 1%，写入时间为 EEPROM 的 1‰，生产工艺不够成熟。

SRAM：常用于微波 RFID 系统，写入数据很快，需要辅助电池作不中断供电。

【任务实施】

在构建智能 RFID 图书馆系统过程中，最能反映 RFID 技术优势的指标有哪些？试列举 3 个您认为最重要的指标并排序。

【问题研讨】

1. 简述 RFID 电感耦合与电磁反向散射耦合方式的主要区别。
2. 给出 RFID 系统的硬件构成，并简述 RFID 系统的工作流程。

任务 4 RFID 系统技术需求

【任务描述】

了解并掌握 RFID 系统天线技术、通信技术、数据传输、安全与隐私等基本知识，学会分析不同频段 RFID 系统的技术特点、采用的天线类型；学会分析 RFID 编码方法、调制方法以及保证数据传输的完整性和安全性的措施等。

【知识准备】

1.4.1 RFID 工作频率

教学课件
RFID 工作频率.pptx

射频（RF）：就是可以辐射到空间的一种高频交流变化的，并且可以远距离传输的电磁频率，频率范围为 300 kHz～30 GHz。

微课
RFID 工作频率.mp4

一、射频基础

电磁波频谱（如图 1-44 所示）中特定频率范围内的**无线电波**经过编码，在 RFID 电子标签与读写器之间传递信息。

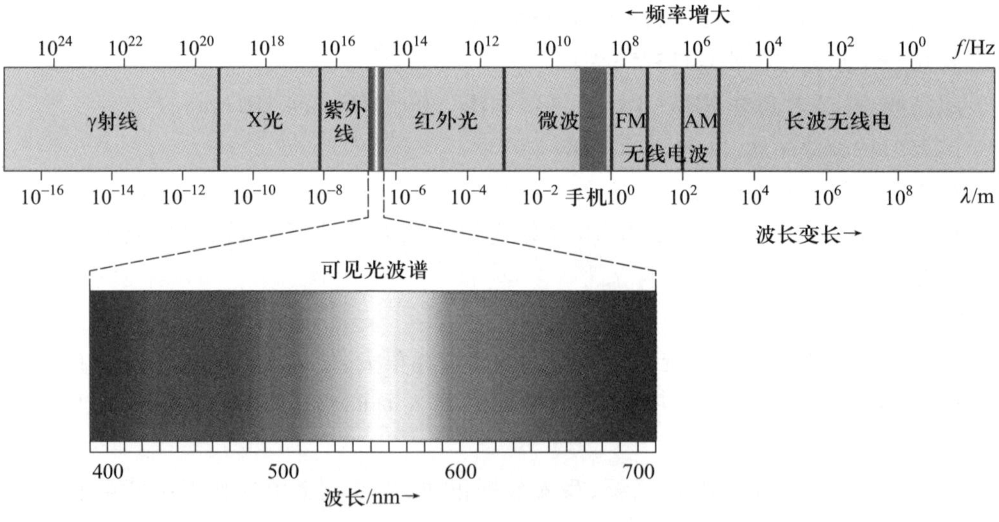

图 1-44 电磁波频谱

1. 电磁波频谱特性

无线电波容易受到传输过程中的媒质和路径影响。RFID 系统从发射点到接收点，所遇到的传输媒质有空气、大地、金属、水汽凝结物等。这些媒质的电特性对于不同频段的无线电波传输有着不同的影响。

媒质对无线电波的反射、折射、衍射、吸收等，会影响到传播路径，信号所产生的反射、折射等会叠加、抵消信号的能量，从而造成传播延时，信号失真等现象。

如图 1-45 所示，低频电磁波可以穿透纺织品、油类、纸张、塑料、木材、液体、水，甚至金属；而超高频、微波容易被液体、水吸收，完全不能穿透石墨、金属。

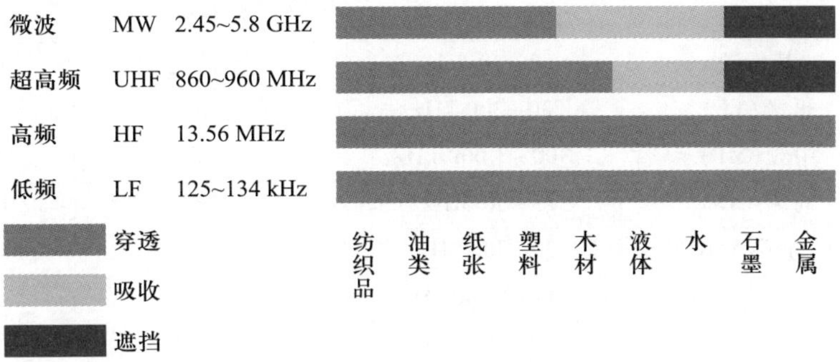

图 1-45　电磁波频谱特性

总之，不同频率的电磁波在传输过程中具有不同的特性：**波长越长，绕射能力越强，穿透能力越强**。

2. 电磁波传播方式

如图 1-46 所示，无线电波的**传播方式**可分为自由空间传播、地面波传播、电离层传播和对流层传播。相对来讲，RFID 技术一般是短距离应用，因此自由空间传播是其最常见的一种传播方式。

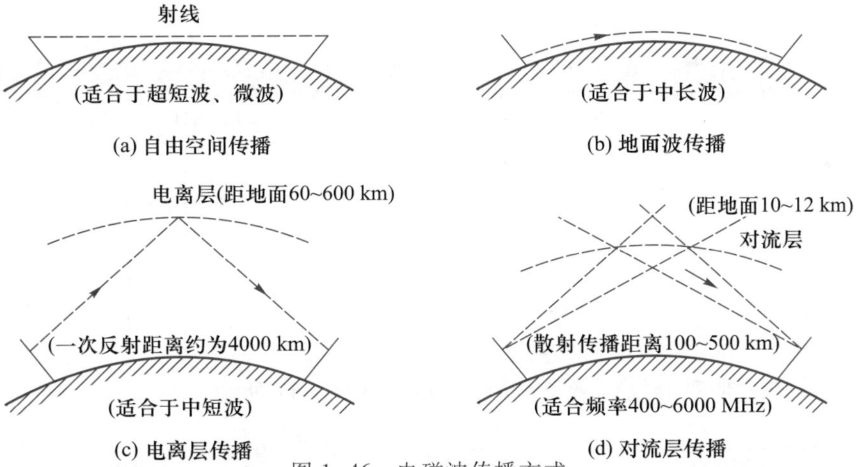

图 1-46　电磁波传播方式

二、频率划分

1. 电磁波波段的划分

电磁波波段的划分见表 1-2。

表 1-2　电磁波波段的划分

序号	频段名	频率范围	波段名	波长范围
1	极低频	3～30 Hz	极长波	10～100 Mm
2	超低频	30～300 Hz	超长波	1～10 Mm

续表

序号	频段名	频率范围	波段名	波长范围
3	特低频	300～3 000 Hz	特长波	10～100 Wm
4	甚低频	3～30 kHz	甚长波	1～10 Wm
5	低频(LF)	30～300 kHz	长波	1～10 km
6	中频(MF)	300～3 000 kHz	中波	1～10 hm
7	高频(HF)	3～30 MHz	短波	10～100 m
8	甚高频(VHF)	30～300 MHz	米波	1～10 m
9	特高频(UHF)	300～3 000 MHz	分米波	1～10 dm
10	超高频(SHF)	3～30 GHz	厘米波	1～10 cm
11	极高频(EHF)	30～300 GHz	毫米波	1～10 mm
12	至高频(THF)	300～3 000 GHz	丝米波	1～10 dmm

注:Wm 是万米单位符号,hm 是百米单位符号,dmm 是丝米单位符号。

2. RFID 工作频率的划分

RFID 系统的工作频率是指读写器发送无线信号时所使用的频率。RFID 系统采用的无线电磁波频率局限在 100 kHz～5.8 GHz。目前,我国已规划的用于 RFID 技术的频率见表 1-3。

表 1-3 RFID 工作频率的划分

频段名	频率范围	典型工作频率
低频	30～300 kHz	125 kHz、134 kHz
高频	3～30 MHz	13.56 MHz
超高频	300～3 000 MHz	433 MHz、910 MHz 840～845 MHz、920～925 MHz 2.4 GHz
微波	3～30 GHz	5.8 GHz

RFID 系统的典型工作频率及其应用场景如图 1-47 所示。

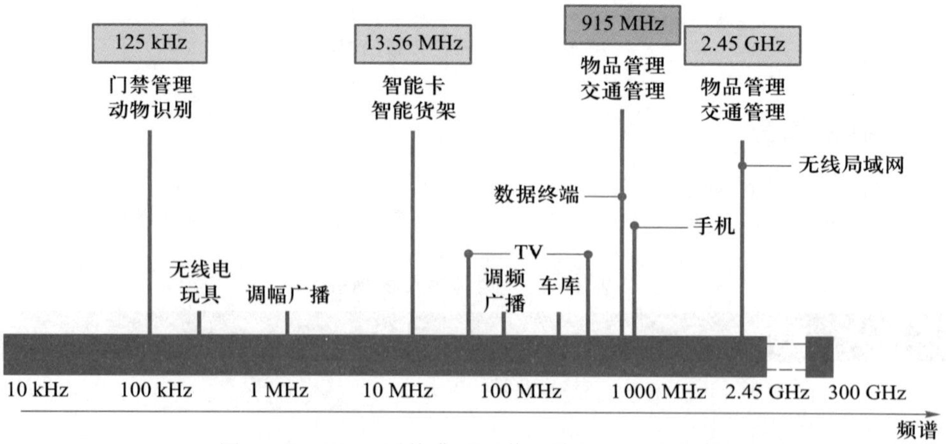

图 1-47 RFID 系统典型工作频率及其应用场景

三、技术特点

RFID 系统的性能与无线电频率的高低相关,不同的应用场合决定了射频信号的频率。

不同频段的 RFID 工作原理不同,低频和高频频段采用电磁耦合原理,而超高频及微波频段采用电磁发射原理。各频段 RFID 技术特点见表 1-4。

① 典型的低频和高频工作频率有 125 kHz、134 kHz、13.56 MHz 等,其**基本特点**是电子标签的成本较低、标签内保存的数据量较少、阅读距离较短(无源情况,典型阅读距离为 10 cm)、电子标签外形多样(卡状、环状、纽扣状、笔状)、阅读天线方向性不强等。

② 典型的超高频和微波工作频段有 915 MHz、2.45 GHz、5.8 GHz 等,其**基本特点**是电子标签及读写器成本均较高、标签所存储的数据量较大、阅读距离较远(可达几米至十几米),适应物体高速运动,性能好,外形一般为卡状,阅读天线及电子标签天线均有较强的方向性。

表 1-4 各频段 RFID 技术特点

参数	低频	高频	超高频	微波
频率	125~134 kHz	13.56 MHz	433 MHz,860~960 MHz	2.45 GHz,5.8 GHz
技术特点	穿透及绕射能力强(能穿透水及绕射金属物质);但速度慢、作用距离近	性价比适中,适用于绝大多数环境;但抗冲突能力差	速度快、作用距离远;但穿透能力弱(不能穿透水,被金属物质全反射),且全球标准不统一	一般为有源系统,作用距离远;但抗干扰能力差
作用距离	<10 cm	1~20 cm	3~8 m	>10 m
主要应用	门禁、防盗系统畜牧、宠物管理	智能卡、电子票务、图书管理、商品防伪	仓储管理、物流跟踪、航空包裹、自动控制	道路收费

四、发展趋势

据 Frost & Sullivan 公司发布的调查显示,2004—2016 年,亚太地区不同种类 RFID 构成已经发生了变化,低频 RFID 市场份额快速下降;高频 RFID 市场份额小幅下降,但仍占各类 RFID 的主导地位;而超高频 RFID 市场份额呈现快速上升的趋势,至 2018 年,其市场份额已与高频 RFID 接近。随着现代物流业、商品零售业广泛应用 RFID 技术,超高频频段的 RFID 技术将会成为全球热点。

各频段 RFID 的工作频率、读写距离、标签读取速度、应用领域、金属和液体穿透率、标签的尺寸等应用特点见表 1-5。

表 1-5 RFID 频段应用特点

频率范围	低频	高频	超高频	微波
工作频率	<135 kHz	13.56 MHz	860~960 MHz	2.45 GHz
读写距离	<0.5 m	1 m	4~5 m	1 m
应用领域	接入控制、动物标签	智能卡、接入控制、行李控制、交通运输、服装	物流、标签、行李处理、电子收费系统	智能卡、电子收费系统、接入控制
标签读取速度	低←——→高			
金属和液体穿透率	高←——→低			
标签的尺寸	大←——→小			

综合考虑,超高频 RFID 技术读写距离较长、标签读取速度较快、金属和液体穿透率较低、标签的尺寸较小,所以性价比是最高的。由于历史原因和多方面因素,各国超高频系统的工作频率也不同,如图 1-48 所示。

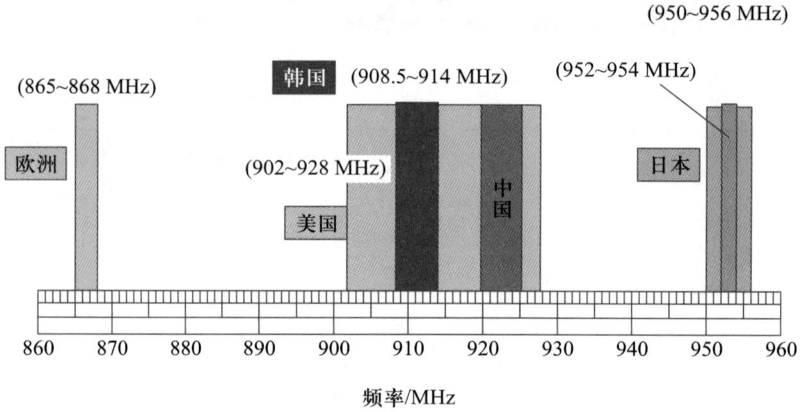

图 1-48 各国超高频 RFID 工作频率

1.4.2 RFID 天线技术

在 RFID 系统中,天线分为电子标签天线和读写器天线两大类,分别承担接收和发射能量的作用。目前,RFID 天线的研究重点是电子标签天线。

一、RFID 天线分类

1. 按标签芯片的供电方式分类

按标签芯片供电方式的不同,电子标签天线可分为有源天线和无源天线两大类。

① 有源天线的性能要求较无源天线要低一些,但受电池寿命的影响很大。

② 无源天线能够克服有源天线受电池限制的不足,但对天线的性能要求很高。

目前,电子标签天线的研究重点是**无源天线**。

2. 按工作频率分类

按工作频率的不同,电子标签天线可分为近场感应线圈天线和远场辐射天线。

① 近场感应线圈天线:如图 1-49 所示,工作在低频、高频(如 125 kHz、13.56 MHz)的 RFID 电感耦合系统,电磁能量的传送是在感应场区域(似稳场)中完成。

(a) 低频线圈天线　　(b) 高频线圈天线

图 1-49　近场感应线圈天线

② 远场辐射天线:如图 1-50 所示,工作在超高频(如 915 MHz、2.4 GHz)的 RFID 电磁反向散射耦合系统,电磁能量的传送是在远场区域(辐射场)中完成。

(a) 超高频天线　　(b) 微波天线

图 1-50　远场辐射天线

目前,电子标签天线的研究重点是**远场辐射天线**。

总之,天线的形状和尺寸决定它能捕捉的频率范围等性能,频率越高,天线越灵敏,占用的面积也越少。较高的工作频率可以有较小的标签尺寸。

二、RFID 天线基本形式

电子标签天线主要有线圈型天线、微带贴片型天线、偶极子型天线三种基本形式。

① 小于 1 m 的近距离应用系统的 RFID 天线一般采用工艺简单、成本低的线圈型天线,它们主要工作在低、高频段。

② 1 m 以上远距离的应用系统需要采用微带贴片型或偶极子型的 RFID 天线,它们工作在超高频及微波频段。

这几种类型天线的工作原理是不同的。

1. 线圈型天线

如图 1-51 所示,电子标签线圈型天线与读写器天线构成变压器模型,两者的线圈

教学课件
RFID 天线的基本形式.pptx

微课
RFID 天线的基本形式.mp4

相当于变压器的一次绕组和二次绕组。

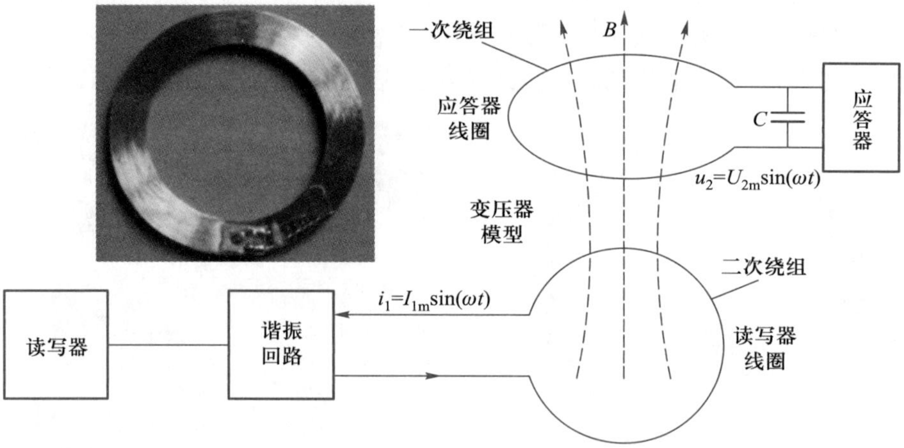

图 1-51 天线变压器模型

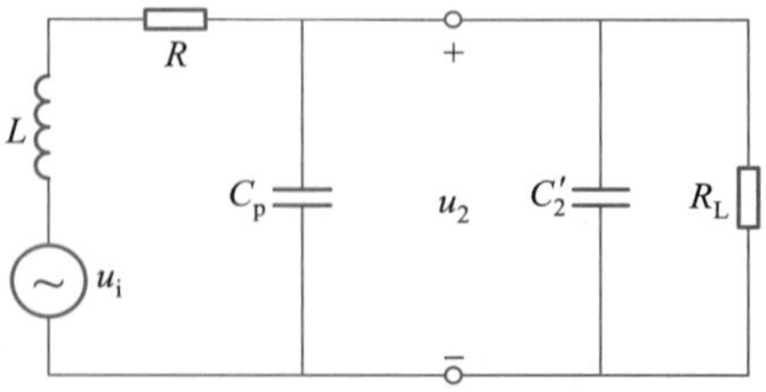

图 1-52 电子标签等效电路

由 RFID 的线圈型天线形成的谐振回路如图 1-52 所示，它包括 RFID 天线的线圈电感 L、寄生电容 C_p 和并联电容 C_2'，其谐振频率为

$$f=\frac{1}{2\pi\sqrt{LC}}$$

式中，C 为 C_p 和 C_2'的并联等效电容。

RFID 应用系统就是通过这一频率的载波实现双向数据通信的。常用的非接触式 IC 卡(尺寸为 85.72 mm×54.03 mm×0.76 mm)，天线线圈谐振工作频率通常为 13.56 MHz。

某些应用要求 RFID 天线线圈外形很小，且需一定的工作距离，如用于动物识别的 RFID。线圈外形(即面积)小，RFID 与读写器间的天线线圈互感量 M 就明显不能满足实际使用，通常在 RFID 的天线线圈内部插入具有高导磁率 μ 的铁氧体材料，以增大互感量，从而补偿线圈横截面减小的问题。目前已研发出面积最小为 0.4 mm×0.4 mm 线圈天线的短距离 RFID 应用系统。

2. 微带贴片型天线

微带贴片型天线由金属地板、介质基片和辐射贴片构成，如图 1-53 所示。根据天线辐射特性的需要，辐射贴片导体可以设计为各种形状。

通常，微带贴片天线的辐射导体与金属地板距离为波长的几十分之一。微带贴片天线的辐射基本上是由贴片导体开路边沿的边缘场引起的，辐射方向基本确定。因此，一般适用于通信方向变化不大的 RFID 应用系统中。

3. 偶极子型天线

在远距离耦合的 RFID 应用系统中，最常用的就是偶极子型天线。偶极子型天线及其演化形式如图 1-54 所示。实物偶极子型天线如图 1-50 所示。

偶极子型天线由两段同样粗细和等长的**直导线**排成一条直线构成，信号从中间的两个端点馈入，在偶极子的两臂上产生一定的电流分布，从而在天线周围空间激发电磁场。

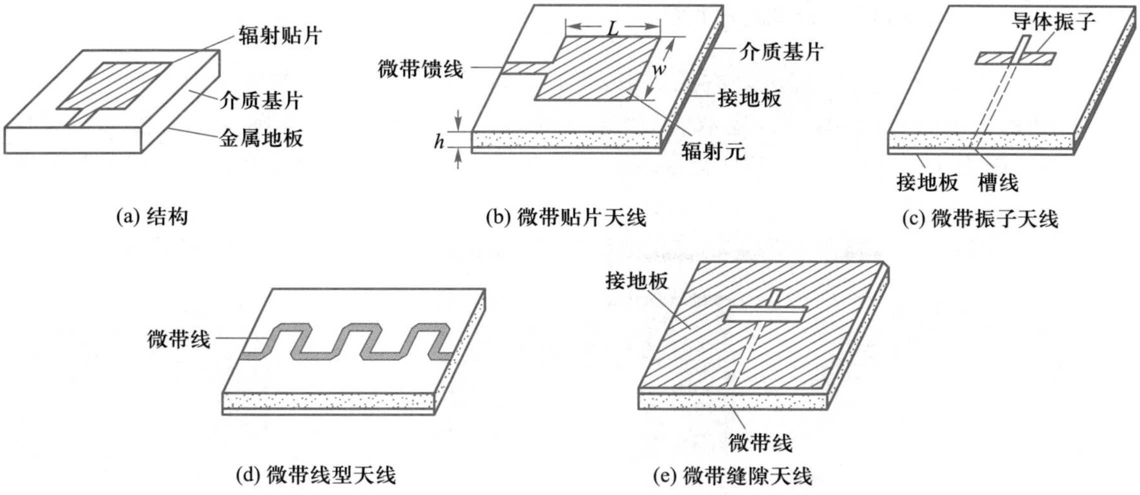

图 1-53　微带贴片型天线

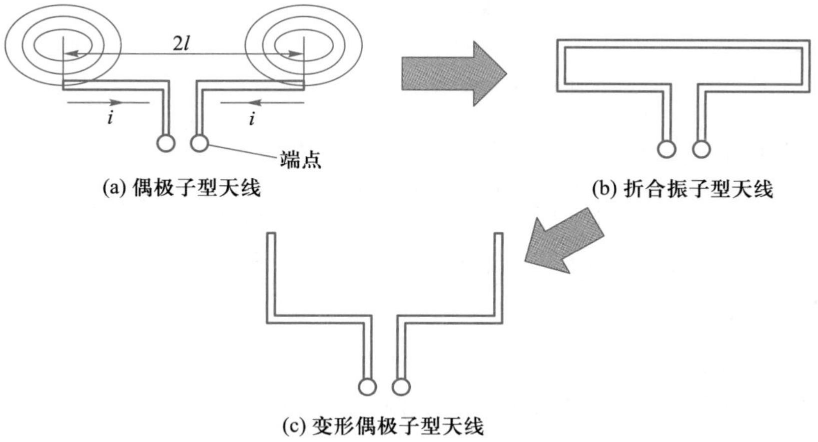

图 1-54　偶极子型天线及其演化形式

教学课件
RFID 标签天线的选用.pptx

微课
RFID 标签天线的选用.mp4

如果忽略天线粗细的横向影响,简单的偶极子天线振子的长度 l 为 $\lambda/4$ 的整数倍。如工作频率为 2.45 GHz 的半波偶极子天线,其长度约为 6 cm。当要求偶极子天线有较大的输入阻抗时,可采用图 1-54(b)所示的折合振子。

小　　结

线圈型天线:工艺简单,实现技术很成熟,广泛地应用在小于 1 m 的近距离 RFID 应用系统中,如:身份识别、货物标签等,但不适合那些要求频率高、信息量大、工作距离和方向不确定的 RFID 应用场合。

微带贴片型天线:实现工艺较复杂、成本较高、通信方向定向,一时还无法被低成本的 RFID 应用系统所选择。

偶极子型天线:辐射能力较强、制造工艺简单、成本低、具有全向方向性,常用于远距离 RFID 应用系统。

教学课件
RFID 天线制造工艺.pptx

微课
RFID 天线制造工艺.mp4

三、RFID 天线制造工艺

RFID 标签天线应该具有低成本、高效率和低污染的特性，并应考虑各种工艺对参数的影响，通过导电材料选取、网版选用和基材选择等，结合实际工艺方法和工艺实验，制作出天线实物。RFID 天线制造工艺既有传统的制作方法，也有近年来发展起来的新技术。

RFID 天线制作工艺主要有线圈绕制法、蚀刻法和印刷法，如图 1-55 所示。

(a) 线圈绕制法　　(b) 蚀刻法　　(c) 印刷法

图 1-55　RFID 天线制作工艺

① 低频 RFID 电子标签天线基本采用线圈绕制法。

② 高频 RFID 电子标签天线以上 3 种方式均可实现，但以蚀刻法为主，其材料一般为铝或铜。

③ 超高频 RFID 电子标签天线则以印刷法为主。

1. 线圈绕制法

如图 1-56 所示，利用线圈绕制法制作 RFID 天线时，需要在一个绕制工具上绕制标签线圈，并使用烤漆进行固定，再将芯片**焊接**到天线上，最后对天线和芯片进行粘合，并加以固定。

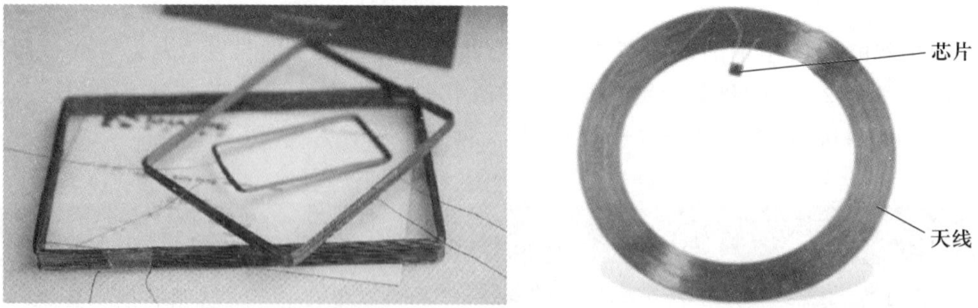

图 1-56　绕制线圈天线

缺点：成本高，生产速度慢，**焊接时**容易出现虚焊、假焊和偏焊等缺陷。

低频 RFID 电子标签天线，线圈的圈数一般为几百到上千，只能采用这种工艺。

高频 RFID 天线线圈的圈数一般为几到几十，也可以采用这种工艺。

超高频 RFID 电子标签天线很少采用这种工艺。

2．蚀刻法

蚀刻法是在一个塑料薄膜上层压一个平面铜箔片，然后在铜箔片上涂覆光敏胶，干燥后通过一个正片（具有所需形状的图案）对其进行光照，然后放入化学显影液中，此时感光胶的光照部分被洗掉，露出铜，最后放入蚀刻池，所有未被感光胶覆盖部分的铜被蚀刻掉，从而得到所需形状的天线。蚀刻法工艺流程如图 1-57 所示。

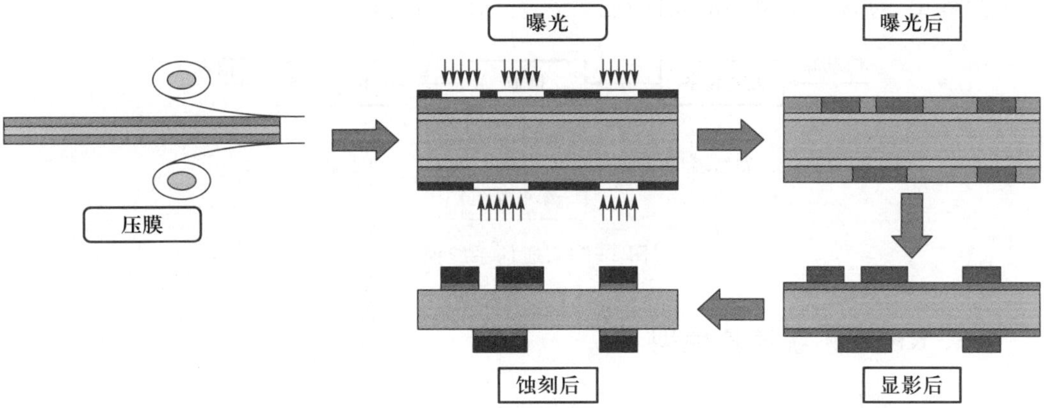

图 1-57　蚀刻法工艺流程

优点：精度高，能够与读写器的询问信号相匹配；天线性能优异且稳定，天线的阻抗、方向性等性能都很好。耐用年限为十年以上。

缺点：成本太高，制作程序烦琐，产能低下。

高频 RFID 电子标签天线常采用这种工艺。

3．印刷法

印刷法是直接用导电油墨在绝缘基板（薄膜）上印刷导电线路，形成天线和电路。

目前，已从只用丝网印刷，扩展到胶印印刷、柔性版印刷和凹印印刷等，较为成熟的制作工艺为网印技术与凹印技术。

印刷天线技术的进步，使得 RFID 电子标签的生产成本降低，从而促进了 RFID 电子标签的应用，用于大量制造高频频段和超高频频段的 RFID 电子标签。印刷法天线如图 1-58 所示。

优点：产出量大，成本最低，污染最低。

缺点：电阻大，附着力低，耐用年限较短。

(a) 印刷法制作的天线可批量生产

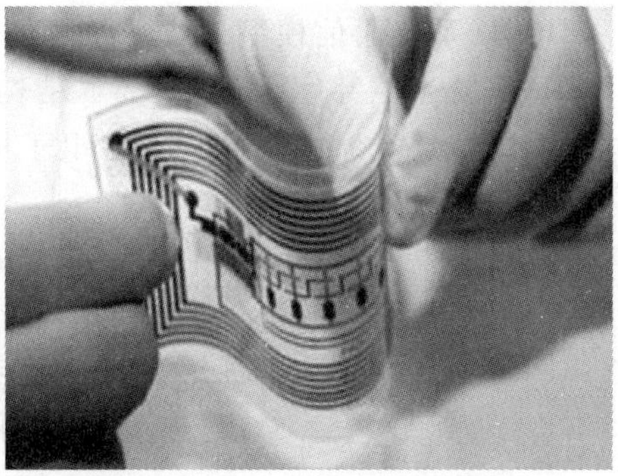

(b) 印刷法制作的天线有柔韧性

图 1-58　印刷法天线

1.4.3 RFID 通信技术

人类在生活、生产和社会活动中总是伴随着消息(或信息)的传递,这种传递消息(或信息)的过程就称作通信。

通信系统是指完成通信这一过程的全部设备和传输介质,一般可概括为如图 1-59 所示的模型,包含三个主要的功能块:发送端、信道和接收端。

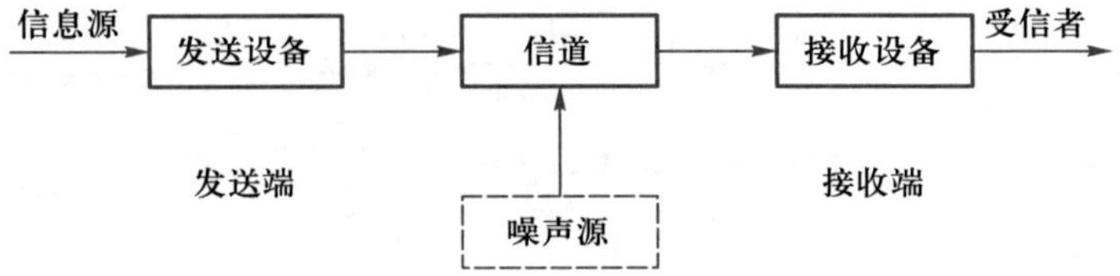

图 1-59 通信系统模型

教学课件 RFID 系统通信模型.pptx

微课 RFID 系统通信模型.mp4

一、RFID 系统通信模型

1. 数字通信模型

数字通信系统是指利用数字信号来传递信息的通信系统。如图 1-60 所示,在数字通信系统模型中,各部分目的如下:

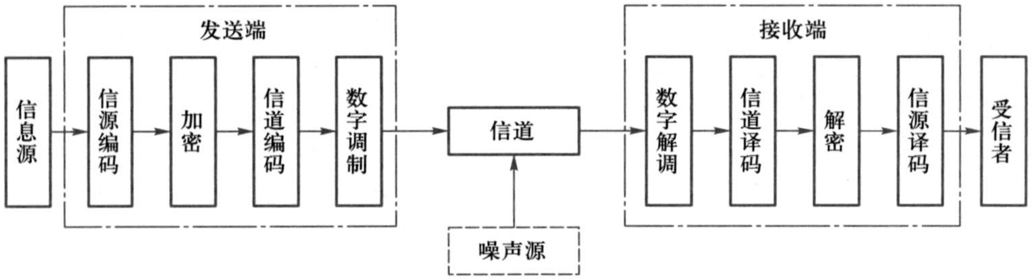

图 1-60 数字通信系统模型

① 信源编码与译码目的:提高信息传输的有效性以及完成模数转换。

② 信道编码与译码目的:增强抗干扰能力。

③ 加密与解密目的:保证所传信息的安全。

④ 数字调制与解调目的:形成适合在信道中传输的带通信号。

2. RFID 系统通信模型

RFID 系统采用数字信号,其基本结构如图 1-61 所示,主要包含:读写器、天线和电子标签,与数字通信系统的模型相类似。

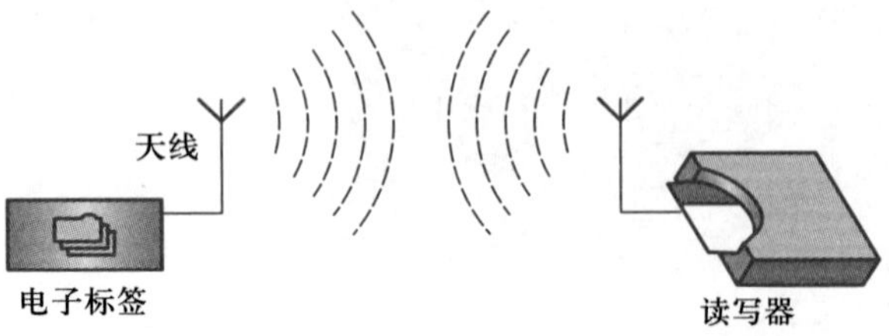

图 1-61 RFID 系统的基本结构

在 RFID 系统内的数据传输有两个方面的内容:RFID 读写器向电子标签方向的数据传输、RFID 电子标签向读写器方向的数据传输。

按从 RFID 读写器到电子标签的数据传输方向,RFID 系统的通信模型如图 1-62 所示,主要由读写器(发送器)中的信号编码(信号处理)和调制器(载波电路)、传输介质(射频前端、天线和自由空间)以及电子标签(接收器)中的解调器(载波回路)和信号译码(信号处理)组成。

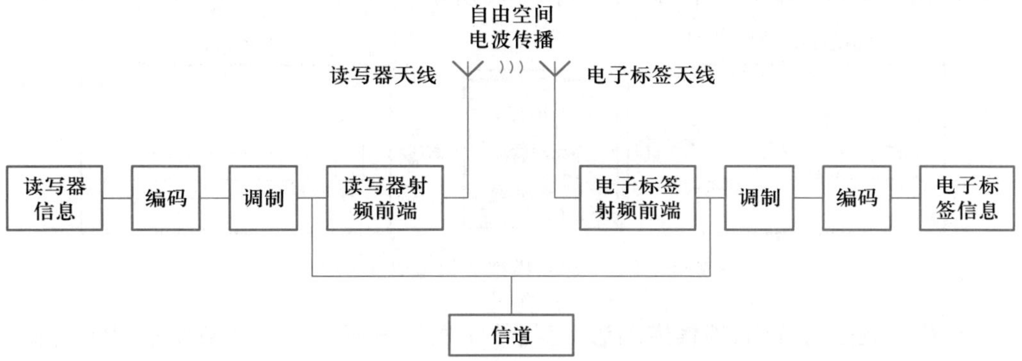

图 1-62 RFID 系统的通信模型

二、RFID 编码方法

教学课件
RFID 编码方法.pptx

微课
RFID 编码方法.mp4

由上已知,RFID 系统传输数字信号。那么,为什么要编码呢?RFID 编码方法又有哪些?

1. 编码的目的

先列举一个生活中的例子,在图 1-63 中,分别用大箱表示“1”、小箱表示“0”,用户 A 是发送方,用户 B 是接收方。在图 1-63(a)中,用户 B 虽然知道用户 A 发的是“大箱”还是“小箱”,却根本不知道对方发了几个“大箱”、几个“小箱”?经过处理后,在图 1-63(b)中,用户 B 既知道用户 A 发的是“大箱”还是“小箱”,也知道对方发了几个“大箱”、几个“小箱”。这里的“处理”就是我们要说的“编码”。

因此,编码的目的就是既能让接收方知道发送方传送的是“1”还是“0”,又能让接收方正确分辨出每一个二进制比特。即必须让接收方知道:

① 每个比特信号电平的状态——是高或低,含有数据信息。

② 各个比特的定时方式——何时起始,何时结束,实现双方同步。

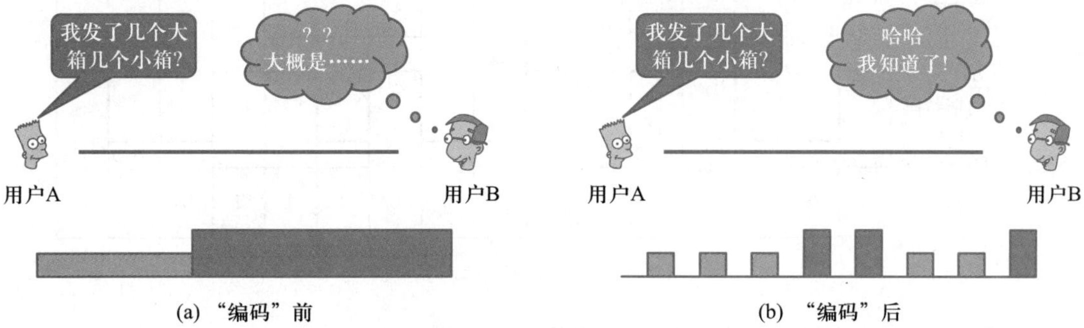

图 1-63 编码的目的

2. 编码的定义

我们可以把数字或模拟数据转换为数字信号都称为编码。即:模拟数据的数字化和数字数据的编码。

① 模拟数据的数字化，又称**信源编码**，是对信源信息进行加工处理，模拟数据经过采样、量化和编码变换为数字信号，如图 1-64 所示。

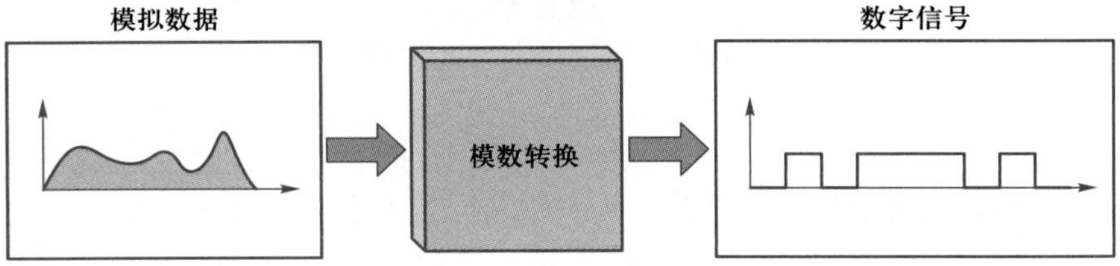

图 1-64 模拟数据编码

② 数字数据的编码，即**信道编码**，是将数字数据编码成适合在数字信道上传输的数字信号，如图 1-65 所示。

众所周知，RFID 电子标签存储数字数据，因此 RFID 编码是信道编码。

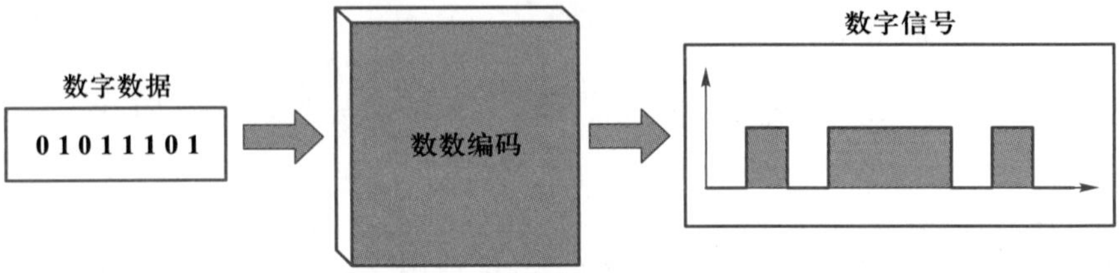

图 1-65 数字数据编码

3. 编码的方法

如图 1-66 所示，RFID 系统中，常用的编码方法主要有 NRZ 编码、Manchester 编码和 Miller 编码。

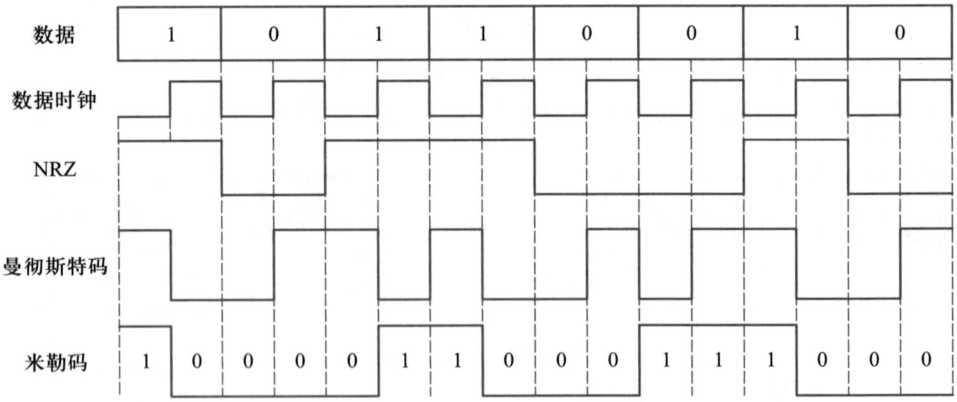

图 1-66 RFID 常用编码方法

(1) 单极性编码——数字信号最简单的编码方法

如图 1-67 所示，单极性编码通常只用一个电平来表示两个二进制值，“0”是用零电平即空闲的线路状态表示。

缺点：有直流分量问题、同步问题。

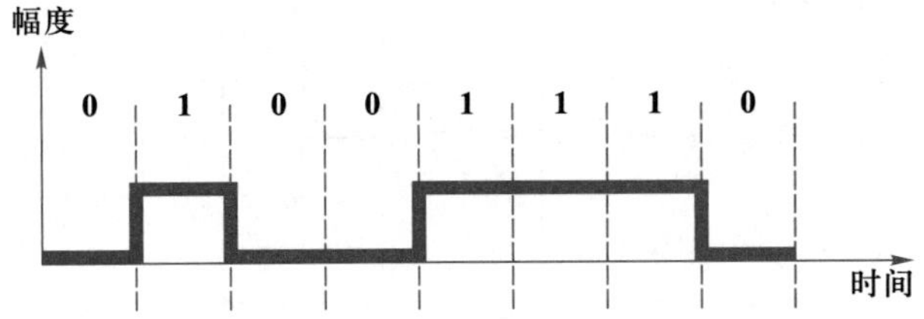

图 1-67　单极性编码

(2) 反向不归零编码(NRZ,Non Return Zero)——绝大多数信号采用的极性码

如图 1-68 所示,NRZ 编码用高电平表示二进制“1”,低电平表示二进制“0”。

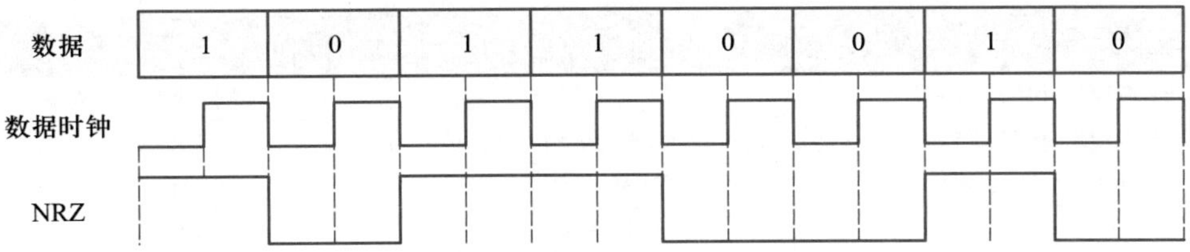

图 1-68　NRZ 编码

优点:容易实现,能充分利用带宽。

缺点:仍含有一定的直流分量,且缺乏同步能力;占空比较大,易造成码间串扰。

ISO14443 TYPE B 协议中电子标签和读写器传递数据时均采用 NRZ 编码。

(3) 曼彻斯特编码(Manchester)——解决同步问题的最佳方案

如图 1-69 所示,每个比特位的中心都有一个跳变,从低到高代表数据“0”,从高到低代表数据“1”。既含有时钟信息,也含有数据信息。

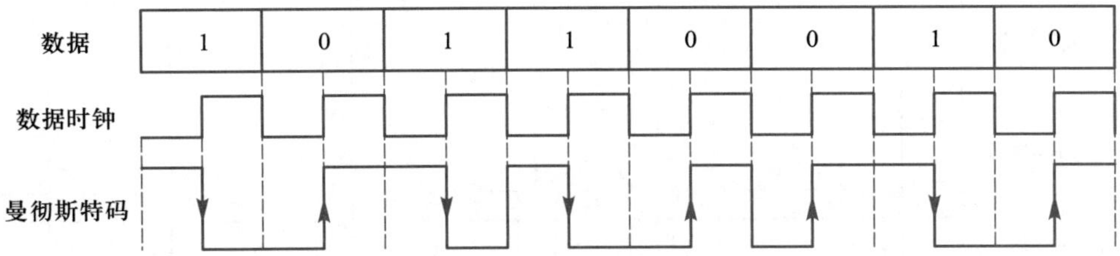

图 1-69　曼彻斯特编码

缺点:每个比特时间内至少出现一次跳变,编码效率只有 50%。需要更大的带宽(高速低效)。

优点:方便提取位同步时钟信号,有利于发现数据传输的错误,便于差错检测,如发现预期的跳变未出现。

ISO14443 TYPE A 协议中电子标签向阅读器传递数据时采用曼彻斯特编码。

ISO18000-6 TYPE B 读写器向电子标签传递数据时采用曼彻斯特编码。

(4) 米勒编码(Miller)——用数据中心是否有跳变表示数据

如图 1-70 所示,当数据中心有跳变表示“1”,数据中心无跳变表示“0”。

当发送连续的“0”时,则在数据的开始处增加一个跳变防止失步。

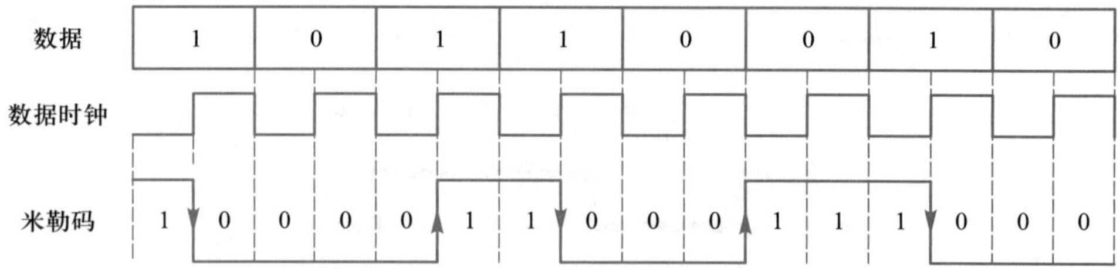

图 1-70 米勒编码

如表 1-6 所示，RFID 技术中采用的编码方法还有许多种，有些是上述几种编码的变形，如修正米勒编码、脉冲位置编码、双相间隔编码、脉冲宽度编码等。

表 1-6 RFID 标准采用的编码方法

标准协议	读写器→电子标签	电子标签→读写器
ISO/IEC 14443 TYPE A	修正 Miller	曼彻斯特编码
ISO/IEC 14443 TYPE B	NRZ 编码	NRZ 编码
ISO/IEC 15693	PPM 编码	PPM 编码
ISO18000-6 TYPE A	PIE 编码	FM0 编码
ISO18000-6 TYPE B	曼彻斯特编码	Miller 编码

（5）修正米勒编码（Miller）

如图 1-71 所示，相对于米勒编码来说，修正米勒编码将其每个边沿用窄脉冲来代替，即数据中间有窄脉冲表示“1”，数据中间无窄脉冲表示“0”。当出现连续的“0”时，从第二个“0”开始，在数据的起始部分增加一个窄脉冲。这样就可以保证在数据的传输的过程中从高频场中连续给电子标签提供能量。

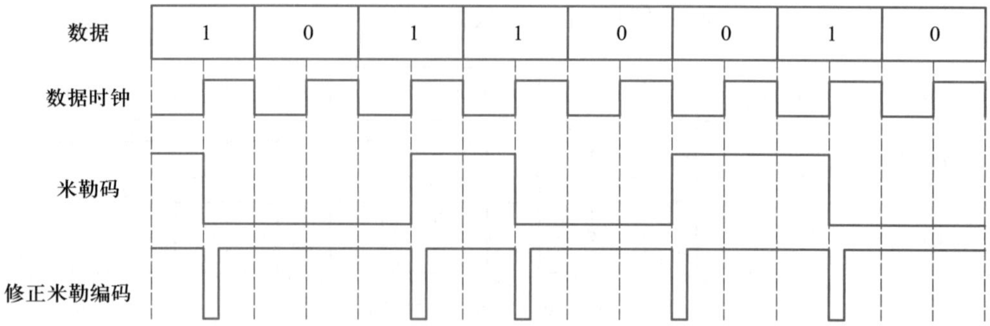

图 1-71 修正米勒编码

（6）PPM 脉冲位置编码

如图 1-72 所示，每个数据比特的宽度是一致的。其中：

脉冲在第一个时间段表示“00”，脉冲在第二个时间段表示“01”，脉冲在第三个时间段表示“10”，脉冲在第四个时间段表示“11”。

在 ISO/IEC 15693 协议中，数据编码采用 PPM 编码。

（7）FM0（Bi-Phase Space，双相间隔码）编码

如图 1-73 所示，FM0 编码在一个位窗内采用电平变化来表示逻辑。

如果电平从位窗的起始处翻转，则表示逻辑“1”；除了在位窗的起始处翻转，还在

位窗中间翻转则表示逻辑“0”；一个位窗的持续时间是 25 μs。

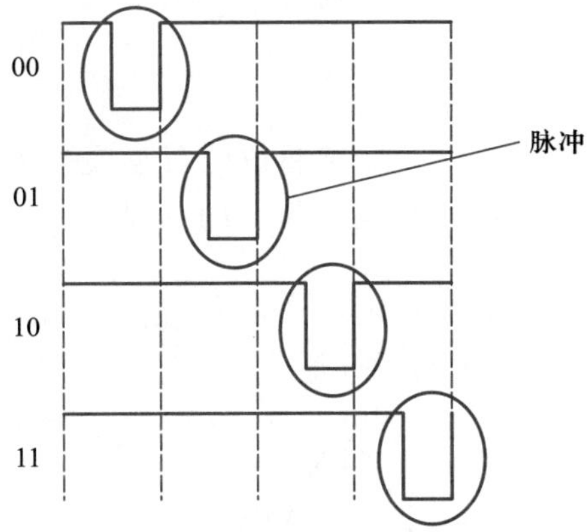

图 1-72　PPM 脉冲位置编码

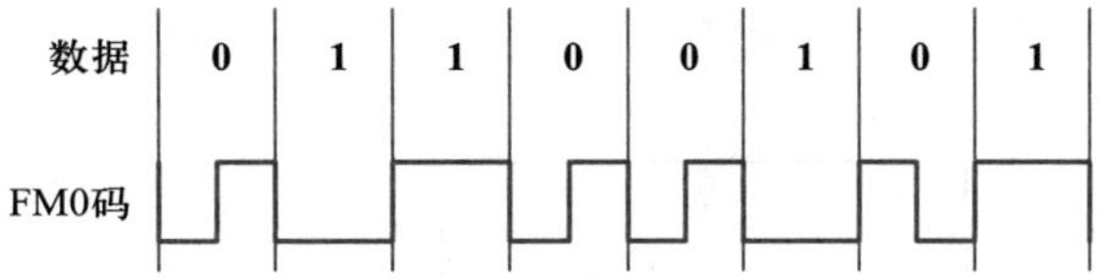

图 1-73　FM0 编码

ISO18000-6 TYPE A 由电子标签向读写器的数据发送采用 FM0 编码。

（8）PIE（Pulse Interval Encoding，脉冲宽度编码）

通过定义脉冲下降沿之间的不同时间宽度来表示数据。规定，由读写器发往标签的数据帧由 SOF（帧开始信号）、EOF（帧结束信号）、数据“0”和数据“1”组成。

如图 1-74 所示，定义了一个名称为“Tari”的基准时间间隔，持续时间为 25 μs。相邻两个脉冲下降沿的时间宽度为 1 个“Tari”表示逻辑“0”，2 个“Tari”表示逻辑“1”。

符号	Tari数
“0”	1
“1”	2
SOF	4
EOF	4

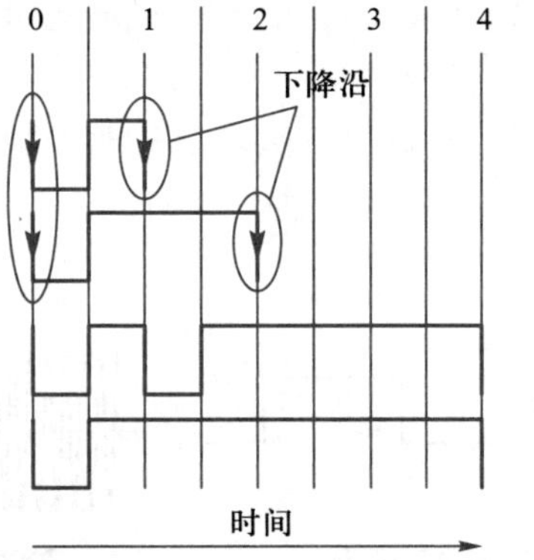

图 1-74　PIE 编码

在 ISO18000-6 TYPE A 协议中由读写器向电子标签的数据发送采用 PIE 编码。

三、RFID 调制方法

教学课件
RFID 调制方法.pptx

微课
RFID 调制方法.mp4

1. 载波

动画演示
RFID 调制方法.mp4

在信号传输的过程中，并不是将信号直接进行传输，而是将信号与一个固定频率的波进行相互作用，这个过程称为加载，这样一个固定频率的波称为**载波**。

载波是一种高频振荡的模拟信号波，作为传输某种信息信号的载体，一般为正弦波。载波数学公式可表示为

$$A\sin(\omega t+\theta) \text{或者} A\cos(\omega t+\theta)$$

载波特征参数有：幅度、频率、相位。

在 RFID 系统中，正弦载波除了是信息的载体外，在无源电子标签中还具有提供能量的作用，这一点与其他无线通信有所不同。

2. 基带信号

大家知道，RFID 电子标签存储的数字数据是二进制位。二进制位的典型表达方式是矩形脉冲信号。如图 1-75 所示，在其频谱中，从零开始能量集中的一段频率范围，我们称之为基本频带，简称**基带**。

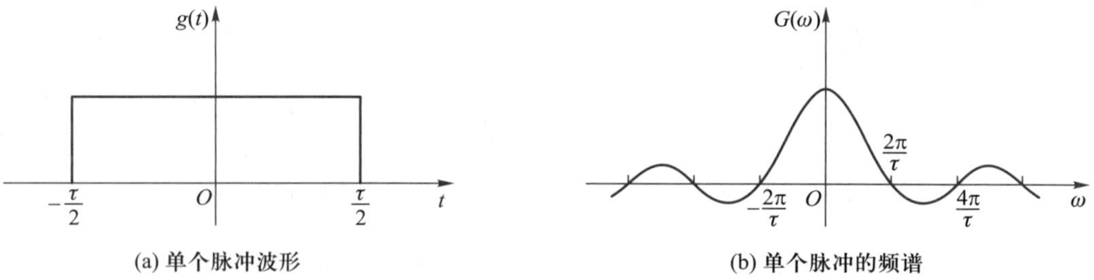

图 1-75 单个脉冲波形与频谱

基带信号就是与基带对应的数字信号。这种信号往往包含较多的低频成分，甚至有直流成分，不适合在信道上传输。为了解决这一问题，就必须对基带信号进行**载波调制**。

3. 载波调制

调制（Modulation）：就是按**调制信号**的变化规律去改变**载波**某些特征参数（幅度、频率和相位）的过程。

数字调制：是指通过**数字信号**改变**载波**信号的一个或多个特征参数（幅度、频率和相位）形成"调制信号"，如图 1-76 所示。

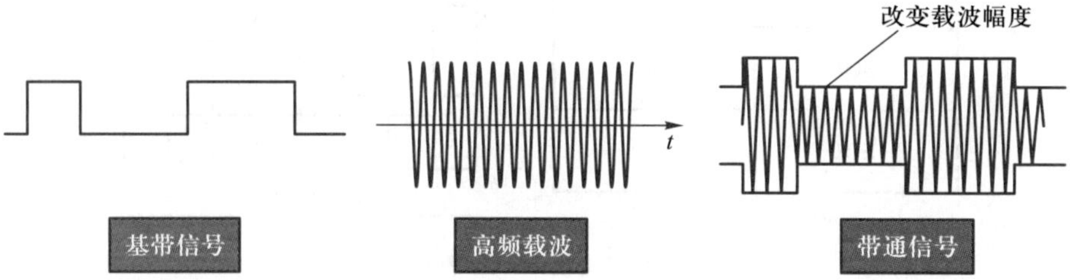

图 1-76 数字调制

带通信号：将基带信号经过载波调制后，把基带信号的频率范围搬移到较高的频段以便在信道中传输（即仅在一段频率范围内能够通过信道）。

① 基带传输：不搬移基带信号频谱的传输方式，不使用载波。

② 频带传输：即将基带信号频谱搬移到适合信道的高频载波频带上，并在接收端通过解调恢复基带信号频谱的传输方式，通过载波进行，如图 1-77 所示。

4. 调制的作用

① 将基带信号频谱搬移到载频附近，便于发送接收，如图 1-78 所示。

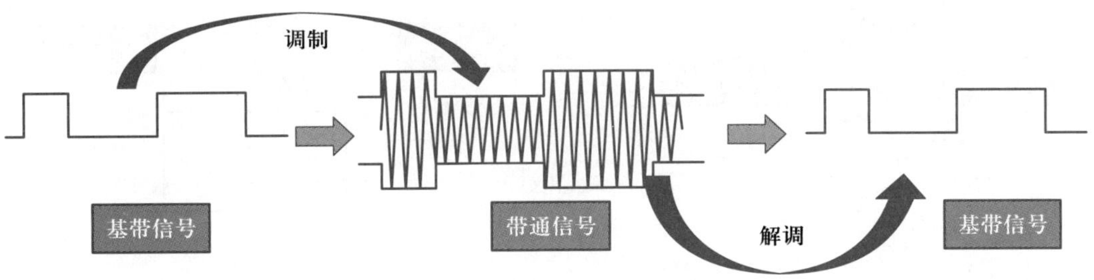

图 1-77　频带传输

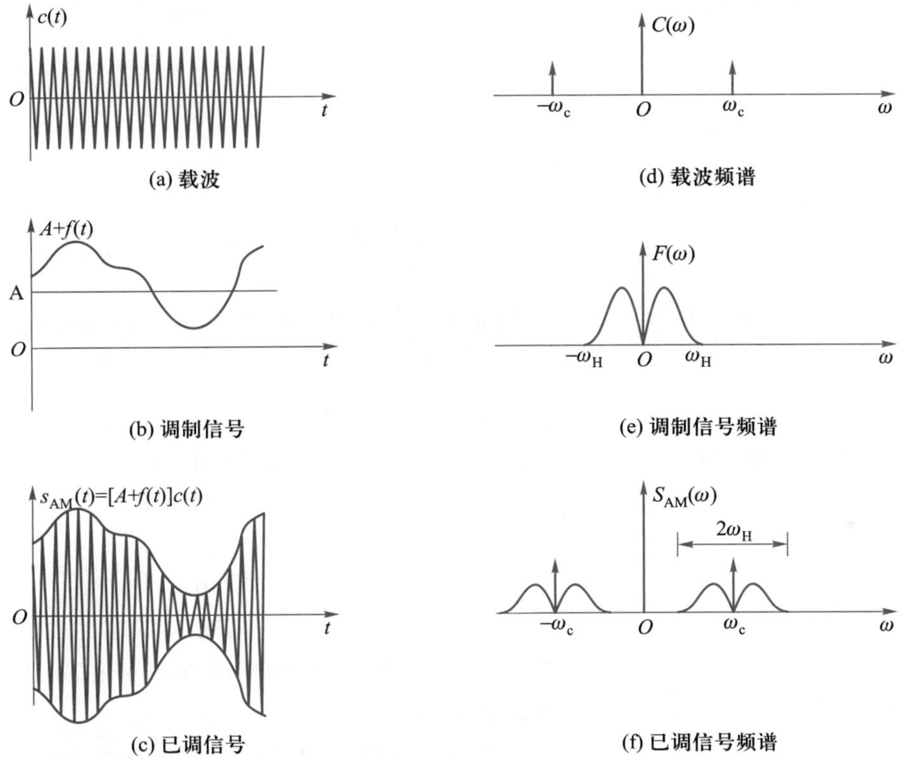

图 1-78　已调信号频谱

② 实现信道复用,即在一个信道中同时传输多路信号。

③ 利用信号带宽和信噪比的互换性,提高通信系统的抗干扰性。

5. RFID 数字调制方法

如图 1-79 所示,使用数字信号对载波信号进行调制的方法有两种:模拟调制法和键控法。模拟调制法是用乘法器实现,键控法是用开关电路实现,键控度 m 为 100%。

如图 1-80 所示,RFID 中常用的基本数字调制方法——键控法,主要有:幅移键控法(Amplitude Shift Keying,ASK)、频移键控法(Frequency Shift Keying,FSK)、相移键控法(Phase Shift Keying,PSK)、正交调幅编码(Quadrature Amplitude Modulation,QAM),其中 QAM 效率最高,也是现在所有调制解调器采用的技术。

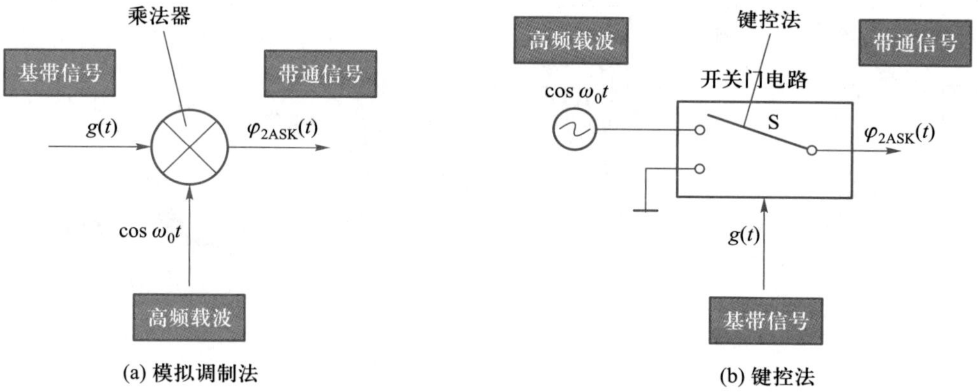

图 1-79 数字调制方法

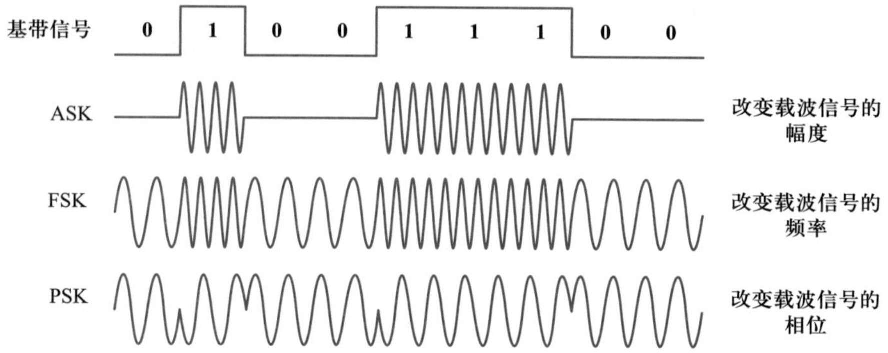

图 1-80 RFID 基本数字调制方法

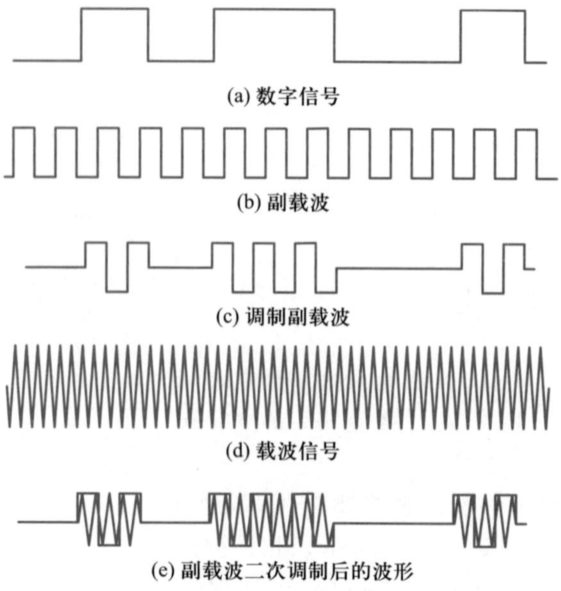

图 1-81 RFID 副载波调制

① 幅移键控(ASK):利用载波的幅度变化来传递数字信号,是对载波的幅度进行键控。在二进制数字调制中,载波的幅度只有两种变化,分别表示二进制数值“1”和“0”。

目前电感耦合 RFID 系统常采用 ASK 调制方式,如 ISO/IEC 14443 及 ISO/IEC 15693 协议均采用 ASK 调制方式。

② 频移键控(FSK):利用载波的频率变化来传递数字信号,是对载波的频率进行键控。在二进制数字调制中,载波的频率只有两种变化状态,分别表示二进制数值“1”和“0”。

③ 相移键控(PSK):利用载波的相位变化来传递数字信息,是对载波的相位进行键控。在二进制数字调制中,载波的初始相位有两种变化状态,分别表示二进制数值“1”和“0”。

④ 副载波调制:如图 1-81 所示,在 RFID 副载

波调制中，首先用基带编码的数据信号调制低频的副载波（已调的副载波信号用于切换负载电阻），然后采用幅移键控 ASK、频移键控 FSK 或相移键控 PSK 的调制方法，对副载波进行二次调制。

1.4.4 RFID 数据传输

一、RFID 数据完整性

在 RFID 读写器与电子标签的无线通信中，存在多种干扰因素使得数据传输产生错误，最主要的干扰因素是信道噪声和信号冲突。

① 信道噪声：外界的各种干扰可能使数据传输产生错误。

② 信号冲突：多个应答器同时占用信道使发送数据产生碰撞。

针对这两种情况，常用的处理方法是采用校验和法与多路存取法，能显著提高数据传输的完整性和可靠性。

1. 校验和法

教学课件 RFID 数据校验方法.pptx

微课 RFID 数据校验方法.mp4

校验和法主要有奇偶校验法和冗余校验法。

（1）奇偶校验法

奇偶校验是一种最简单有效、使用广泛的数据校验方法。奇偶校验分奇校验和偶校验，收发两端必须约定相同的校验方式。

实现方法：如图 1-82 所示，在每个被传送码的左边或右边加上 1 位奇偶校验位“0”或“1”：

① 若采用奇校验位，只需把每个编码中 1 的个数凑成奇数。

② 若采用偶校验位，只需把每个编码中 1 的个数凑成偶数。

检验原理：设 8 位信息码为 $b_7b_6b_5b_4b_3b_2b_1b_0$，校验码为 C_0，则

① 对偶校验，当满足 $b_7\oplus b_6\oplus b_5\oplus b_4\oplus b_3\oplus b_2\oplus b_1\oplus b_0\oplus C_0=0$ 时，为合法码。

② 对奇校验，当满足 $b_7\oplus b_6\oplus b_5\oplus b_4\oplus b_3\oplus b_2\oplus b_1\oplus b_0\oplus C_0=1$ 时，为合法码。

特点：

① 实现简单，是一种应用最广泛的校验方法。

② 能发现 1 位或奇数个位出错，但无错误定位和纠错能力。

根据对出错概率的统计，其中 70%~80% 是 1 位错误，又因奇校验中不存在全“0”代码，因此，在实际应用中，为了便于判别，多采用奇校验。

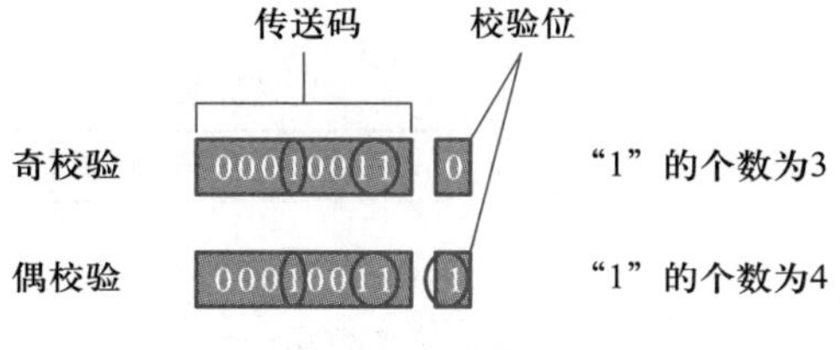

图 1-82 RFID 奇偶校验实现方法

（2）冗余校验法

① 纵向冗余校验（Longitudinal Redundancy Check，LRC）也称为代码和校验，是把传输数据块中所有字节按位加（即异或运算），其结果就是校验字节。

在发送端传输数据时，附加传输校验字节。在接收端，将数据字节和校验字节按位加，如果结果为“0”，认为传输正确，否则认为传输错误。

如图 1-83 所示，发送端，传输数据块中 5 个字节（0x46、0x72、0x61、0x6E、0x7A）按位加得出 LRC 校验字节 0x41；接收端，6 个字节（5 个数据字节和 1 个校验字节）按位

加,结果为“0”,则认为传输正确,否则认为传输错误。

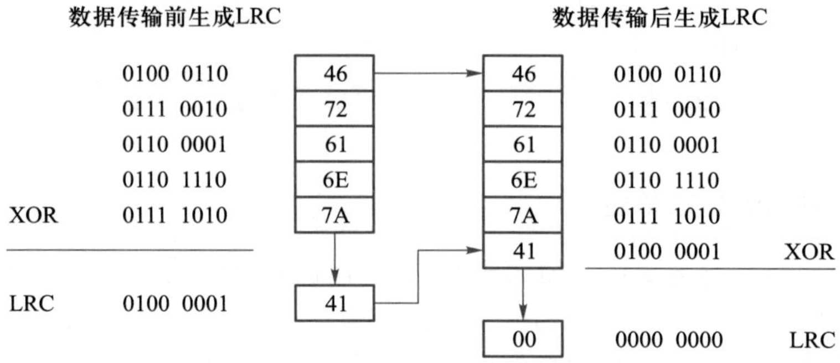

图 1-83 纵向冗余校验法示例

② 循环冗余校验(Cyclic Redundancy Check,CRC)是一种检错、纠错能力很强的数据校验方法。

循环冗余校验码由循环多项式生成。如图 1-84 所示,假设 16 位的 CRC 生成多项式 $G(X)$ 为

$$G(X)=X^{16}+X^{12}+X^{5}+1$$

其二进制序列为 10001000000100001(十六进制为 0x11021)。

被校验二进制序列 $M(X)$ 除以 16 位校验多项式 $G(X)$,余数就是 16 位的 CRC 值。若 $M(X)$= 0x4D6F746F,其 CRC-16 的值是 0xB994。

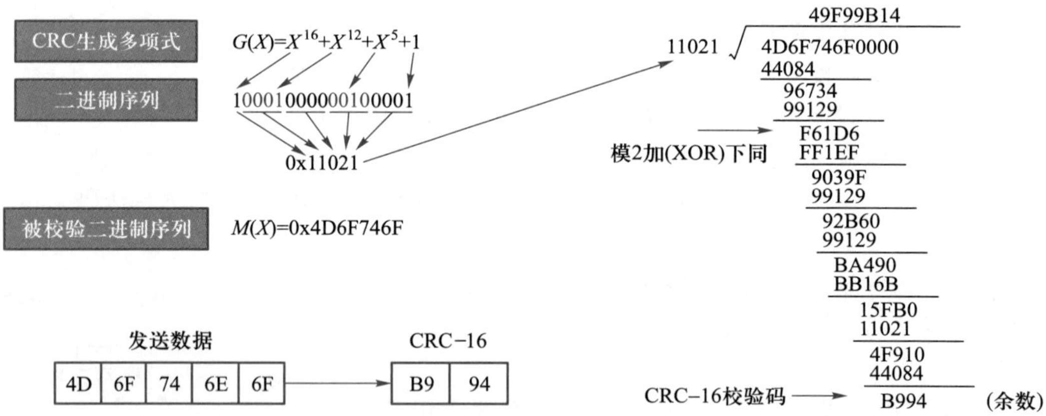

图 1-84 CRC-16 生成过程

发送端在传输时,将计算结果附加在数据尾部;接收端将收到的数据除以 0x11021,如果余数为 0 表示正确,否则表示错误。

2. 多路存取法

如前所述,在 RFID 系统工作时,通常出现多个应答器同时处于读写器的作用范围内而产生的通信冲突(或碰撞)。在这样的系统中,存在着图 1-85 所示的两种不同的基本通信形式。

① 无线电广播式:在读写器的作用范围内,读写器发出的数据被多个应答器接收。

② 多路存取式:在读写器的作用范围内,多个应答器同时传输数据给读写器。

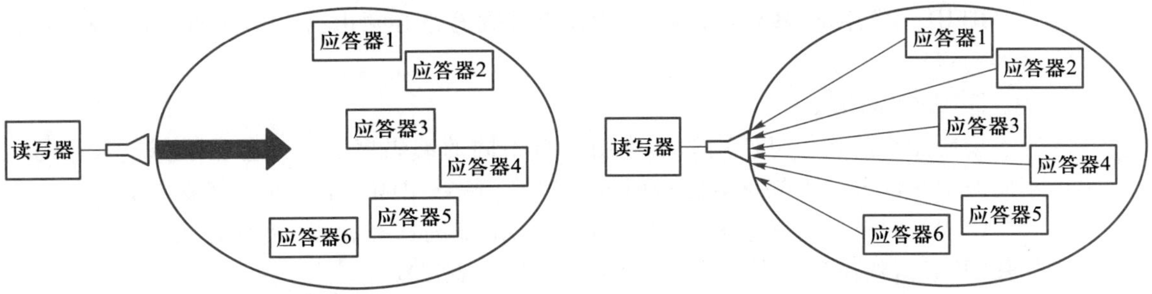

(a) 无线电广播式　　(b) 多路存取式

图 1-85　RFID 系统通信方式

现在 RFID 系统中，常常遇到“多路存取”通信方式。

(1) 防碰撞机制

教学课件
RFID 系统中的碰撞.pptx

微课
RFID 系统中的碰撞.mp4

在无线通信技术中，通信冲突的问题是长久以来存在的问题，但同时也研究出许多相应的防碰撞解决方法。这些方法大致可分为空分多路法(Space Division Multiple Access，SDMA)，频分多路法(Frequency Division Multiple Access，FDMA)，码分多路法(Code Division Multiple Access，CDMA)和时分多路法(Time Division Multiple Access，TDMA)。

① 空分多路法

如图 1-86(a)所示，空分多路法是在分离的空间范围内重新使用确定的资源(通路容量)的技术，即利用空间分割构成不同的信道，是一种信道增容的方式。

RFID 系统中实现方法：在读写器上使用电子控制定向天线，即自适应 SDMA，天线的方向直接对准某个标签。减少单个读写器的作用范围。

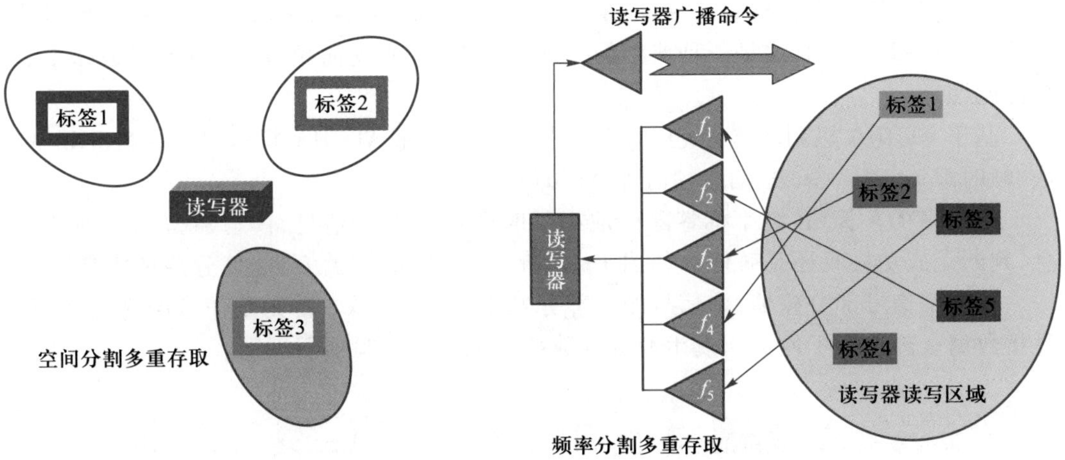

(a) 空分多路法　　(b) 频分多路法

图 1-86　RFID 防碰撞方法

② 频分多路法

如图 1-86(b)所示，频分多路法是把若干个使用不同载波频率的传输通路同时提供给通信用户使用的技术，即把信道频带分割为若干更窄的互不相交的子频带，把每个子频带分给一个用户专用，使得带宽得不到充分利用。

RFID 系统中 FDMA 技术缺点：为每个接收通路必须由自己单独的接收器提供，读写器的费用高。

③ 码分多路法

不同用户传输信息所用的信号用各自不同的编码序列来区分，或者说，靠信号的不同波形来区分。如果从频域或时域来观察，多个 CDMA 信号是互相重叠的。

CDMA 的频带利用率低，信道容量较小，地址码选择较难、接收时地址码捕获时间较长，其通信频带和技术复杂性在 RFID 系统中难以应用。

④ 时分多路法

如图 1-87 所示，时分多路法是把整个可供使用的信道容量按时间分配给多个用户的技术，即把时间分割成周期性的帧（Frame），每个帧再分割成若干个时隙。

RFID 系统实现方法：在所有标签中，在某个时间内只建立唯一的读写器和标签的通信关系，可以很好地解决标签碰撞问题。

教学课件
RFID 标签防碰撞技术（标签控制法）.pptx

（2）RFID 标签防碰撞算法

解决冲突问题的方法被称为防冲突命令或算法（Anti-collision Algorithms）。RFID 系统中防碰撞算法分为标签防碰撞算法和读写器防碰撞算法两大类。本文仅讨论前者。

微课
RFID 标签防碰撞技术（标签控制法）.mp4

标签防碰撞算法基于多路存取法。考虑到标签的功耗、低存储性能、低价格、尽量少的计算能力等，RFID 系统的标签防碰撞算法大多采用时分多路法。

该方法可分为非确定性算法（如 ALOHA 算法）和确定性算法（如二进制树搜索算法）。

① ALOHA 算法

非确定性算法也称标签控制法，它以电子标签为主控器，读写器没有参与数据的传输控制。ALOHA 算法是一种典型的非确定性算法，实现简单，广泛用于解决标签的碰撞问题。

基于 ALOHA 机制的算法包括若干种变体，如：纯 ALOHA 算法、时隙 ALOHA 算法、帧时隙 ALOHA 算法、动态帧时隙 ALOHA 算法等。

纯 ALOHA 算法：各个标签随机地在某时间点上发送信息，读写器检测收到的信息，判断是成功接收还是碰撞。如图 1-88 所示，该算法中的信号碰撞分两种情况：

一种是信号部分碰撞，即信号的一部分发生了冲突；另一种则是信号的完全碰撞，是指数据全部发生了冲突。发生冲突的数据都无法被读写器所识别。

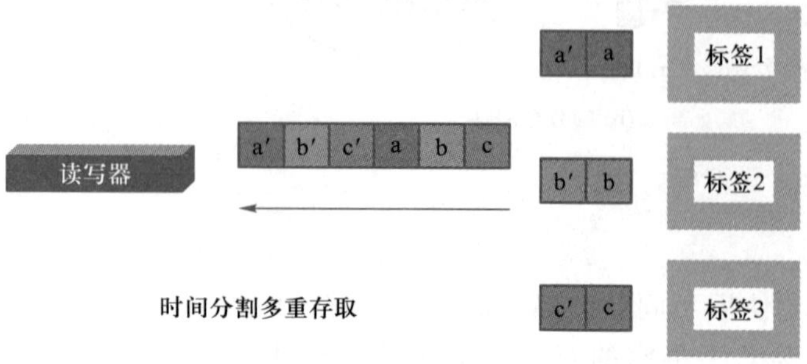

图 1-87 时分多路法

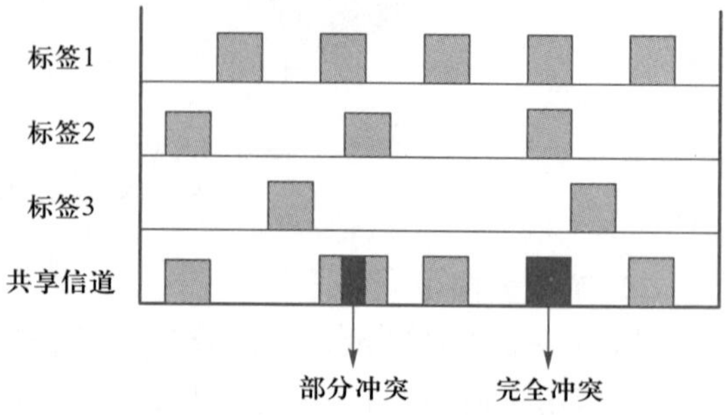

图 1-88 纯 ALOHA 算法

此算法非常简单，易于实现，被广泛应用在 RFID 系统中，但信道利用率仅为 18.4%，性能非常不理想。

时隙 ALOHA 算法、**帧时隙 ALOHA 算法**、**动态帧时隙 ALOHA 算法**都是基于**纯 ALOHA 算法**的改进，从而降低冲突的概率、提高系统性能。如**帧时隙 ALOHA 算法**的信道利用率达到 36.8%，是**纯 ALOHA 算法**的两倍。大家可以查看课程此部分的视频资源，这里就不再一一阐述了。

② 二进制树搜索算法

确定性算法也称读写器控制法，它以读写器为主控器，由读写器控制所有的标签。按照规定算法，在同一时间内读写器只与一个标签建立通信关系。

二进制树搜索算法是典型确定性算法，比较复杂，识别时间较长，但无标签饥饿问题。

实现该算法的**必要前提**是：能够辨认出在读写器中数据冲突位的准确位置。为此，必须有合适的位编码法。

如图 1-89 所示，曼彻斯特码中逻辑“0”编码为上升沿，逻辑“1”编码为下降沿。如果两个或多个电子标签同时发送的数位有不同值，则接收的上升沿和下降沿互相抵消，从而译出错误码字，可以识别出具体的碰撞位。这样可以根据碰撞的位置，按一定法则重新搜索射频卡。

基本思想：如图 1-90 所示，将处于碰撞的标签分成左右两个子集 0 和 1，先查询子集 0，若没有碰撞，则正确识别标签，若仍有碰撞则分裂，把 0 子集分成 00 和 01 两个子集，以此类推，直到识别出子集 0 中的所有标签为止，然后再按此步骤查询子集 1。

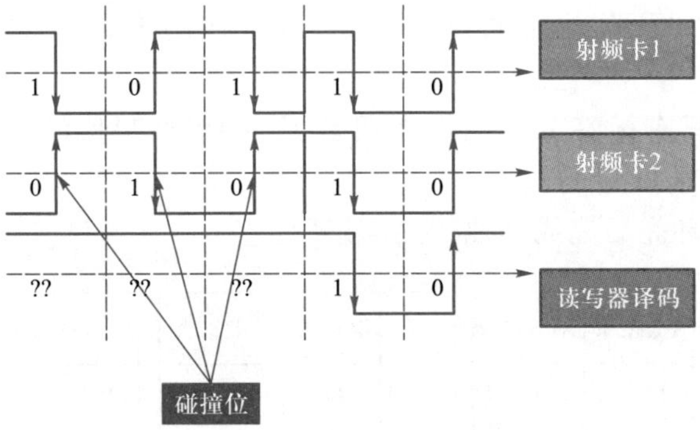

图 1-89　基于曼彻斯特码碰撞位检测

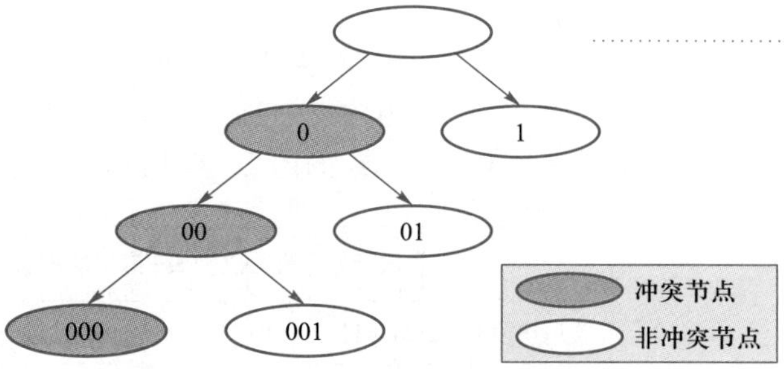

图 1-90　二进制树搜索算法基本思想

工作流程：如图 1-91 所示，读写器广播发送最大序列号查询条件，其作用范围内的标签在同一时刻传输它们的序列号给读写器；读写器对比标签响应的序列号的相同位数上的数，如果出现不一致，则可判断有碰撞；确定有碰撞后，把有不一致位的数最高位置“0”，再输出查询条件 Q，依次排除序列号大于 Q 的标签；识别出序列号最小的标签后，对其进行数据操作，然后使其进入“无声”状态，对读写器发送的查询命令不进行响应；重复第 1 步，选出序列号倒数第二的标签；多次循环完后完成所有标签的识别。

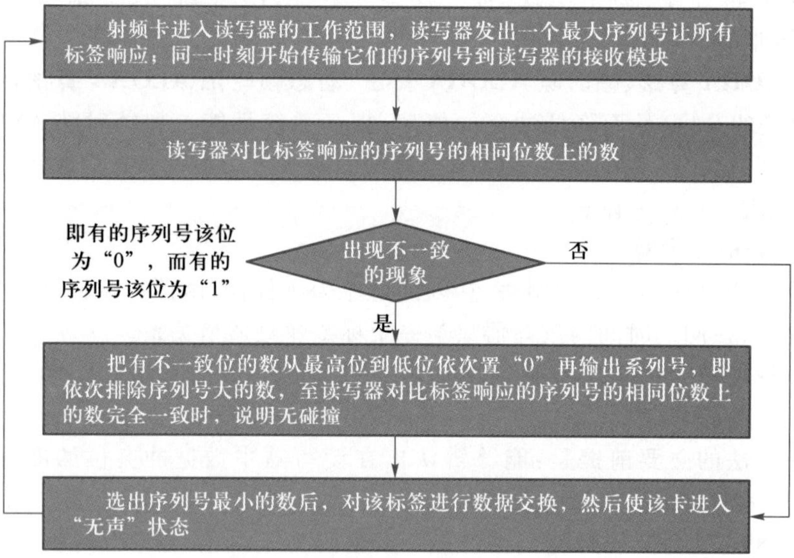

图 1-91 二进制树搜索算法工作流程

搜索流程：假设有 4 个标签，其序列号分别为 10100111、10110101、10101111、10111101，则其二进制树搜索算法实现流程如下：

- 送 REQUEST(11111111)命令，要求区域内所有标签应答，根据曼彻斯特编码，解码数据为 101??1?1，发生碰撞，算法改变如下，将碰撞的最高置 0，其他碰撞位置 1。得下次的 REQUEST(10101111)。
- 送 REQUEST(10101111)命令，标签 A 和 C 应答。译码数据为 1010?111，发生碰撞，算法改变如下，将碰撞的最高置“0”，其他碰撞位置“1”。得下次的 REQUEST(10100111)。
- 送 REQUEST(10100111)命令，只有标签 A 应答。解码数据为 1010?111，没有发生碰撞，阅读器对标签 A 进行阅读操作。

依此类推，如图 1-92 所示，多次循环完后完成其他标签的识别。

	第一次搜索	第二次搜索	第三次搜索	第四次搜索	第五次搜索	第六次搜索	第七次搜索	第八次搜索
发送序号	11111111	10101111	10100111	11111111	10101111	11111111	10110101	10111101
接收序号	101??1?1	1010?111	识别标签A	101??1?1		1011?101		
标签A	10100111	10100111	10100111		识别标签C		识别标签B	
标签B	10110101			10110101		10110101	10110101	识别标签D
标签C	10101111	10101111		10101111	10101111			
标签D	10111101			10111101		10111101		10111101

图 1-92 二进制树搜索算法搜索流程

小 结

在高频RFID系统中，标签的防碰撞算法一般采用ALOHA算法。在超高频RFID系统中，主要采用二进制树搜索算法，如表1-7所示。

表1-7 RFID系统防碰撞算法

频段	标 准	标签防碰撞算法
高频	IEEE 14443 TYPE A	二进制树搜索
	IEEE 14443 TYPE B	时隙ALOHA
	IEEE 15693	时隙ALOHA
	IEEE 18000-3 Mode1	时隙ALOHA
	IEEE 18000-3 Mode2	FTDMA
	EPC C1 HF	时隙ALOHA
超高频	IEEE 18000-6 TYPE A	时隙ALOHA
	IEEE 18000-6 TYPE B	二进制树搜索
	EPC C1 UHF	二进制树搜索

二、RFID数据安全性

RFID系统是一个开放的通信系统，随着RFID技术的推广，RFID信息安全问题逐渐受到关注，在其应用领域，标签数据、读写器、通信链路、中间件及后端应用等各个环节，都需要考虑安全与隐私问题。

那么，RFID的安全漏洞在哪？有哪些攻击方式？RFID的安全与隐私又该如何管理？

1. RFID系统安全漏洞

首先，RFID标签和后端系统之间的通信是非接触和无线的，很容易受到窃听。

其次，RFID标签本身的计算能力和可编程性，直接受到成本要求的限制。更准确地说，标签越便宜，其计算能力越弱，更难实现对安全威胁的防护。

还有，标签和读写器中数据的脆弱性、RFID中间件及后端系统的安全脆弱性。

2. RFID系统面临的攻击手段

目前，对RFID系统的攻击主要是对标签信息的截获和破解，可以简单地分为**主动攻击**和**被动攻击**两种类型。

（1）主动攻击

主动攻击主要包括：

① 从获得的RFID标签实体，通过物理手段在实验室环境中去除芯片封装，使用微探针获取敏感信号，从而进行目标标签重构的复杂攻击。

案例
RFID安全问题的全视角解读

② 利用微处理器的通用接口，通过扫描RFID标签和响应读写器的探寻，寻找安全协议和加密算法存在的漏洞，进而删除标签内容或篡改可重写标签内容。

③ 通过干扰广播、阻塞信道或其他手段，产生异常的应用环境，使合法处理器发生故障，进行拒绝服务攻击等。

（2）被动攻击

被动攻击主要包括：

① 通过采用窃听技术,分析微处理器正常工作过程中产生的各种电磁特征,来获得 RFID 标签和读写器之间或其他 RFID 通信设备之间的通信数据。

② 通过读写器等窃听设备,跟踪商品流通动态等。

应对主动攻击的主要技术是**认证**技术,应对被动攻击的主要技术是**加密**技术。

3. RFID 系统安全策略

RFID 系统的安全问题,由三个不同层次的安全保障环节组成:

一是芯片的物理安全技术:如采用阻止标签、Kill 标签、法拉第网罩等物理手段,防止非法读写、防软件跟踪等。

二是电子标签制造的安全技术:如存储型电子标签安全等级最低、逻辑加密型电子标签安全等级居中、CPU 型电子标签安全等级最高。

三是电子标签的通信安全技术,如引入认证技术和加密机制、利用专有通信协议实现敏感使用环境的安全、利用传统安全技术解决中间件及后端的安全等。

这三个方面共同形成电子标签的安全体系,保证电子标签从生产到使用的安全。在实际使用中,三者之间却没有那么明显的界限,如带 DES(Data Encryption Standard,数据加密标准)、AES(Advanced Encryption Standard,高级加密标准)算法协处理器的电子标签利用软硬件实现系统的安全保障体系。

小 知 识

数据加密标准(Data Encryption Standard,简称 DES)

DES 由 IBM 公司 1975 年研究成功并发表,1977 年被美国定为联邦信息标准。DES 的分组长度为 64 位,密钥长度为 56 位,将 64 位的明文经加密算法变换为 64 位的密文。

高级加密标准(Advanced Encryption Standard,简称 AES)

新的加密标准,它是分组加密算法,分组长度为 128 位,密钥长度有 128 位、192 位、256 位三种,分别称为 AES-128,AES-192,AES-256。

AES 和 DES 的不同之处有以下几点:

① DES 密钥长度为 64 位(有效位为 56 位),加密数据分组为 64 位,循环轮数为 16 轮;AES 加密数据分组为 128 位,密钥长度为 128、192、256 位三种,对应循环轮数为 10、12、14 轮。

② DES 中有 4 种弱密钥和 12 种半弱密钥,AES 选择密钥是不受限制的。

③ DES 中没有给出 S 盒是如何设计的,而 AES 的 S 盒是公开的。因此,AES 在电子商务等众多方面将会获得更广泛的应用。

(1) RFID 认证技术

RFID 认证技术是解决读写器与电子标签之间互相认证的问题。即电子标签应确认读写器的身份,防止存储数据未被认可地读出或重写;读写器也应确认电子标签的身份,以防止假冒和读入伪造数据。

如图 1-93 所示,读写器和应答器之间的互相认证采用国际标准 ISO 9798-2 的“三次认证”,其认证过程如下:

第一次认证:读写器向电子标签发送认证请求命令,电子标签接受后产生一个随机数 B 给读写器。读写器产生一个随机数 A,并使用共享的密钥和加密算法,计算出加密数据 B,传送给电子标签。

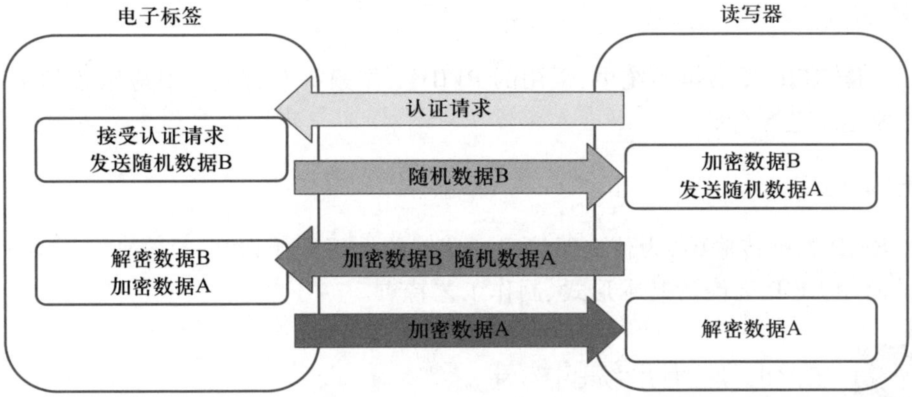

图 1-93　“三次认证”过程

第二次认证：电子标签对接收到的加密数据 B 进行解密，将取得的随机数与原先发送的随机数 B 进行比较，若一致，则读写器获得了电子标签的确认。

第三次认证：电子标签发送另一个加密数据 A 给读写器，读写器接收后并对其解密，若取得的随机数与原先发送的随机数 A 相同，则完成了读写器对电子标签的认证。

（2）RFID 安全协议

RFID 安全协议是指借助**密码算法**达到密钥分配、身份验证及公平交易的一种高互通协议。如 Hash Lock 协议、随机化 Hash Lock 协议、Hash 协议链，基于杂凑的 ID 变化协议、分布式 RFID 询问应答认证协议，LCAP 协议等。

Hash Lock 协议：由 Sarma 等提出为了避免信息泄露和被追踪，使用 metaID 来代替真实的标签 ID，如图 1-94 所示，其协议执行过程如下：

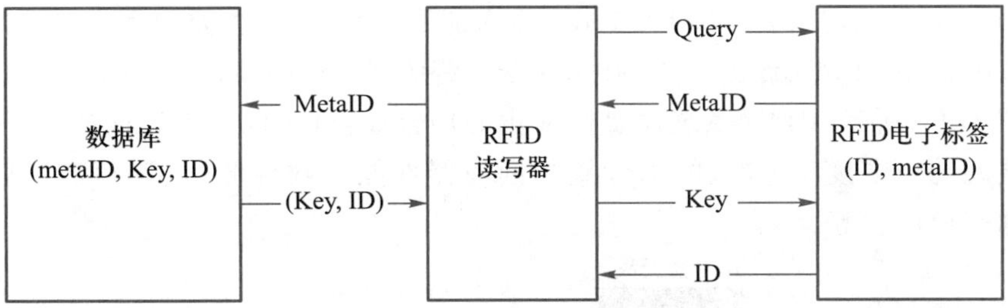

图 1-94　Hash Lock 协议

① 读写器向电子标签发送 Query 认证请求。

② 电子标签将 metaID 发送给读写器。

③ 读写器将 metaID 转发给后端数据库。

④ 后端数据库查询自己的数据库，如找到与 metaID 匹配的项，则将该项的（Key，ID）发送给读写器。公式为 metaID＝H（Key），否则，返回给读写器认证失败消息。

⑤ 读写器将接受自后端数据库的部分信息 Key 发送给电子标签。

⑥ 标签验证 metaID＝H（Key）是否成立，如果成立，将其 ID 发送给电子标签读写器。

⑦ 读写器比较自电子标签接收到的 ID 是否与后端数据库发送过来的 ID 一致，如一致，则认证通过。

【任务实施】

在智能 RFID 图书馆系统中，采用的 RFID 工作频率有哪些？对应频段的 RFID 电子标签制造工艺是什么？

【问题研讨】

1. RFID 数据传输中，为什么要编码？调制的作用是什么？
2. 简述 RFID 天线的基本形式、制作工艺特点。

任务 5 RFID 应用系统的构建

【任务描述】

了解并掌握 RFID 标准体系，应用系统的构建方法、测试方法等基本知识，学会进行智能 RFID 图书馆的标准选用、工作频率的选择、运行环境与接口方式、RFID 器件（电子标签、读写器、通信设备等）的选择以及测试方法的选用等。

【知识准备】

1.5.1 RFID 标准体系

“一流企业定标准、二流企业做品牌、三流企业卖技术、四流企业做产品”是经济发展的普遍规律，标准之争其实就是市场之争。谁掌握了标准，就意味着先拿到市场的入场券，甚至成为行业的定义者。RFID 技术一直未能真正普及，其主要原因就是欠缺一套可供业界共用的统一标准，促进 RFID 技术在全球跨地区、跨行业和跨平台的应用。

如图 1-95 所示，RFID 系统需要标准化的场合如：电子标签编码标准、电子标签与读写器之间的空中接口标准、电子标签与读写器性能一致性测试、读写器与后台数据库的数据交换协议等。

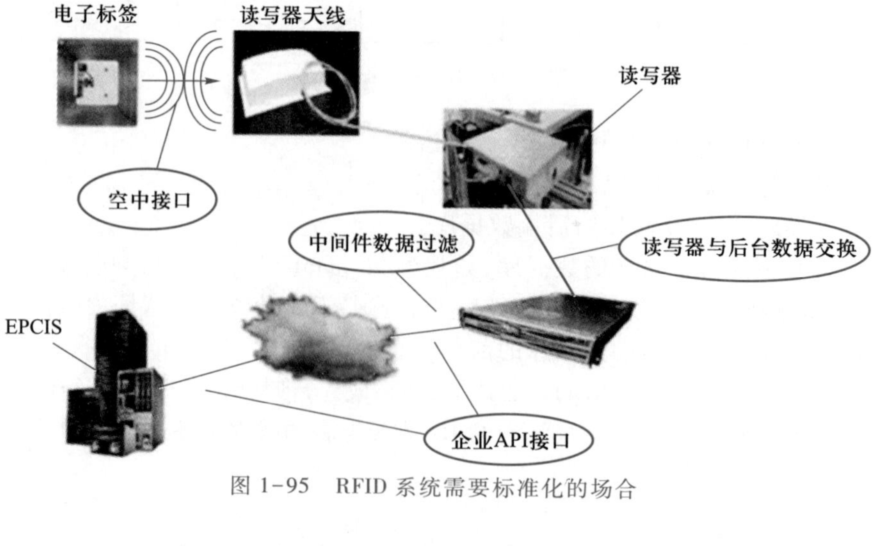

图 1-95 RFID 系统需要标准化的场合

一、RFID 标准概述

1. RFID 标准分类

目前，RFID 技术领域相关的标准可分为四大类：技术标准、数据内容标准、性能标准和应用标准，如图 1-96 所示。

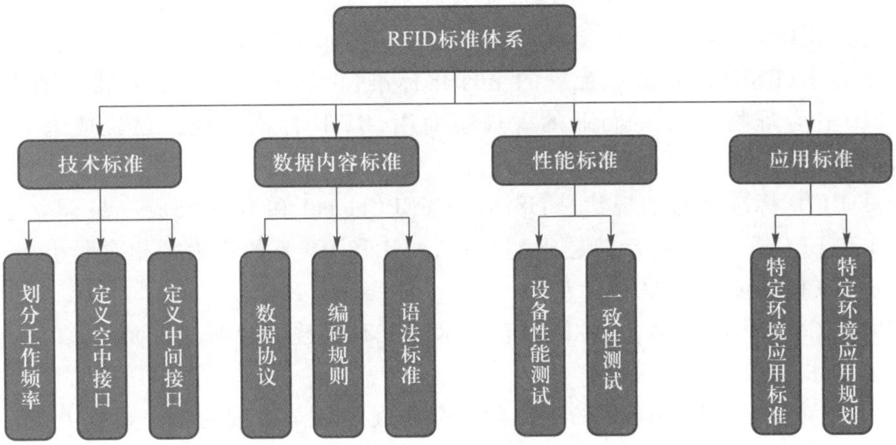

图 1-96　RFID 标准体系

① 技术标准：定义接口和通信技术，如空中接口、中间件技术、通信协议等。

② 数据内容标准：定义数据结构、编码格式、语法标准等。

③ 性能标准：定义电子标签和读写器是否遵循某个特定标准的测试方法。

④ 应用标准：定义实现某个特定应用的技术方法，往往涉及有关行业的规范。

2. RFID 标准组织

如图 1-97 所示，目前，影响全球的 RFID 标准有五大标准化组织，分别是 ISO/IEC、EPCglobal、UID、AIM Global、IP-X 等。

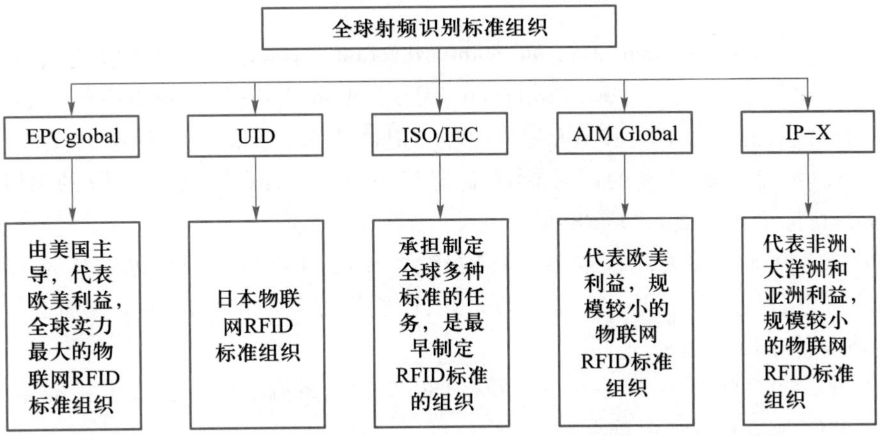

图 1-97　全球五大 RFID 标准组织

① ISO/IEC 组织：是世界上历史最长、涉及领域最多的国际标准制定组织，在各个频段的 RFID 都颁布了标准。

② GS1/EPCglobal 组织：以欧美跨国列强为阵营，是当今世界最大的 RFID 标准组织；专注于 860~960 MHz 频段。

③ UID(Ubiquitous ID，泛在 ID)：即为日本泛在技术核心组织，拥有 400 多家日本知名企业的支持。

④ AIM global 组织：即全球自动识别组织，AIM 在全球有 13 个国家与地区性的分支。

⑤ IP-X 组织：主要在南非、南美、澳大利亚、瑞士等国家推行，为中性主权国的第三世界标准组织。

目前为止，RFID 还未形成统一的全球化标准，市场上呈现多种标准并存的局面。随着 RFID 在全球物流、交通行业的大规模商用，RFID 标准的统一已经成为业界认同的发展趋势。

全球 RFID 标准组织的现状是：ISO/IEC、EPCglobal 和 UID 已成三足鼎立之势，且 ISO/IEC 和 EPCglobal 合作趋势越来越紧密，AIM 和 IP-X 的势力则相对弱小。

3. RFID 标准多元化原因

RFID 的国际标准较多，主要原因有技术因素和利益因素两个方面。

(1) 技术因素

① 工作频率的不同：RFID 的工作频率分布在低频至微波的各个频段中，技术差异很大。

② 作用距离的差异：近距离采用电感耦合方式，远距离采用反射散射耦合方式。

③ 应用目标的不同：其存储的数据代码、外形需求以及复杂度等都会有很大的差异。

④ 技术的发展：新技术的出现和制造业的进步，需要形成与时俱进的标准。

(2) 利益因素

尽管标准是开放的，但标准中的技术专利也会给相应的国家、集团、公司带来巨大的市场和经济效益，所以标准的多元化与标准之争也是这些利益之争的必然反映。

教学课件
ISO RFID 标准体系.pptx

微课
ISO RFID 标准体系.mp4

二、ISO/IEC 标准体系

ISO(International Organization for Standardization，国际标准化组织)是公认的全球非营利性工业标准组织，和 IEC(International Electrotechnical Commission，国际电工委员会)有着密切的联系，ISO 和 IEC 作为整体，担负着制定全球国际标准的任务，是世界上历史最长、涉及领域最多的国际标准制定组织。ISO/IEC 对各个频段的 RFID 都颁布了标准，其标准体系如图 1-98 所示。

ISO/IEC 标准主要关注基本的模块构建、空中接口和涉及的数据结构及其实施问题。具体可以分为技术标准、数据结构标准、性能标准及应用标准四个方面。

1. ISO/IEC 技术标准

ISO/IEC 技术标准主要包括 ISO/IEC 18000 标准系列、非接触 IC 卡标准系列等。

(1) ISO/IEC 18000 标准系列

ISO/IEC 18000 标准系列是空中接口通信协议，主要规定了不同频率基于物品管理的 RFID 空中接口参数，包括 ISO/IEC 18000-1~18000-7 共 7 个部分。其中，ISO/IEC 18000-1 规定了空中接口一般参数，ISO/IEC 18000-5 已被否决。

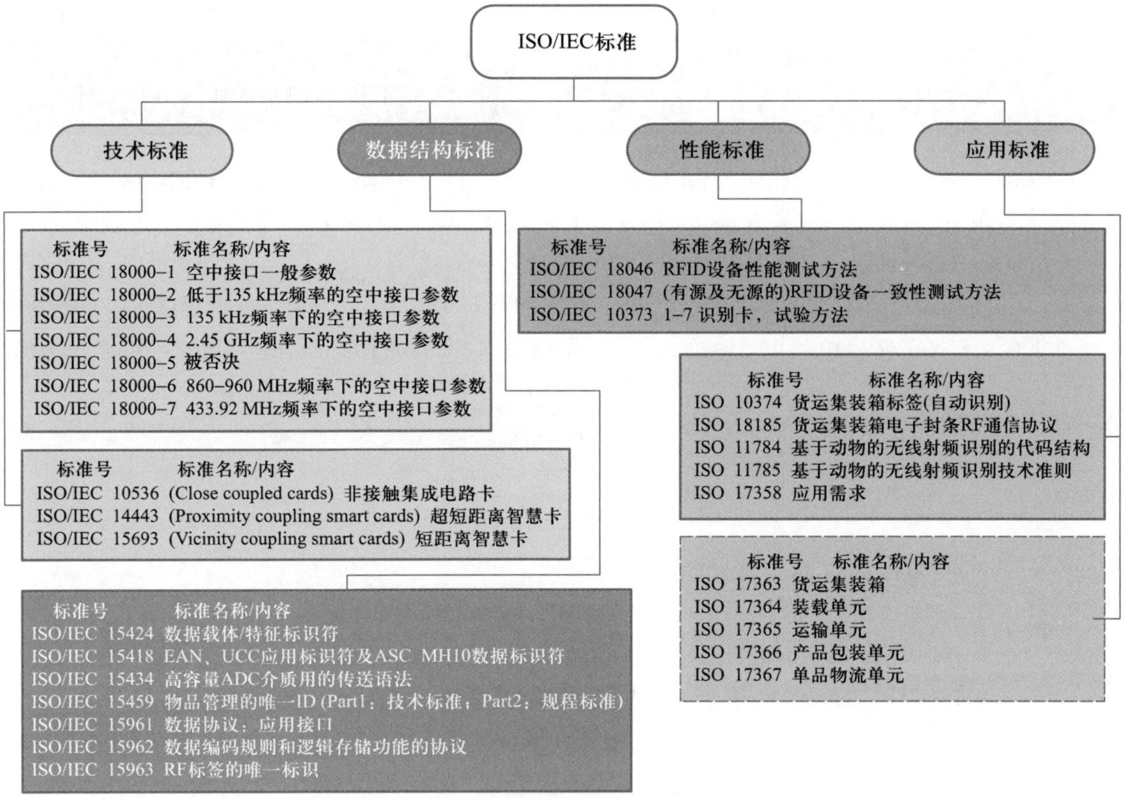

图 1-98 ISO/IEC 标准体系

表 1-8 列出 ISO/IEC 18000 标准的技术指标。这里重点说明 ISO/IEC 18000-6 标准,此标准定义了读写器和应答器之间的物理接口、协议、命令及防碰撞机制。包括以下 3 个类型:

- **TYPE A**——曼彻斯特编码,存储容量大,抗冲突能力弱,指令类型多。
- **TYPE B**——曼彻斯特编码,效率低;存储容量小,自适应二进制树防冲突机制,抗冲突能力较强,指令简单(定长)。
- **TYPE C——PIE** 编码,效率高;随机时隙防冲突机制,多标签防碰撞能力更强,提供安全性验证,多 reader 防干扰能力,变长命令字,指令更灵活。

表 1-8 ISO/IEC 18000 标准的技术指标

技术指标 / 工作模式		频率	调制方式	数据编码	数据传输速率/kbps	UID 长度	差错检测	标签识别数目
ISO/IEC 18000-2	TYPE A	125 kHz±4 kHz	ASK	PIE, Manchester	4.2	64	CRC—16	2^{64}
	TYPE B	134.2 kHz±8 kHz	ASK, FSK	FIE, NRZ	8.2, 7.7	64	CRC—16	2^{64}
ISO/IEC 18000-3	Mod 1	13.56 MHz±7 kHz	ASK, PPM	Manchester	1.65, 26.48 6.62, 26.48	64	CRC—16	2^{64}
	Mod 2	13.56 MHz±7 kHz	PIM, BPSK	MEM	105.94	64	CRC—16 CRC—32	>32 000

续表

技术指标 / 工作模式		频率	调制方式	数据编码	数据传输速率/kbps	UID长度	差错检测	标签识别数目
ISO/IEC 18000-4	Mod 1	2 400～2 483.5 MHz	ASK	Manchester, FM0	0～40	64	CRC—16	≥250
	Mod 2	2 400～2 483.5 MHz	GMSK, CW, Differential BPSK	Shortened Fire, Manchester	76.8, 384	32	用不同的CRC检测	由系统安装配确定
ISO/IEC 18000-6	TYPE A	860～969 MHz	ASK	PIE, FM0	33	64	CRC—16	≥250
	TYPE B	860～969 MHz	ASK	Manchester, FM0, Biphase	10, 40	64	CRC—16	≥250
ISO/IEC 18000-7		433.92 MHz	FSK	Manchester	27.7	32	CRC—16	3 000

(2) 非接触式 IC 卡标准系列

非接触式 IC 卡标准系列是 13.56 MHz 智能卡常用的标准系列，主要有：

- ISO/IEC 14443 是近耦合、非接触、集成电路卡标准。
- ISO/IEC 15693 是疏耦合、非接触、集成电路卡标准。
- ISO/IEC 10536 是密耦合、非接触、集成电路卡标准。

由表 1-9 可知，三种非接触式 IC 卡标准都是以 13.56 MHz 交变信号为载波频率。目前，ISO/IEC 14443 标准的影响力最大，广泛应用于身份证、银行卡、信用卡等场合。ISO/IEC 14443 标准与 ISO/IEC15693 标准技术指标对比见表 1-10。

表 1-9 非接触式 IC 卡标准

标准	卡的类型	工作频率	读写器	作用距离
ISO/IEC 10536	密耦合(CICC)	13.56 MHz	CCD	紧靠
ISO/IEC 14443	近耦合(PICC)	13.56 MHz	PCD	<10 cm
ISO/IEC 15693	疏耦合(VICC)	13.56 MHz	VCD	约 50 cm

注：CICC(Close-coupled Integrated Circuit card，密耦合集成电路卡)、PICC(Proximity-coupled Integrated Circuit card，近耦合集成电路卡)、VICC(Vicinity-coupled Integrated Circuit card，疏耦合集成电路卡)。

表 1-10 ISO/IEC 14443 与 ISO/IEC 15693 标准技术指标比较

标准 / 技术指标	ISO/IEC 14443	ISO/IEC 15693
读取距离	10 cm 以内	1～1.5 m
存储容量	64 KB	2 KB
读写能力	可读写	可读写
数据传输	高达 106 KB(ISO) 可提高到 848 KB	高达 106 KB

续表

技术指标＼标准	ISO/IEC 14443	ISO/IEC 15693
晶片类型	微控制器(MCU)或记忆体布线逻辑(一种无 MCU 的电子电路)	微控制器或记忆体布线逻辑
加密和验证功能	MIFARE、RSA、ECC、DES、3DES、AES	DES、3DES 或厂商自定
防碰撞功能	有	有
支持接触式界面	有(ISO 7810)	有(ISO 7810)

2. ISO/IEC 数据结构标准

ISO/IEC 数据结构标准主要规定了数据从电子标签、读写器到主机(也即中间件或应用程序)各个环节的表示形式。如图 1-99 所示,主要有:ISO/IEC 15961、15962、15963,ISO/IEC 15459、15418、15424、15434 等。

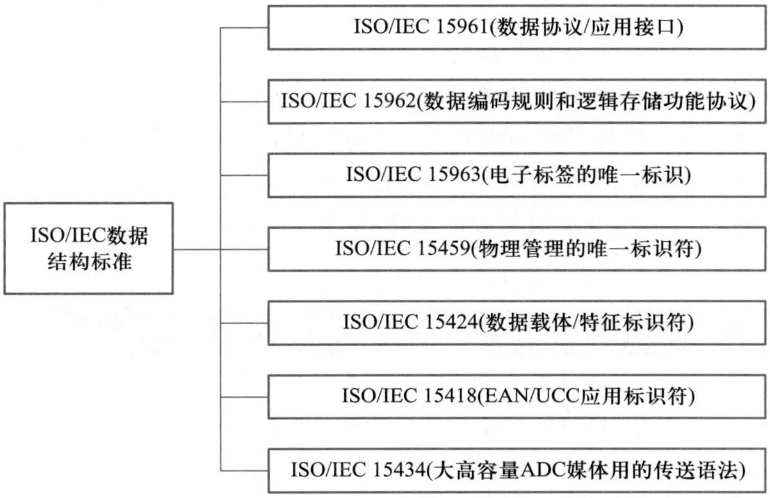

图 1-99　ISO/IEC 数据结构标准

3. ISO/IEC 性能标准

如图 1-100 所示,ISO/IEC 性能标准是所有信息技术类标准中非常重要的部分,包括 IC 卡、RFID 设备性能和设备一致性测试方法。如:ISO/IEC 10373、ISO/IEC 18046、ISO/IEC 18047 等。

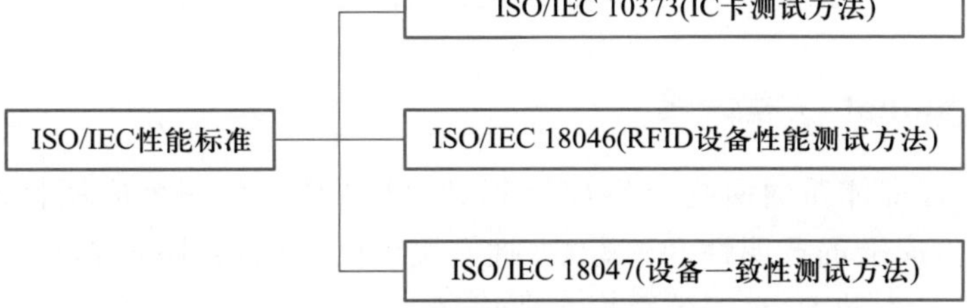

图 1-100　ISO/IEC 性能标准

4. ISO/IEC 应用标准

ISO/IEC 应用标准主要包括动物识别、集装箱运输、物流供应链等行业应用标准。

(1) 动物识别应用标准

- ISO 11784:规定动物识别的代码结构。
- ISO 11785:规定相关的技术准则。
- ISO 14223:为读取动物应答器内的特殊数字提供了协议。

案例
中国提出集装箱 RFID 标准 ISO18186

(2) 集装箱运输应用标准

- ISO 6346 标准:货物集装箱代码、识别和标记。
- ISO 10374 标准:微波应答器的集装箱识别标准。
- ISO 18185 标准:货运集装箱的电子封条的射频通信协议。

(3) 物流供应链应用标准

- ISO 17358 标准:应用需求
- ISO 17363 标准:货运集装箱
- ISO 17364 标准:装载单元
- ISO 17365 标准:运输单元
- ISO 17366 标准:产品包装单元
- ISO 17367 标准:单品物流单元

总之,ISO/IEC 标准涉及 RFID 的各个频段,如表 1-11 所示,常用的标准主要包括:低频段的 ISO 18000-2、11784/5,高频段的 ISO/IEC 14443、15693、18000-3,超高频段的 ISO 18000-6/-7 以及微波频段的 ISO 18000-4 等。

表 1-11 ISO/IEC 主要标准

ISO 标准	使用频率	波长	应用
ISO/IEC 18000-2	135 kHz 以下	LF	门禁卡、动物追踪
ISO 11784/5	135 kHz 以下	LF	畜牧或宠物的管理
ISO/IEC 14443A/B	13.56 MHz	HF	身份证、地铁卡、公交卡
ISO/IEC 15693	13.56 MHz	HF	门禁卡
ISO/IEC 18000-3	13.56 MHz	HF	物流、行李运输识别
ISO/IEC 18000-7	433 MHz	UHF	货柜
ISO/IEC 18000-6	860~960 MHz 922~928 MHz	UHF	全球供应链管理
ISO/IEC 18000-4	2.45 GHz	MW	即时定位系统、高速公路收费系统

教学课件
EPCglobal RFID 标准体系.pptx

微课
EPCglobal RFID 标准体系.mp4

三、EPCglobal 标准体系

EPCglobal 标准体系面向物流供应链领域,可以看成是一个应用标准。EPCglobal 的目标是解决供应链的透明性和追踪性,拥有美国的沃尔玛、IBM、微软,英国的 Tesco,荷兰的飞利浦,日本的 DNP 等数百家企业成员。

1. EPCglobal 概述

1999 年,美国麻省理工学院(MIT)的 Sanjay Sarma 教授提出 EPC 的概念,旨在给全球每个物品一个代码,实现物品跟踪与传递。EPC 建立在 EAN. UCC(即全球统一标识系统)条型编码的基础之上,并对该条形编码系统做了一些扩充,用以实现对单品进行标志。

(1) EPC 的概念

Electronic Product Code 即电子产品编码,是一种编码系统。EPC 概念的提出源于 RFID 技术的发展和计算机网络技术的发展。EPC 系统最终目标是为每一个商品建立全球的、开放的编码标准。即:建立一个自动识别任何地方任何物品的开放性全球性网络,也就是物联网概念的“雏形”。

(2) EPCglobal 组织

EPC 标准是由电子产品代码环球协会提出的。EPCglobal 是由美国统一代码协会(Uniform Code Council,UCC)和国际物品编码协会(European Article Numbering,EAN)于 2003 年 9 月共同成立的非营利性组织,前身是 1999 年 10 月 1 日在美国麻省理工学院(MIT)成立的自动识别中心(Auto-ID Center)。

如图 1-101 所示,EPCglobal 组织包括 EPCglobal US、中国物品编码中心和各国的编码组织,各国编码组织包括终端用户和下设 Auto-ID Labs 实验室、硬件技术组和软件技术组的技术委员会。

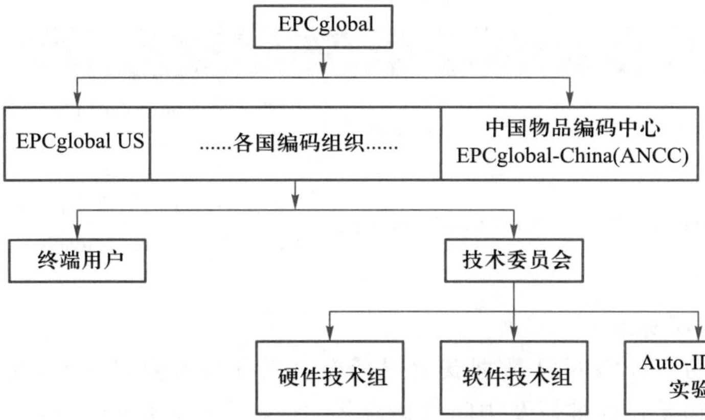

图 1-101　EPCglobal 的组织机构

2. EPCglobal 标准框架

EPCglobal 的 RFID 标准体系框架包含硬件、软件和数据的标准,以及由 EPCglobal 运营的网络共享服务标准等多个方面的内容。

EPCglobal 标准框架包括三个层次:数据识别层标准、数据获取层标准和数据交换层标准,如图 1-102 所示。

(1) 数据识别层标准

如表 1-12 所示,EPCglobal 数据识别层标准包括 RFID 标签数据标准和协议标准,主要关注不同编码系统标准如何在 EPC 标签上实现应用,目的是确保供应链上的不同企业间数据格式和说明的统一性。

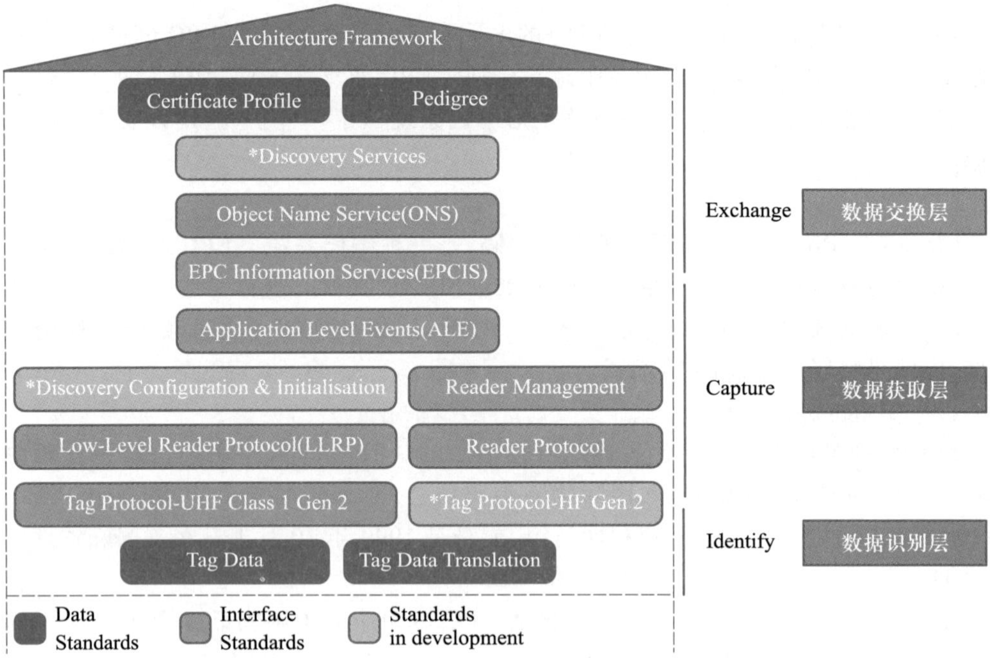

图 1-102 EPCglobal 标准框架

表 1-12 **EPCglobal 数据识别层标准**

数据识别层标准	说明	功用概述
EPC Tag Data Standard(TDS)	EPC 标签数据标准	不同编码系统下,如何编码成产品电子码标签资料
EPC Tag Data Translation(TDT)	EPC 标签数据转换	一个读写器如何就读取的标签资料转换成机器可读(Machine-readable)的资料格式

(2) 数据获取层标准

如表 1-13 所示,EPCglobal 数据获取层标准包括读写器协议标准、读写器管理标准、读写器组网和初始化标准以及中间件标准等,定义了收集和记录 EPC 数据的主要基础设施组件,并允许最终用户使用具有互操作性的设备建立 RFID 应用。

表 1-13 **EPCglobal 数据获取层标准**

数据获取层标准	说明	功用概述
Class 1 Generation 2 UHF Air Interface Protocol Standard "Gen 2"	空中接口协议	超高频 RFID 标签如何与读写器进行通信
Reader Protocol (RP) Standard	读写器协议	读写器与中间件(以利资料收集)之间的通信协定
Low Level Reader Protocol (LLRP) Standard	低层读写器协议	第二代的 EPCglobal 读写器协定,提供读写器与中间件之间更完整的通信协定

续表

数据获取层标准	说明	功用概述
Reader Management (RM) Standard	读写器管理协议	如何管理多家或多个产品电子码读写器的标准
Application Level Events (ALE) Standard	应用层事件标准	基于特定条件下,如何从多个读写器识别对应的事件

(3) 数据交换层标准

如表 1-14 所示,EPCglobal 数据交换层标准包括 EPC 信息服务标准(EPCIS)、对象名解析服务标准(ONS)、谱系标准、安全认证标准以及谱系标准等,提高了广域环境下物流信息的可视性,目的是为最终用户提供可以共享的 EPC 数据,并实现 EPC 网络服务的接入。

表 1-14 EPCglobal 数据交换层标准

数据交换层标准	说明	功用概述
EPCIS-EPC Information Services Standard	EPCIS 标准	对于一个产品电子码如何储存与获取相关资料
Object Naming Service (ONS) Standard	ONS 标准	根据一个产品电子码,到哪里可以取得更多资讯
Pedigree Standard	谱系标准	药品供应链中,如何维护与交换药品履历资料
EPCglobal Certificate Profile Standard	安全认证标准	确保 EPCglobal 会员在 EPCglobal 网络中都能安全互通资料的凭证标准

3. EPCglobal 标签标准

2004 年 6 月 EPCglobal 正式公布了全球第一个 RFID 标准。EPC 电子标签是电子产品代码的信息载体。

(1) EPC 标签类 C

EPCglobal 标准规定,EPC Tag 分为 6 种不同类型(Class),如表 1-15 所示。

表 1-15 EPCglobal 标签标准

分类	有源/无源	功能说明
C0 类	无源	只读被动式标签,可以自毁,不能写入
C1 类	无源	具备 0 类标签特征,一次性写入,具有访问控制保护特性
C2 类	无源	具备 1 类标签功能,可以重写
C3 类	半无源	具备 2 类标签功能,内设感应器,附带电池
C4 类	有源	具备 3 类标签特征,还具有标签之间的通信功能
C5 类	有源+无源读写器	具备 4 类标签特征,可以无源读取

Class0：只读被动式标签，标签在出厂时即写入一组不可更改的号码，提供简单的服务辨识；

Class1：单次写、多次读被动式标签，ID 由用户编程写入并锁定防止被改写；

Class2：多次读写被动标签，包括用户数据区，可以更新加密；

Class3：多次读写半被动标签，内设感应器，可侦查温度、湿度；内建电池，增加读取距离；

Class4：主动标签，可主动与其他标签沟通；

Class5 ：主动标签，无源读写器，可以无源读取。

（2）EPC 标签代 G

Class1 标签又分代（Gen），Gen1 标准是基础，主要是为了测试 EPC 技术的可行性，在 Auto-ID 中心时期所制定。Gen2 标准对第一代进行更新，支持更多安全操作和包括可选的用户数据区，2006 年 6 月 ISO 组织批准并入了 ISO/IEC18000-6C 标准，使得全球 UHF RFID 技术发展得到规范。

EPC Class1 两代标准特性参数各有不同，如：工作频率、读取速度、写入速度、ID 长度、标签资料检验、安全性等，见表 1-16。

表 1-16 EPC Class 1 Gen 1 与 EPC Class 1 Gen 2 标准特性比较

特性	Class 1 Gen 1	Class 1 Gen 2
工作频率	860～930 MHz	860～960 MHz
固定记忆体锁定	无	可
读取速度（每秒）	230 个标签（美国） 115 个标签（欧洲）	880 个标签（美国） 450 个标签（欧洲）
写入速度 （96-bit EPC）（每秒）	3 个标签	5 个标签
读取对应标签的方式	Binary Tree Walking Protocol Sleep/Wake 状态	“Q” Protocol “Symmetric”状态
ID 长度	96 位元	512 位元
标签资料检验	读取有 16 bit CRC 来检验信息正确性	读写皆有 16 bit CRC 来检验信息正确性
安全性	Write、Kill 有 8 bit 的密码保护	Read、Write、Lock 与 Kill 皆有 32 bit 的密码保护

4. 与 ISO/IEC 标准比较

（1）从应用领域来说

ISO/IEC 标准体系针对 RFID 不同的行业领域，其应用标准是不同的。

EPCglobal 标准体系只面向物流供应链领域，可以看成是一个单独的行业应用标准。

（2）从标准内容来看

ISO/IEC 标准体系仅仅考虑自动身份识别与前端数据采集的相关标准，数据采集以后如何处理、共享并没有做出规定。

EPCglobal 标准体系除了涉及信息采集以外，非常强调供应链各方之间的信息共享，为此制定了信息共享的物联网标准，物联网标准是 EPC global 所特有的。

（3）从关注频段来看

ISO/IEC 标准体系几乎在 RFID 技术各个频段都颁布了标准。

EPCglobal 标准体系主要关注 UHF 860～960 MHz 频段，少量涉及 HF 13.56 MHz 频段。

四、UID 标准体系

教学课件
UID RFID 标准体系.pptx

微课
UID RFID 标准体系.mp4

T-引擎论坛（T-Engine Forum）是主导日本 RFID 标准研究与应用的组织。2002 年，在日本产经省、总务省及各大企业的支持下，成立了泛在识别中心（Ubiquitous ID Center）。

目前，日本已经有 475 个厂商加入 UID 体系，包括 NEC 公司、索尼公司、日立公司和东芝公司等，还有部分国外的知名厂商，包括微软公司、三星公司和 LG 公司等。

UID 采用扁平式信息采集分析方式，强调信息的获取与分析，比较强调前端的微型化与集成。主要采用的 RFID 频段为 2.45 GHz 与 13.56 MHz。

1. UID 体系架构

UID 泛在识别技术体系架构由泛在识别码（Ucode）、信息系统服务器、泛在通信器和 Ucode 解析服务器四部分构成，如图 1-103 所示。

① 泛在识别码（Ucode）：是泛在计算模式中识别对象的唯一手段。Ucode 的优势是包容现有编码体系的元编码设计，还可以兼容多种编码，包括 JAN、UPC、ISBN、IPv6 地址、甚至电话号码。

② 泛在通信是一个识别系统，由标签、读写器和无线通信设备等构成，主要用于读取物品标签的 Ucode 识别码信息。泛在通信器的特征：多元通信接口、无缝通信、安全性。

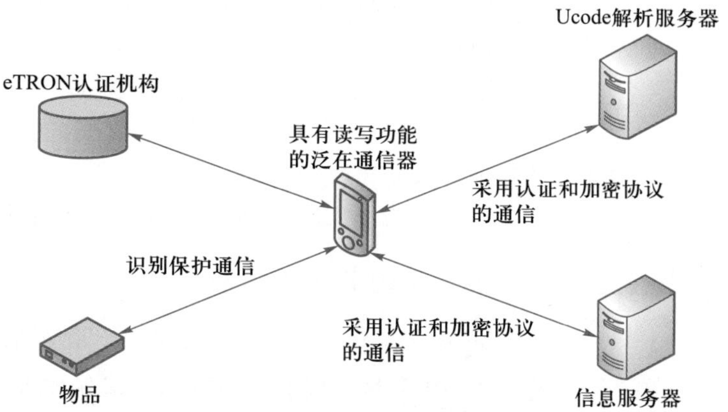

图 1-103　泛在识别技术体系

③ Ucode 解析服务器：以 Ucode 识别码为主要线索，具有对泛在识别信息服务系统的地址进行检索的功能，可确定与 Ucode 识别码相关的信息存放在哪个信息系统服务器，是分散型轻量级目录服务系统。

④ 信息系统服务器：存储并提供与 Ucode 识别码相关的各种信息。由于采用 TRON（实时操作系统内核），从而保证了数据信息具有防复制、防伪造特性。

2. Ucode 识别码与标签

UID 的核心任务是赋予全球任何一个物体唯一的泛在识别码 Ucode，实现全球范围内物品跟踪与信息共享，建立物与物相连的通信网络。即在所有的物品上植入微型芯片，组建网络进行通信。

① Ucode 识别码：采用 128 位编码记录信息，并且还能够以 128 位为单元进一步将信息容量扩展到 256 位、384 位或 512 位。如表 1-17 所示，以 128 位 Ucode 识别码定义为例说明如下：

表 1-17 128 位 Ucode 识别码定义

Code Identifier	JAN Code Segment	Unique ID
12 位元	52 位元	64 位元

00~11 位元：存放识别码；

12~63 位元：存放日本通用商品编码（Japanese Article Number Code，JAN code），用来识别产品的类别；

64~127 位元：存放 UID 唯一识别码（Unique ID），针对相同的产品用来作为识别的编号。

② Ucode 标签：具有多种形式，包括条码、射频标签、智能卡、有源芯片等。泛在识别中心将电子标签分为 9 类，并确立了不同的认证标准。

Class0：光学性 ID 标签，如条码，让原本的条码改用 UID 的新编码法；

Class1：低档 RFID 标签，只读被动式标签，在出厂时植入编码，不可变更；

Class2：高档 RFID 标签，可供读写的被动式标签；

Class3：低档 RFID 智能标签，被动式标签，具备专有的金钥可供加密；

Class4：高档 RFID 智能标签，被动式标签，具有通用的金钥可供加密；

Class5：低档有源标签，内建电池与发电装置，可自行传送资讯；

Class6：高档有源标签，内建电池与发电装置，可自行传送资讯，可提供加密传输；

Class7：安全盒，可存储大容量数据，支持 eTRON 规格的安全处理，具备有线通信的功能以及防窜改的功能；

Class8：安全服务器，除了 Class7 的功能外，还具有安全验证的能力。

教学课件
我国 RFID 标准及现状.pptx

五、我国 RFID 标准

我国政府正根据中国国情制定一套既能与国际兼容，又具有中国特色的标准，这样在 RFID 领域不仅有利于缩小与国际技术差距，也为我国企业争取更多的主动权。

微课
我国 RFID 标准及现状.mp4

1. 我国 RFID 标准化组织发展

2005 年 10 月由信息产业部（现工业和信息化部）科技司正式批准，成立“电子标签标准工作组”，下设 7 个专题组：总体组、标签与读写器组、频率与通信组、数据格式组、信息安全组、应用组和知识产权组；

2006 年发布《中国射频识别（RFID）技术政策白皮书》，研究制定中国 RFID 标准体系；

2007 年发布《800/900 MHz 频段射频识别（RFID）技术应用试行规定的通知》，确定 840~845 MHz 和 920~925 MHz 为我国使用的 UHF 频段，标志 RFID 国家标准制定迈出一大步；

2013 年正式发布我国自主创新的超高频国家标准——《信息技术射频识别 800/900 MHz 空中接口协议》。

2. 我国 RFID 标准体系

2005 年 11 月，中国标准化协会完成的《我国 RFID 标准体系框架报告》和《我国 RFID 标准体系表》两份报告文件，给出了 RFID 标准体系优先级列表，进而为国家的宏观决策提供技术依据，为 RFID 的国家标准和行业标准提供指南。

我国 RFID 标准体系包括：基础类、协议类、中间件、设备类、测试类、安全类和应用类标准，如图 1-104 所示。

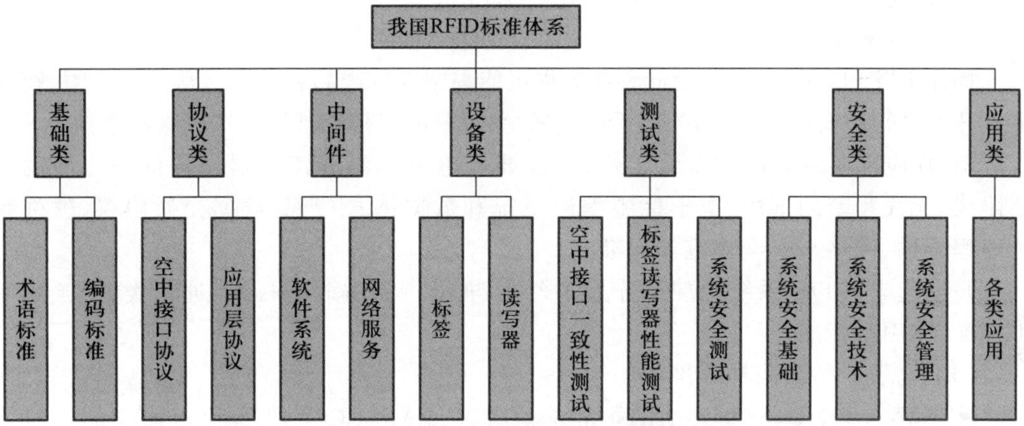

图 1-104　我国 RFID 标准体系

3. 我国 RFID 标准应用情况

我国 RFID 产业发展起步较晚，标准化工作也相对滞后，整体技术水平较低，但近年来我国 RFID 产业发展速度很快，相关企业的自主研发和创新能力不断增强，为自主知识产权 RFID 标准的制定提供了必要的技术保障。

目前，对于中国实用的任何 RFID 频率都有国际标准可以参照。具体如下：

- **低频**（125 kHz/135 kHz）用在动物识别、宠物管理上，执行国际标准：ISO/IEC 18000-2。
- **高频**（13.56 MHz）发展最为成熟，开发出符合 ISO/IEC 14443A、ISO/IEC 14443B 与 ISO/IEC 15693 的晶片，用于身份证、门禁卡、停车计费卡、公交一卡通、地铁/城铁用的电子乘车券等。
- **超高频**（860~960 MHz）用在物流集装箱、托盘、生产过程管理、特种设备与危险品管理、公共交通等方面，执行国际标准：ISO18000-6。
- **微波**（2.45 GHz）用在不停车收费 ETC、煤矿井下人员定位等，执行国际标准：ISO 18000-4。

总体上，高频 RFID 应用在整体数量上占有绝对优势。低频、超高频、微波三种频率的使用在数量上远不及高频。

教学课件
RFID 应用系统的构建.pptx

微课
RFID 应用系统的构建.mp4

1.5.2　RFID 应用系统的构建

一个典型的 RFID 应用系统架构包括：电子标签、读写器、中间件、数据集成环境和上层的应用系统。设计者应根据实际需求来确定 RFID 应用系统的体系结构。一般情况下，设计者只有完全分析 RFID 应用系统的所有技术因素后，才能确定体系结构的各个组成部分。

一、技术因素

在设计与实现 RFID 应用系统时，需要考虑的基本技术因素包括：技术标准、工作频率、电子标签（含贴附标签的物品）、读写器（含天线）、操作环境、应用软件和硬件的配置、与原有系统的整合及系统维护等。

1. 技术标准

构建 RFID 应用系统时，设计者都应尽可能采用标准产品和技术。从长远来看，可以节省开发时间和人力、便于与外部系统连通、系统具有可伸缩性以及产品选择余地大。

RFID 应用系统要能够正常工作，必须要有电子标签和读写器设备信号之间的通信协议、无线频率的选用、电子标签编码系统和数据格式、产品数据交换协议、软件系统编程架构、网络与安全规范等标准。

归纳起来，RFID 系统标准可分为四大类：电子产品编码类标准、通信类标准、频率类标准、应用类标准。

（1）电子产品编码类标准

- EAN/UCC 编码：事实上的国际编码标准，EAN/UCC-13 是比较通用的一般终端产品的条形码协议和标准，由 13 位数字组成。
- EPC 编码：EPCglobal 组织的编码标准。版本号+域名管理者+对象分类+序列号。与 EAN/UCC 兼容，是其延续与拓展。

（2）通信类标准

- ISO/IEC 18000 系列协议：ISO/IEC 18000-1～ ISO/IEC 18000-7 空中接口协议。
- NFC 近场通信协议：ISO/IEC IS 18092、ECMA-340 标准与 ETSI TS 102 190 标准。
- UWB 超宽带通信协议：一种无载波通信技术，直接以载波频率传输数据。
- NB-IOT 窄带物联网：基于移动蜂窝网络的低功耗、广覆盖、大容量通信技术。
- LoRa（Long Range）：远距离、低功耗、海量连接、支持定位。

（3）频率类标准

- 低频：ISO/IEC 11784/11785（用于动物识别）、ISO/IEC 18000-2（125 ～ 135 kHz）。
- 高频：ISO 14443A/B、ISO/IEC 15693（用于智能卡）、ISO 18000-3（13.56 MHz）。
- 超高频：ISO/IEC 18000-6B/6C、EPC C1 G1/G2、EPC C0。
- 微波：ISO/IEC 18000-4、ISO/IEC 18000-5。

（4）应用类标准

- 集装箱运输应用标准，如：

ISO 6346 标准：货物集装箱代码、识别和标记。

ISO 10374 标准：微波应答器的集装箱识别标准。

ISO 18185 标准：货运集装箱的电子封条的射频通信协议。

- 物流供应链应用标准，如：

ISO 17358 标准：应用需求。

ISO 17363～ISO 17367 标准:货运集装箱,装载、运输、产品包装、单品物流单元。

2. 工作频率

工作频率是 RFID 系统最重要的技术指标之一。RFID 系统的许多性能指标都取决于工作频率,因此,RFID 系统工作频率确定以后,才能考虑其他问题。RFID 技术工作频率特性见表 1-18。

表 1-18　RFID 技术工作频率特性

工作频率		识读距离	主要应用
低频	125～134.5 kHz	小于 0.5 m	动物识别、容器识别、工具识别及电子锁防盗
高频	13.56 MHz	小于 1 m	电子车票、电子身份证、电子锁防盗、物业管理、大厦门禁、单品识别
超高频	433 MHz、860 MHz、915 MHz	4～8 m	铁路车辆自动识别、集装箱识别、车辆识别与自动收费、货盘与包装箱识别
微波	2.45 GHz. 5.8 GHz	10 m	移动车辆识别与自动收费、医疗科研

频率的选择首先需要考虑各国对无线电频段使用和发射功率的规定。确定一个 RFID 系统的工作频率主要取决于 3 个因素:最大识读距离、应用类型和工作环境。

(1) 最大识读距离

最大识读距离是确定一个 RFID 应用系统工作频率的最重要因素之一。根据识读距离容易确定可使用的频率范围。例如,从标签到识读器的距离要求为几十厘米到 1 m 的范围解决方案可以采用低频 125 kHz、134 kHz 或高频 13.56 MHz。

(2) 应用类型

一般来说,每个工作频段都有相应的典型应用。例如,如果要设计一个接近卡类型的应用,工作频率可以选择 125 kHz 或 134.5 kHz。具体选择哪一种,还要通过实际试验进行识读率的比较,并考虑配套设备和价格等因素。

(3) 工作环境

某些应用的典型工作环境就可以清楚地确定系统的工作频率。例如,如果一个 RFID 应用需要可能少地受到金属、泥土这类物质的影响,理想的选择就是低频 125 kHz 或高频 13.56 MHz。在医院环境下,通常选择高频 13.56 MHz,因为此频率对现有设备造成的干扰最小。

一般来说,识读距离是频率选择的最终决定因素,应用类型和工作环境有助于频率选择。例如,集装箱应用,在供应链中使用较多的是 915 MHz 频率的标签,但金属对此频率的无线电波的吸收很严重,而集装箱应用要求识读距离在 5 m 以上,采用低频和高频标签都是不可能的。经过试验,最后的解决方案仍然采用 915 MHz 频率的标签。贴标签时,在标签与集装箱之间留有 10 cm 距离。

3. 电子标签(含贴附的物品)

电子标签的选择需要考虑下列因素:标签类型、识读性能、数据容量、物理特性、贴附对象和数量等。影响标签选择的指标或因素见表 1-19。

表 1-19　影响标签选择的指标或因素

指标或因素	需考虑的内容	用　　途
标签类型	只读、一次写多次读、可读可写	物品唯一身份标识？
	被动式、主动式、半主动式	普通物品、集装箱、贵重设备
	特殊要求	液体物品或金属物品
	其他要求	EPC C0、C1 类或 EPC C1 G2
识读性能	识读距离	兼顾识读稳定性
	识读稳定性	一定时间内，识读次数越多，稳定性越高
	标签密度	标签密度的增加，识读稳定性降低
	标签的移动	速度影响标签识读性能，如车辆
	标签的方向性	取决于天线的类型，线性极化或圆极化
	操作环境	在实际的操作环境下测试
数据容量	贴附对象的数据要求	单一识别标识、物品属性描述信息
	数据锁	防止数据被篡改，硬件锁还是软件锁
物理特性	标签尺寸	贴附物体的外形尺寸、产品包装尺寸
	坚固性	考虑温湿度、机械冲击及振动等环境情况
贴附对象	物品类型	货运托盘、容器还是单品
	贴附位置	不遮盖重要信息，试验确定最佳效果点
	标签贴法	考虑物体的电磁性能：液体、金属或含水物质
回收	是否要求回收利用	可回收容器
数量	损坏率、是否重复使用	特定时间内标签的实际需要量

电子标签的选择很难做到满足所有的指标或因素。只能做到尽量满足，有时还要根据具体情况做折中的选择，因为这些选择直接关系到 RFID 应用的造价和系统的数据采集能力。

4. 读写器（含天线）

从数据采集的角度看，读写器处于核心位置，因此，系统的数据采集能力的强弱取决于使用的读写器。影响读写器选择的指标或因素见表 1-20。

表 1-20　影响读写器选择的指标或因素

指标或因素	需考虑的内容	用　　途
特性	读写器类型	选择的工作频率 支持至少两个天线通道接口 支持多个不同类型的与应用系统接口 固定或手持读写器
	发射功率等法规限制	符合国家相关规定

续表

指标或因素	需考虑的内容	用 途
特性	升级能力	可升级、远程可升级更好
	可管理性	可远程集中监控管理
	加固要求	根据用户的特别要求
安装	辅助结构	放置接入的各种电缆
	调试空间	预留足够空间,便于调试
	天线电缆	不超过 2 m,选择低损耗电缆
	天线周围环境	物理布局
数量	完全覆盖识读区	与读写器外接天线接口数量有关
	备用读写器	避免出现故障时无法及时更换
天线	天线类型	UHF:圆极化(无方向性) 线性极化(方向性、识读距离远)
	覆盖区域	需用专用仪器测量准确覆盖区域,如频谱分析仪、网络分析仪
	发射功率	可调,符合国家的相关规定
	安装位置	尽可能地靠近标签,远离金属,以减少射频信号的反射,考虑测试结果和场地的具体情况
	数量	读写器天线接口,备用天线

RFID 读写器的接口方式非常灵活,包括:RS232/485、以太网、WLAN 802.11(无线网络)、Wiegand 等接口,不同的接口具有不同的应用范围和性能特征。

5. 操作环境

对于任何 RFID 应用系统来说,操作环境直接关系到系统是否正常工作。一个 RFID 应用系统必须运行在实际的工作现场、工作时间,才能确定各个环境因素对系统的整体影响。与操作环境相关的因素大致分为以下几类:电磁波传导障碍、环境因素及电磁干扰。

(1) 电磁波传导障碍

电磁波传导障碍是指天线发出的电磁波不能正常地到达标签。

如果天线与标签之间存在金属物体,会反射电磁波从而形成障碍;如果天线与标签之间存在含水物质,会吸收电磁波导致识读出错。甚至工作人员的走动都会不同程度地影响标签的识读效果。影响的程度与工作频率有密切关系,超高频和微波受到影响最大,对高频和低频的影响依次变小。

因此,设计 RFID 应用系统需考虑工作场所的类型、识读区内有无影响电磁波传导障碍的移动设备或含水物质。

(2) 环境因素

环境因素包括现场的湿度、温度、静电及振动等,它们都会影响标签的正常工作,并使标签、识读器和天线的使用寿命缩短。当环境中的湿度过高时,会对电磁信号产生明显衰减,导致标签无法正常识读。

(3) 电磁干扰

因为 RFID 系统本身是通过无线传输工作的,电磁干扰是对 RFID 系统影响最大的因素之一。电磁干扰主要表现在:RFID 应用系统的网络或通信设备使用的频率,对标签的工作频率产生干扰;许多电磁设备,如收音机、无线传真机、蓝牙装置甚至日光灯等产生的电磁干扰;电动机及其控制设备产生大量的噪声干扰,影响标签正常工作。

6. 应用软件和硬件的配置

开发 RFID 应用系统时,需要考虑应用软件和硬件的配置,明确原有的硬件和软件资源哪些可以利用。

对于软件开发,在开发过程中要考虑的因素有:软件的开发方式,是自己组织开发还是购买同类软件改造;是否有控制部件,需要的数量;需要哪些中间件,自己开发还是购买;数据库和操作系统分别选择哪个产品,需要的许可证数量;是否有可靠性要求。

对于硬件设计,在设计过程中要考虑的因素有:是否有专用硬件设备,如信号指示灯、地感线圈、声音报警装置等;是否需要接口控制卡,需要的数量;台式计算机和服务器的配置,需要的数量,是否可使用原有的计算机;需要哪些通用的计算机外部设备,需要的数量;需要哪些网络设备,集线器(HUB)、交换机、路由器数量,采用有线还是无线连接方式;是否有可靠性要求。

下面讨论几个比较重要的因素:处理的数据量、软件开发方式、可靠性要求及所需数量。

(1) 数据量

通常,RFID 系统会产生大量的数据,数据量达到一般应用软件的 10~100 倍。因为一个标签进入识读区后有可能被多次识读,同时在一个业务处理过程中,每个标签会通过多个识读区,需要在很多环节进行识读。这些数据必须经过过滤和处理,最终只保存必要的信息,这项工作主要由中间件完成。

(2) 软件开发方式

这里的软件包括应用系统和 RFID 中间件。如果系统设计是基于标准的,相对来说比较容易实现,外购类似的应用软件后,再做适应性修改是可行的。对于那些企业内部缺乏信息化人才和开发经验,而且有时间限制的情况,尤为合适。

(3) 可靠性要求

对于那些比较关键的业务,或是不允许出现操作中断的场合,系统高可靠性的要求显得尤为必须。首先,必须明确系统究竟需要哪一种级别的保障,因为可靠性越高,所付出的资金和维护的成本就越高,并且系统的复杂性也加大。

常用的可靠性保障,主要分为在线容错式备份(实时动态备份)和后备式备份(静态备份)两种。一个完善的备份系统应包括硬件级物理容错和软件级数据备份,并且能够自动地跨越整个系统网络平台,以解决硬件的故障,从物理上保证企业应用软件运行所需的环境:数据库的备份、网络故障和灾难恢复。最终目的是保障网络系统安全运行。

(4) 所需数量

指在操作现场安装的硬件设备和软件产品的数量。硬件包括:服务器、集线器、交换机、路由器及计算机等,还有一些专用设备,如信号指示灯等。容易损坏的设备应有备用件。软件包括:操作系统、数据库及中间件,为了系统维护的方便,还应考虑购买技术支持。

二、规划与实施

RFID 应用系统的具体规划与实施阶段,大致需要经历以下几个步骤。

1. 项目启动

① 建立团队:包括高层管理者及项目涉及的各部门代表。目的是快速获取需要的资源、制定项目路线(计划)。主要由企业各部门抽调人员组成。

② 可行性分析:包括影响项目实施的资金、流程、劳动力、时间等各方面的可行性分析。如:财务可行性分析,包括保有成本、软硬件比例;技术可行性分析:标签技术、读写器技术、有关协议、标准以及软件系统技术等;另外也要考虑到环境影响(如电网、移动通信基站、大气磁场等)和项目开发能力(如流程改善、资源支出等)。

③ 业务流程分析:RFID 系统是集成到企业现有的业务系统上还是构建一个"独立的"RFID 应用系统?电子产品包装箱 Slap & Ship 即贴发货系统如图 1-105 所示。

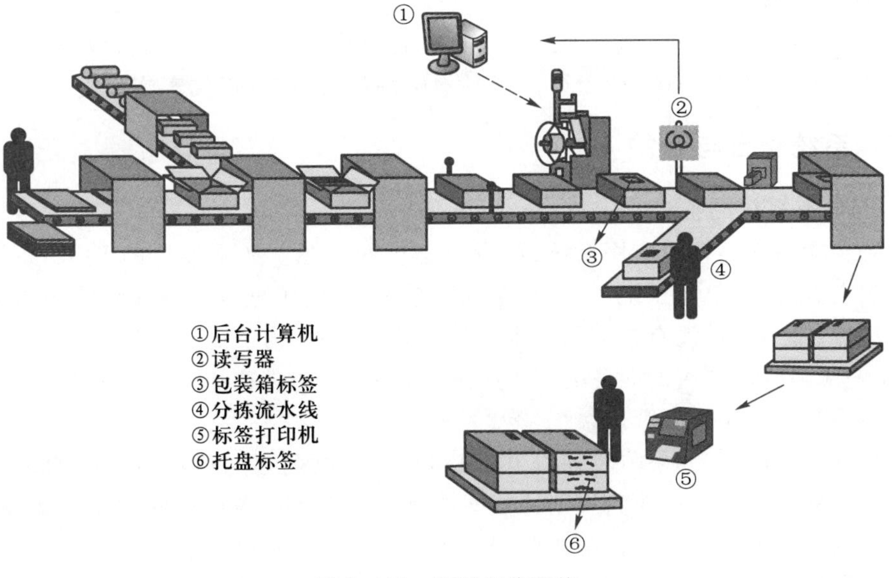

图 1-105 即贴发货系统

④ 货品流动过程分析:如:货品(单件、箱、托盘)的运动速度、货品是怎样移动通过特定场地的?货品在整条供应链上的流动是怎样的?现有数据管理系统能否容纳和处理产生的 RFID 数据?等一系列问题。

⑤ 场地勘察:主要是硬件应用效果,如:工作场地空间限制、RF 干扰、温度、湿度、灰尘等环境因素;对 IT 架构的改变:网络、连线、新增设备。

⑥ 设计选型:考虑因素:法律限制、业务需要(上下游、合作伙伴需求)、技术成熟

度(可获得性)、成本等。工作频率的选择:LF、HF、UHF、其他频率;标签在读写区的停留时长。天线选择:极向(线性极化,圆极化)、数量等。

2. 测试和评估

只有在实际的操作环境下,使用实际的 RFID 标签、读写器、天线及贴附标签的物体,建立起 RFID 测试系统,才能确定可靠的标签识读性能。

实验室测试:建立尽量仿真的小范围、小规模测试环境,包括:标签、读写器、天线、打印机、网络架构、中间件(数据管理和设备管理)以及流程上的其他设备(如传送带)等。

通过实验室仿真评估:RFID 系统的各种软件应用程序、系统架构、设备的读写距离、速度、正确率、数据获取能力等。

3. 项目试验

在其他运营场所/部门安装设备,发现和解决每处地方的异常情况;验证系统获得数据和在各场所(部门)间进行数据传输的能力。

经过项目试验后,确定所有的业务流程,同时测试了软硬件系统,验证了系统的准确性。根据测量和评估效果,确认能否更大规模地升级该系统;并考虑把试验项目扩展到其他产品和运营地域。

最后,培训员工,让他们体会 RFID 系统将会如何影响他们的工作内容和方式。

4. 项目实施

总结以上各阶段工作,验证设备/技术的适用性和扩展性、系统获取数据的能力,确保供应商的长期服务能力以及财务和其他资源的支持后,正式实施项目。

三、系统整合与维护

1. 与原有系统的整合

如果企业原来不存在应用系统,则没有整合的问题。如果设计的 RFID 系统是一个相对独立、功能简单的系统,与现有系统联系不多,为了减少对现有系统的影响和降低系统造价,基本上也没有整合的需求。但从长远来看,为了更好地发挥 RFID 系统的作用,企业应将其与原有的业务处理系统整合在一起,以提高企业的整体效益,如大型企业应用系统 WMS(仓库管理系统)等。

在整合的方法上,如果需要通过开发接口实现数据传输,应在设计时明确接口和系统中间件的分工。带有业务规则的数据过滤和存储处理应在中间件层面实现,而对处理后数据的业务应用则应在服务器端完成。这样做的目的是使处理功能相对独立,增加系统伸缩的灵活性,对后期维护会带来很大方便。

2. 系统维护

大多数人认为,系统重在建设,系统维护是次要的。实际上,一个 RFID 应用系统总成本的主要部分是用在维护上的。系统维护主要涉及以下几个方面。

① 标签。随着系统的运行,需要不断补充新标签,补充的数量要看标签封装质量和具体业务过程中损坏的情况而定。对于不回收标签的应用,则始终需要大量的标签。

② 硬件设备。主要包括计算机、服务器、读写器、打印机、识读天线及控制部件等。

在系统运行过程中,因所处的位置不同,设备损坏的情况是不同的。

通常,最需要更换的是标签,然后是识读天线,其次是读写器、控制部件,最后是计算机、服务器。实际上,还要考虑到核心部件微处理芯片中的程序及时更新问题。

③ 软件。软件的维护主要包括两部分:一部分是集成商开发的应用软件及中间件;另一部分是外购的应用软件及系统软件,如库存管理软件、数据库、操作系统、打印软件等。

前者,软件的维护量较大,维护的成本会很高,特别是系统投入运行的前两年;后者,相对来说比较成熟,但也要经常下载补丁程序对系统进行更新。

④ 人力资源。包括系统维护的工作人员和技术专家。一个实际运行的系统必须要有维护人员来保障其正常运行。

1.5.3 RFID应用系统的测试

教学课件
RFID应用系统测试方法.pptx

微课
RFID应用系统测试方法.mp4

企业或RFID系统集成商在进行RFID系统现场实施之前,需要对所制定的RFID系统方案进行测试,校核方案的可行性,降低RFID项目的实施风险。

一、测试内容

RFID应用系统的测试内容主要包括以下几个方面:

1. 不同材质对电磁信号的影响

不同材质对RFID系统电磁信号的最直接影响就是天线性能的下降,测试材质主要针对金属、塑料、玻璃和水四种基本材料,测试指标包括:信号强度、阻抗匹配、方向特性、鲁棒性、读取范围等。

2. RFID应用流程与解决方案

我们可以从设备实体和应用框架两个层次来进行建模,如:

① 从设备实体级来看,系统由标签、读写器、后端系统、标准、性能等实体所描述。

② 从应用框架级来看,可分为4个层次,如图1-106所示。环境层(包括贴有电子标签的物品等)、采集层(通过读写器采集RFID电子标签的信息并上传)、集成层(RFID应用支撑平台,如RFID中间件等本地软件)和应用层(RFID后端软件系统及应用系统界面等企业应用)。

在上述模型的基础上,对RFID应用解决方案进行分解,得到若干RFID应用的关键场景。然后,分别对每个关键场景进行独立性能测试,通过后,最后进行集成测试,主要测试各场景之间的信息传递过程是否顺畅。

3. RFID设备部署方案与系统架构

RFID系统一般由两级网络组成:由标签、读写器组成的无线通信网络,连接后端应用的信息通信网络。前端设备网络的部署涉及无线网络组网和协调技术,而RFID系统复杂的硬件体系架构和数据的海量性都对系统测试提出了新的挑战。为此,采用虚拟测试与关键实物测试相结合的方法。

首先,通过对RFID设备部署方案和系统架构的分析,确定部署方案和系统架构的主要性能指标和约束,如:无线覆盖约束、信号干扰约束、RFID性能指标等。

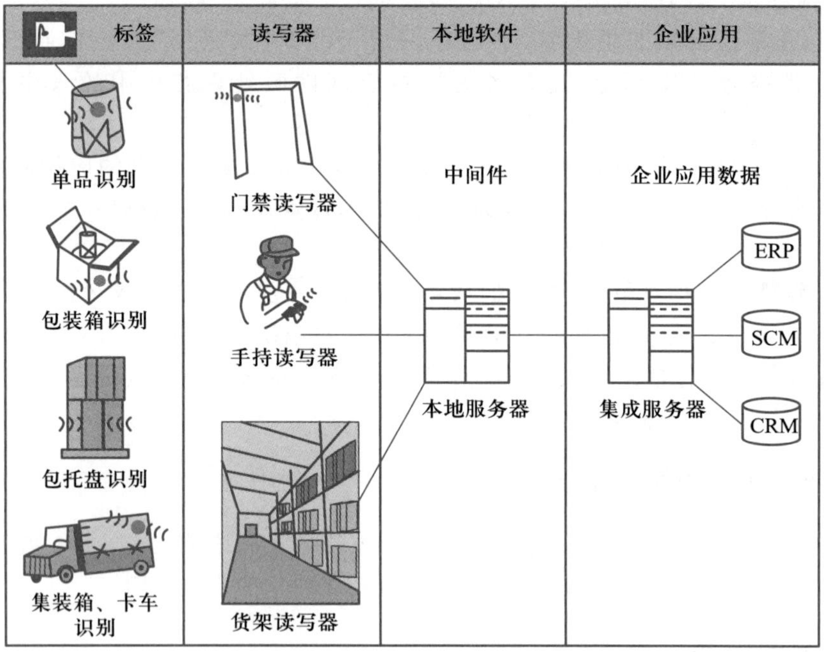

图 1-106 RFID 系统应用架构

其次,对 RFID 设备和网络实体进行抽象,建立其面向对象的组件模型,进而构建 RFID 设备部署和系统架构仿真测试平台。

最后,在仿真虚拟测试的基础上,对关键性能结点进行场景实物测试,以保证测试结果的可信度。

4. 现场物理应用的测试

建设可模拟现场物理应用的测试环境的关键需求是客观性、可控性、可重构、灵活性。配置先进的测试仪器、辅助设备可在一定程度上保证测试结果的客观性。

① 通过实验室配置的温、湿度控制器可实现对温度、湿度的控制。

② 通过配置速度可调的传送带,可实现物体移动速度对读取率的影响。

③ 通过配置各种信号发生器、无线设备,可产生可控电磁干扰信号和检查无线网络和 RFID 设备协同工作的有效性。

实验环境由多个基本测试单元组成,主要包括:门禁单元、传送带综合测试单元、机械手测试单元、高速测试单、复杂网络测试单元、智能货架测试单元和集装箱货柜测试单元 7 个单元。这些测试单元可灵活组合,动态实现多种测试场景。

例如,在基本的供应链场景下,运用门禁测试单元、传送带综合测试单元、复杂网络单元、机械手单元组合成一个完整的测试场景,如图 1-107 所示。

二、测试流程

RFID 系统测试流程及方法具体如下:

首先,针对托盘级识别(Pallet Level)、包装箱级识别(Case Level)、单品级识别(Item Level)分别进行逐级测试,如图 1-108 所示。

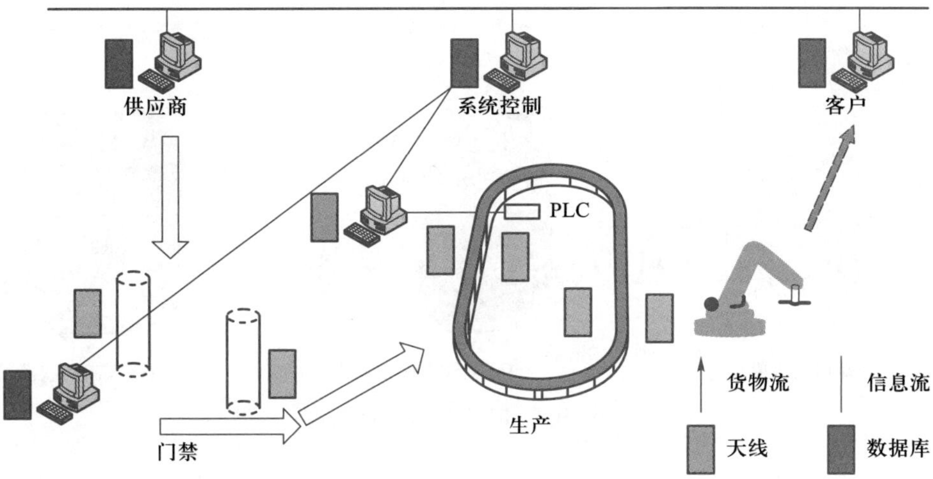

图 1-107 一个完整的RFID系统测试场景

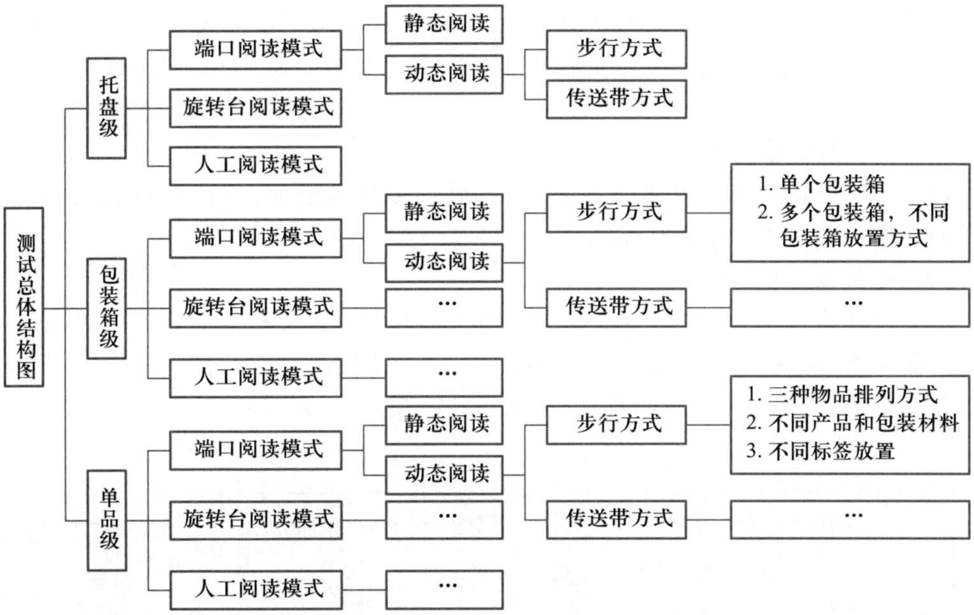

图 1-108 RFID系统测试总体结构图

在逐级测试中，再展开不同阅读模式下的测试。每一级的阅读模式包括：端口阅读模式、旋转台阅读模式和人工阅读模式，如图1-109所示。

在实际情况中，端口阅读模式是物流管理中最为有效和普遍的一种阅读模式，所以在测试中对端口阅读模式进行了较为细致的划分。端口阅读模式首先可分为动态和静态的阅读测试，而动态阅读中又可以分为步行速度下和速度可调的传送带两种不同情况。

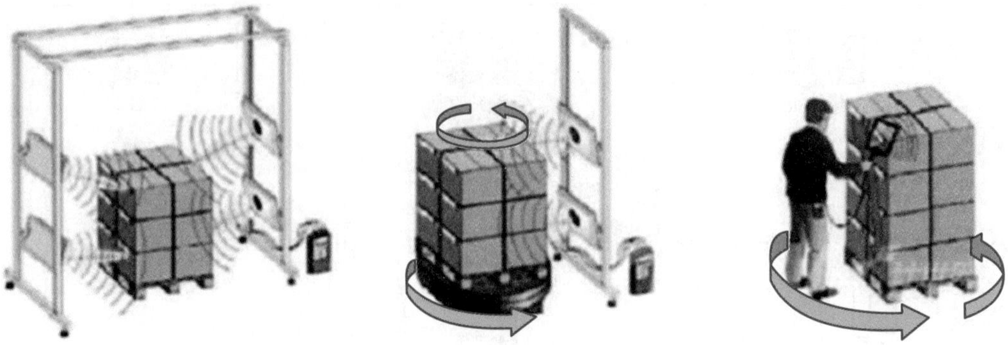

(a) 端口阅读模式　(b) 旋转台阅读模式　(c) 人工阅读模式

图 1-109　RFID 三种阅读模式

1. 托盘级识别

在每个托盘上贴上具有唯一编码的射频标签,用读写器识别各个托盘。需要说明的是:在端口阅读模式中,静态阅读方式是指端口天线固定,由远及近调整托盘到端口的距离,识别出标签的位置就是端口天线的识读距离;而动态阅读方式则是指端口天线固定,以人工步行速度或传送带上可调速度通过端口时,端口天线对托盘的识读性能。

2. 包装箱级识别

(1) 单个包装箱识别

包装箱贴上具有唯一编码的射频标签,放置于托盘上面,用读写器识别包装箱。三种阅读模式均与托盘级识别相同。

(2) 多个包装箱识别

每个包装箱贴上具有唯一编码的射频标签,将多个包装箱同时放置于托盘上面,用读写器识别各个包装箱。需要注意的是,每种阅读模式下,通过改变各个包装箱标签的摆放位置,比较测试阅读器性能,如图 1-110 所示。

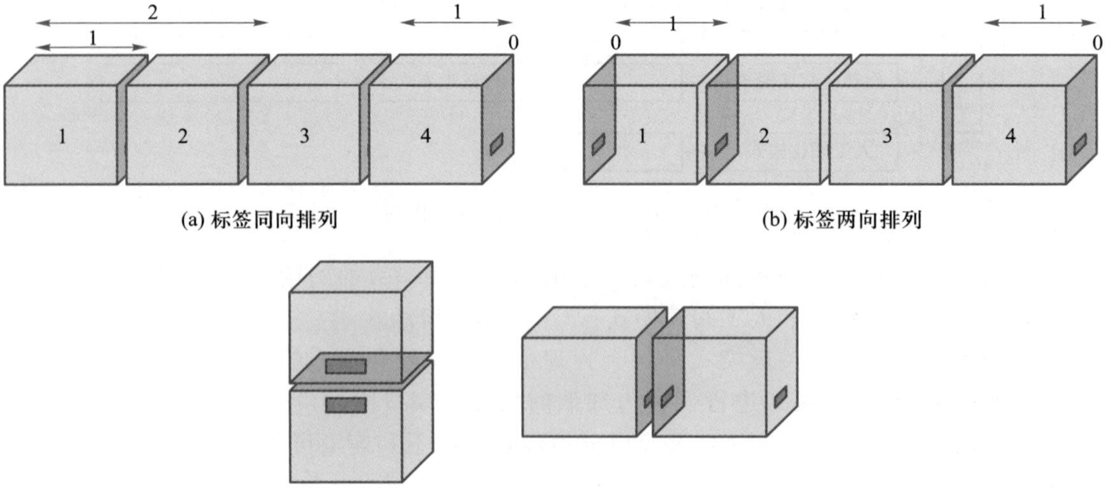

(a) 标签同向排列　(b) 标签两向排列

(c) 标签相邻排列

图 1-110　RFID 包装箱标签排列方式

3. 单品级识别

托盘上有均匀的货品排列、复合的货品排列、异质的货品排列三种货品排列形式。这三种货品排列形式互补而又呈现复杂度上的递增，比较它们在下述各种测试情况下阅读器的性能，如图 1-111 所示。

① 均匀的货品排列：包装箱中的每个单品贴有唯一编码的射频标签。在三种阅读模式下，通过使用不同材料和包装的单品，分别测试读写器的性能。同时，改变标签的放置，观测阅读器性能的变化。

② 复合的货品排列、异质的货品排列：同均匀的货品排列方法测试。

(a) 均匀的货品排列　(b) 复合的货品排列　(c) 异质的货品排列

图 1-111　RFID 货品排列方式

三、测试环境

RFID 系统硬件测试环境主要包括以下几个方面：

① 测试场地：由于 RFID 系统性能参数不同，其读取范围也从几厘米到几十米、上百米不等。这就要求在针对不同 RFID 系统的测试中，选择合适的场地。

② 基本设备：如用于放置标签的货箱、托盘、叉车、集装箱等。由于 RFID 标签应用广泛，在实际使用过程中可能被设置在各种材料、规格的货物上，因此在测试阶段就应考虑到这一点，从应用出发，全面分析各种情况。

③ 数据采集设备：包括用于采集环境数据的温度计、湿度计、场强仪、测速仪等。因为很多环境因素对测试结果影响很大，也需要研究。

④ 数据分析设备：如频谱分析仪、电子计算机及相关数据库、数据分析软件。用来对测试数据进行全面分析，找出其中的规律。这也是产品测试报告中最重要的数据来源和依据。

除此之外，在部分测试过程中还可能需要用到特殊设备，如屏蔽室或电波暗室，用来屏蔽外界信号对产品的干扰，以备研究。RFID 系统测试仪器如图 1-112 所示。

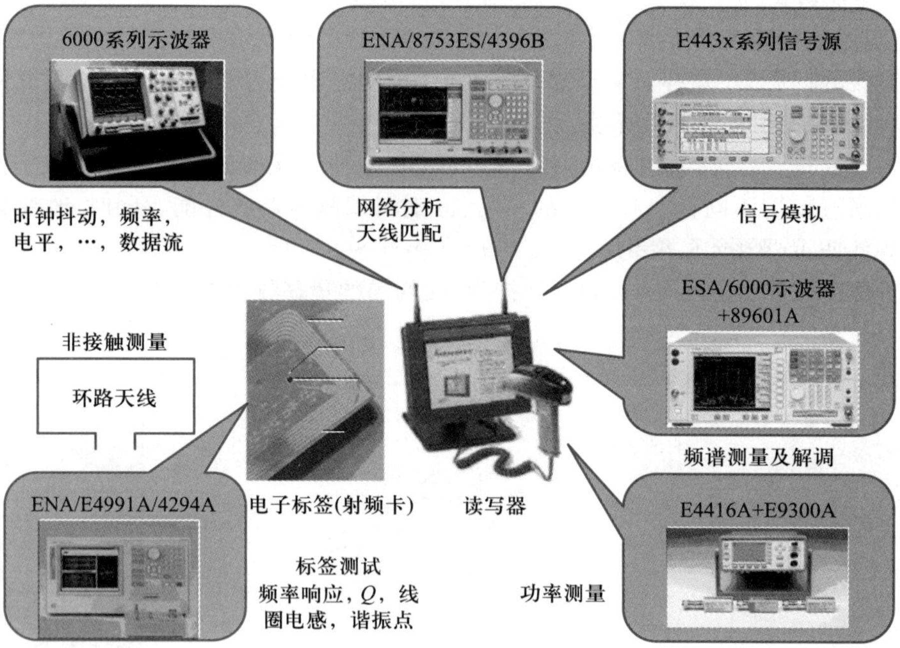

图 1-112 RFID系统测试仪器

【任务实施】

分析在智能RFID图书馆系统的构建过程中,需要考虑的技术因素、选用的标准规范及其测试流程。

【问题研讨】

1. 主要的RFID标准化组织机构有哪些？比较三大主流的标准体系的区别？
2. 试简述RFID应用系统的构建过程与测试内容。

习题与测试

习题答案

1. 下列(　　)技术催生了RFID技术,奠定了理论基础。

A. 网络技术　　B. 计算机技术　　C. 微电子技术　　D. 雷达技术

2. 下列(　　)组件不属于基本的RFID系统。

A. 天线　　B. 网口　　C. 电子标签　　D. 读写器

3. 从应用的趋势来看,(　　)频段的RFID技术将会成为全球的热点。

A. 低频　　B. 高频　　C. 超高频　　D. 微波

4. 高频RFID电子标签天线制造工艺基本采用(　　)。

A. 绕制法　　B. 蚀刻法　　C. 印刷法　　D. 以上都可

5. RFID读写器向电子标签方向传输数据时,读写器相当于(　　)。

A. 发送设备　　B. 信道　　C. 接收设备　　D. 信源

6. 下列(　　)不属于电感耦合 RFID 系统特点。

A. 近距离　　B. 频率低

C. 变压器模型　　D. 雷达模型

7. RFID 技术涉及多学科、多技术,其产业链主要包括(　　)。(多选题)

A. 芯片设计制造　　B. 天线设计制造

C. 读写器设计制造　　D. RFID 测试

8. 当前,RFID 技术主要存在(　　)。(多选题)

A. 标准问题　　B. 价格问题

C. 技术问题　　D. 安全问题

9. 读写器的基本组成主要包括(　　)。(多选题)

A. 读写器天线　　B. 射频接口模块

C. 逻辑控制单元　　D. 计算机

10. 我国 UHF 频段 RFID 技术的具体使用频率为(　　)。(多选题)

A. 840～845 MHz　　B. 860～960 MHz

C. 920～925 MHz　　D. 902～928 MHz

项目二

低频 RFID 系统设计与实现

微课
智能门禁系统.mp4

引导案例

门禁系统,又称为出入口控制系统,是对重要区域或通道的出入口进行管理与控制的系统。 门禁系统经历了从传统的机械门锁、电子磁卡锁到电子密码锁的发展过程，随着社会的不断进步，门禁系统已不再局限于简单地管理门锁或钥匙，而是成为集自动识别技术和现代化管理技术于一体的新型现代化安全管理系统，是安全防范系统中极为重要的一部分，被广泛应用于智能大厦、办公室、宾馆等场合。

目前,门禁系统的识别技术主要有：指纹识别、人脸识别、虹膜识别和射频识别等。 前 3 种方式都属于生物识别技术,是以人体某部分的特征为识别载体和手段,其唯一性和不可复制性决定了其是最安全的身份验证方法,但其识别设备价格昂贵,难以普及,且涉及个人隐私,只适用于高端和绝对机密的场所。

RFID 技术是门禁系统性价比最高的识别技术。 如图 2-1 所示,低频 RFID 门禁系统通过读卡器无线识别射频卡,上位机验证持卡者的合法性,门禁控制器控制门锁的开关,从而实现对人员进出控制、数据采集与记录、信息统计与管理等自动化功能。

基于 RFID 技术的门禁系统,利用其非接触式无线识别的特点,能够对出入口人员进行自动识别,同时自动开启和关闭道阀,将出入口的控制从被动防守变为主动监控,从而加强对智能大厦、办公室等重要场所进出人员的管理,极大提高人员出入的效率,减少管理方面的混乱局面,节约人力成本,并且为公共场所的安全提供了极大保障。

为了突出低频 RFID 技术的应用,立足本课程的定位与培养目标,本项目以 RFID 门禁系统为载体,以低频 RFID 读写器设计与实现为主线,选取低频 ID 卡、读写器模块、单片机最小系统、外围功能模块组建一个简易的低频 RFID 门禁系统,实现 ID 卡号读取、显示、校验等主要功能。

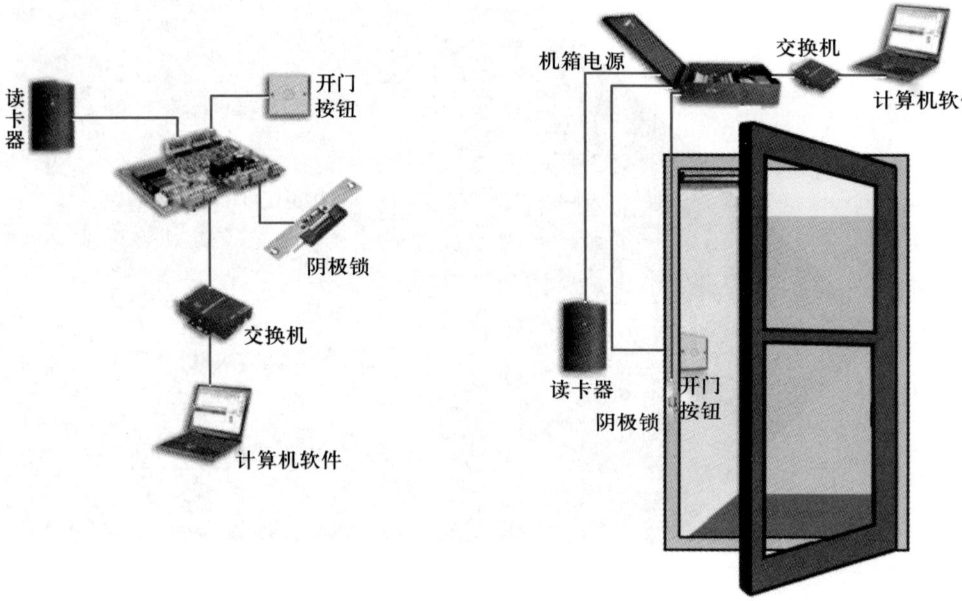

图 2-1 低频 RFID 门禁系统

学习目标

知识目标

- 了解门禁系统发展、最小组成、标准组成
- 熟悉门禁系统种类及其优点、缺点、应用场合
- 理解刷卡型门禁系统的分类及其组成部分、优缺点、适用场合
- 掌握联网刷卡型门禁系统基本组成及其各组成部分功能
- 掌握低频 RFID 系统的工作原理、技术特点及应用场合
- 掌握低频 RFID 系统的电子标签、读写器、通信协议等关键技术
- 理解低频 RFID 系统硬件模块电路图、解码程序与通信协议程序设计思路
- 掌握低频 RFID 系统模块硬件接口连接、接口程序设计
- 理解低频 RFID 系统功能测试方法与步骤

技能目标

- 能够描述门禁系统发展、最小组成、标准组成
- 能够描述门禁系统种类及其优点、缺点、应用场合
- 能够描述刷卡型门禁系统的分类及其组成部分、优缺点、适用场合
- 能够描述联网刷卡型门禁系统基本组成及其各组成部分功能
- 能够描述低频 RFID 系统的工作原理、技术特点及应用场合
- 学会进行低频 RFID 系统的标准、工作频率、电子标签、读写器等选型
- 学会分析低频 RFID 系统模块硬件电路图、译码程序与通信协议程序设计思路
- 初步具备低频 RFID 系统模块硬件接口、接口程序设计的能力
- 初步具备低频 RFID 系统功能测试的能力

任务 1 低频 RFID 系统分析

【任务描述】

通过认知典型 RFID 应用系统——低频 RFID 门禁系统，介绍 RFID 门禁系统的分类、基本组成及功能、特点等相关知识，使学生了解并掌握低频 RFID 系统的工作原理、技术特点及应用场合，学会观察身边生活中应用低频 RFID 技术的场景。

【知识准备】

2.1.1 低频 RFID 系统技术特点

如项目一所述，RFID 系统由读写器、天线、电子标签以及后台计算机系统组成。根据 RFID 工作频率的不同，把频率范围从 30～300 kHz 的 RFID 系统称为低频 RFID 系统。低频 RFID 系统主要的技术特点如下：

工作频率：典型工作频率有：125 kHz、134 kHz。

作用距离：识别距离小于 1 m，典型作用距离为 10～20 cm。

典型应用：门禁系统、防盗系统（如汽车电子闭锁）、宠物管理、资产管理（如容器识别、工具识别）等。

电子标签：无源标签，外观有项圈式、耳牌式、注射式等；标签存储数据量较少，标签天线采用线圈型天线，线圈的圈数一般为几百到上千，制造工艺为线圈绕制法。低频 RFID 电子标签如图 2-2 所示。

国际标准：ISO/IEC 11784、ISO/IEC 11785、ISO/IEC 18000-2 等。

技术特点：可以穿透金属和液体，但传输速度慢、作用距离近，抗防冲突能力弱。

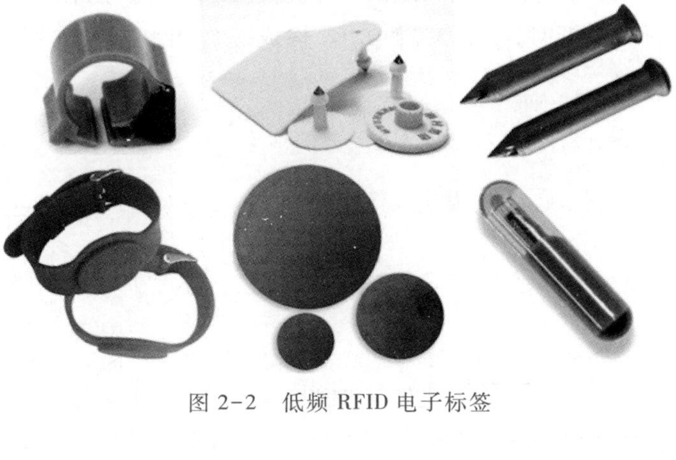

图 2-2 低频 RFID 电子标签

2.1.2 低频 RFID 系统工作原理

教学课件
电感耦合 RFID 系统工作原理.pptx

低频 RFID 系统工作原理一般为电感耦合方式，即变压器模型，通过空间高频交变磁场实现耦合，遵循电磁感应定律。

低频 RFID 系统电子标签几乎都是无源工作的，通常由单个微芯片及用作天线的大面积的线圈等组成。电子标签中的微芯片工作所需的全部能量由读写器发送的感应电磁能提供。

高频的强电磁场由读写器的天线线圈产生，并穿越线圈横截面和线圈的周围空间，以使附近的电子标签产生电磁感应。在图 2-3 所示电路中，RFID 读写器和电子标签线圈形式的天线相当于电感。读写器线圈、电子标签线圈分别有自感，同时两者之间形成互感。

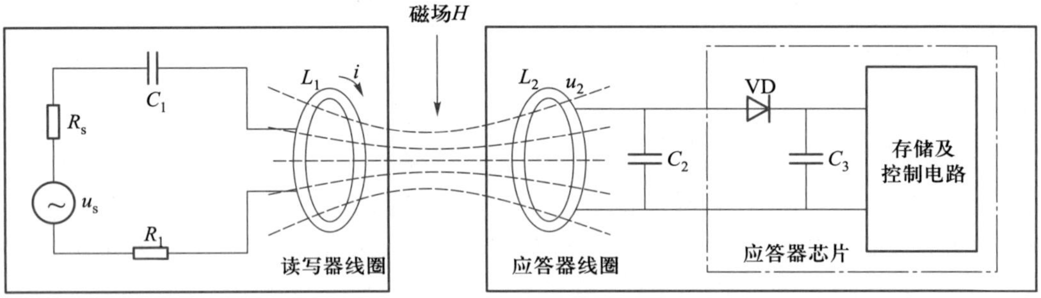

图 2-3 低频 RFID 系统电路结构

通常，RFID 读写器的天线采用**串联谐振**电路。串联谐振电路具有电路简单、成本低，激励可采用低内阻的恒压源，谐振时可获得最大的回路电流等特点。RFID 无源电子标签的天线采用**并联谐振**电路。在谐振时，电感和电容支路中电流最大，即谐振电路两端可获得最大电压，使应答器从读写器耦合的能量最大。

一、能量传递

如图 2-4 所示，高频电流 i_1 产生的磁场穿过读写器线圈 L_1，并有部分磁感线穿过应答器电感线圈 L_2；穿过应答器电感线圈 L_2 的磁感线通过感应，在 L_2 上产生交变电压 u_2，供电子标签工作；谐振时，i_1 最大，若 L_2C_2 构成工作频率谐振的回路，则电压 u_2 达到最大值。

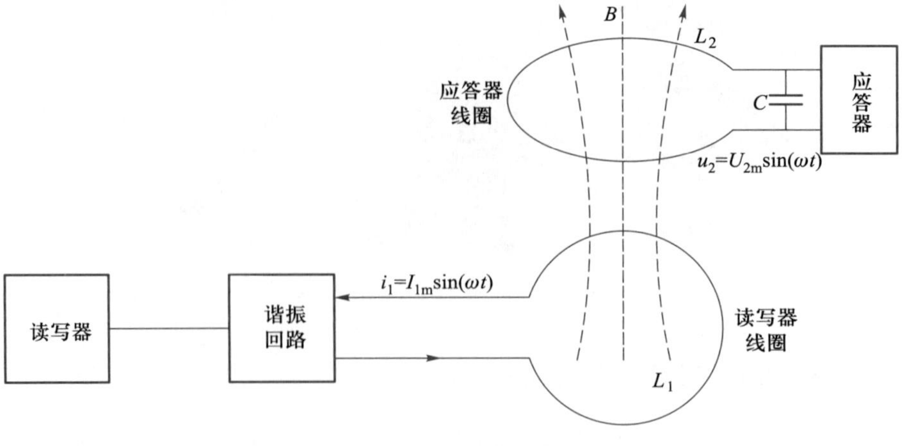

图 2-4 RFID 电感耦合原理

电子标签感应电压与两个线圈距离的 3 次方成反比，因此，电子标签和读写器的距离越近，电子标签的耦合电压越大。所以，在电感耦合工作方式中，电子标签必须靠近读写器才能正常工作。

二、数据传输

低频 RFID 应答器向读写器传送信息时采用负载调制技术，可分为电阻负载调制和电容负载调制。

1. 电阻负载调制

如图 2-5 所示电阻负载调制电路中，开关 S 用于控制负载调制电阻 R_{mod} 的接入与否，开关 S 的通断由二进制数据编码信号控制。

- 当二进制数据编码信号为“1”时，开关 S 闭合，应答器负载电阻为 R_L 和 R_{mod} 并联；
- 当二进制数据编码信号为“0”时，开关 S 断开，应答器负载电阻为 R_L。

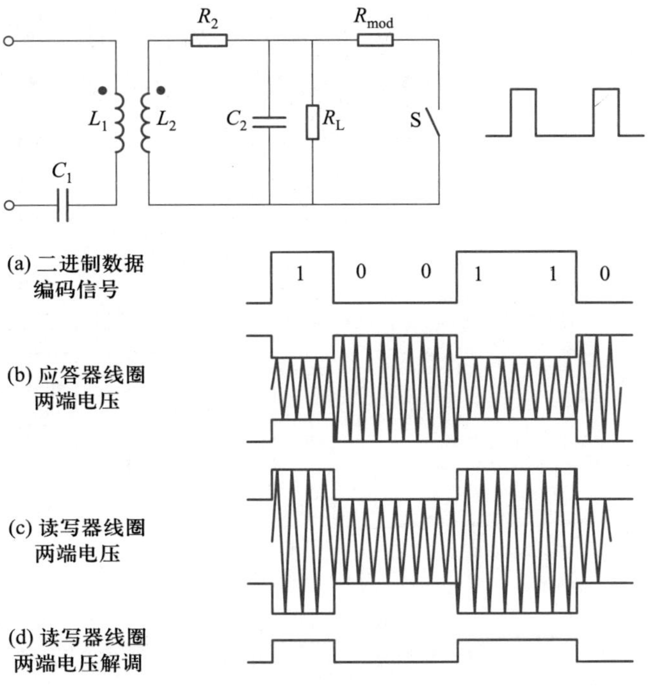

图 2-5　电阻负载调制电路

由于 R_{mod} 的接入，使得并联电阻减小，导致品质因数降低，这使得应答器两端的电压减小。

2. 电容负载调制

如图 2-6 所示，电容负载调制是用附加的电容器 C_{mod} 代替调制电阻 R_{mod}。

由于接入电容 C_{mod}，电子标签回路失谐，加上读写器和电子标签的耦合作用，导致读写器也失谐。同时，电容 C_{mod} 的接入可使电子标签线圈上的电压下降，从而导致读写器线圈上的电压上升。

电容负载调制的波形变化和电阻负载调制的波形变化相似，但此时读写器线圈的电压不仅发生振幅的变化，也发生相位的变化。

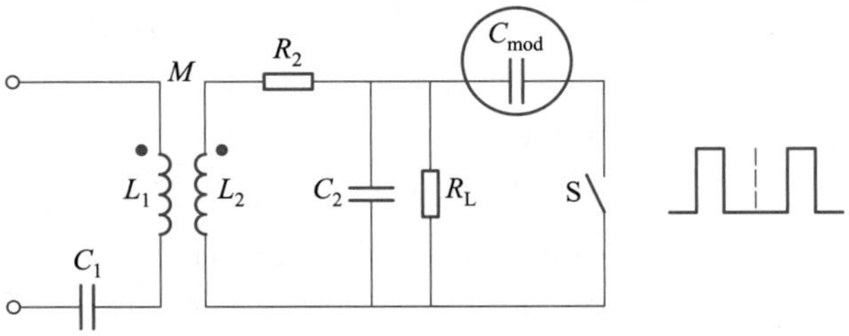

图 2-6　电容负载调制电路

2.1.3　门禁系统组成与分类

门禁系统是低频 RFID 系统的一个典型应用。门禁系统顾名思义就是对出入口通道进行管制的系统。随着人们对门禁系统各方面要求的不断提高，门禁系统已不再局限于单一的出入口控制，越来越广泛地应用于门禁控制、考勤管理、停车场控制等场合。

一、基本组成

一般的门禁系统结构图如图 2-7 所示,基本上由三个层面的设备组成,主要包括身份识别、传感与报警、处理与控制、电锁与执行以及管理与设置等单元部分。

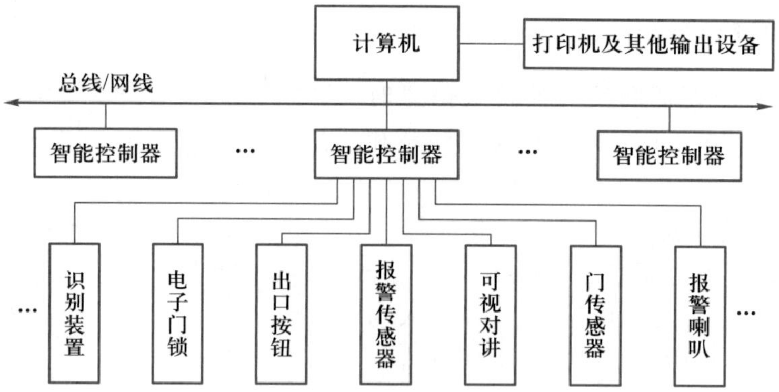

图 2-7 门禁系统结构图

1. 身份识别单元

身份识别单元是指对通行人员的身份进行识别和确认。实现身份识别的方式和种类很多,主要有卡证类身份识别方式、密码类识别方式、生物识别类身份识别方式以及复合类身份识别方式。

2. 传感与报警单元

传感与报警单元包括各种传感器、探测器、按钮和蜂鸣器等设备。最常用的就是门磁和出门按钮,它们大都输出开关量信号,用于监测门禁系统出入口的状态,以提高门禁系统的安全性。

3. 处理与控制单元

处理与控制单元通常是指门禁系统的控制器,负责采集信息的存储和处理。可以支持多种通信方式,如 RS232/485 或 TCP/IP 等,甚至可以实现全国、全球范围内的系统联网。

4. 电锁与执行单元

电锁与执行单元包括各种门禁、闸门等控制设备。执行单元负责执行门禁控制器下达的控制命令,并做出相应的动作,实现门禁系统的拒绝与放行操作。

5. 管理与设置单元

管理与设置单元主要是指门禁系统的管理软件,管理软件可以运行在 Windows XP 及以上等操作系统中,支持服务器/客户端的工作模式,并且可以对不同的用户进行可操作功能的授权和管理。

二、系统类型

近几年,随着感应卡、生物等识别技术的快速发展,门禁系统得到了飞跃式的发展,进入了成熟期,出现了多种类型的门禁系统。

1. 按识别方式分

按照识别方式不同,门禁系统可分为:密码识别、卡片识别和生物识别,见表 2-1。

表 2-1　门禁系统按识别方式分类

识别方式	类型	优点	缺点
密码识别	普通型	操作方便	安全性差、无进出记录，只能单向控制
	乱序键盘型	操作方便，安全系数稍高	无进出记录，只能单向控制
卡片识别	磁卡型	成本较低，一人一卡，有开门记录	卡片容易磨损，寿命比较短，卡片受磁场影响容易失效
	射频卡型	卡片与设备无接触，安全方便，耐用，性价比高，速度快，可以实现双向控制	成本太高
生物识别	指纹型 虹膜型 面部识别型	无须携带卡片、不易复制、安全度高	成本高、速度慢、生物特征可能变化

① 密码识别：通过检验输入密码是否正确来识别进出权限。应用场合：安全性低、成本低、使用不频繁的场合等，如：保险柜。特点：相互独立，单独使用。

② 卡片识别：通过读取卡片上密码的方式来识别进出权限。应用场合：居家、办公、停车场、地铁收费门禁、酒店等。特点：可以独立也可以联网，部分刷卡门禁兼容密码门禁功能。

③ 生物识别：通过检验人员生物识别特征的方式来识别进出权限。应用场合：使用人数不多、安全性高、不计较成本的场合等。特点：联网使用、兼容密码功能、不普及。

2. 按设计原理分

按照设计原理不同，门禁系统可分为：分立型和集成型。

① 分立型：门禁的控制器与读卡器是分开的。控制器安装在室内，读卡器安装在室外。安全性较高，如果没有卡或密码是无法进入的。

② 集成型：门禁的控制器与读卡器是集成的。便于安装，但是由于读卡器必须安装在门外，导致部分控制线也在门外，对内行人而言不需要任何卡和密码就可以轻易进入。

2.1.4　RFID 门禁系统分析

RFID 门禁系统是指基于非接触式感应卡识别技术，对出入人员进行适当级别的权限鉴别，并进行相应控制的数字化管理系统。如图 2-8 所示，RFID 门禁系统主要由电锁、开门按钮、门禁卡、读卡器、门禁控制器、计算机和电源等构成。RFID 门禁系统核心组件包括门禁控制器、读卡器、门禁卡、门禁管理软件等。

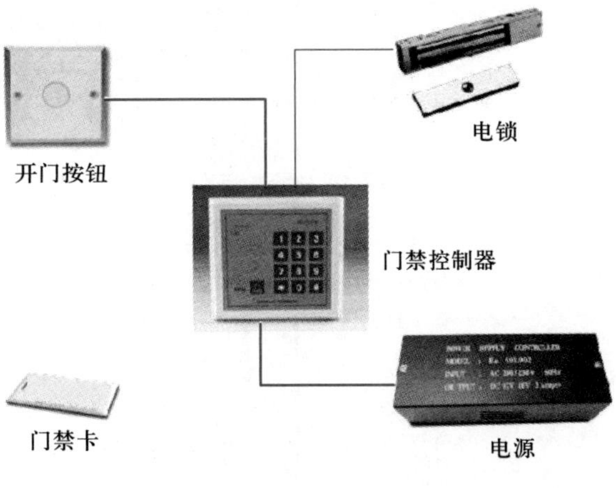

图 2-8　门禁系统基本组成

1. 门禁控制器

如图 2-9 所示,门禁控制器是 RFID 门禁系统的核心部分,负责系统数据的处理和存储,并对出入请求做出判断和响应。所以,门禁控制器是门禁系统的中枢。

① 按控制器和管理计算机的通信方式分:RS485 和 TCP/IP。

② 按照每台控制器可以控制门的数量来分:单门、双门和四门。

③ 根据每个门控制器可以接读卡器的数量来分:单向控制器、双向控制器。

2. 读卡器

读卡器是 RFID 门禁系统的重要组成部分,是门禁系统信号输入的关键设备,关系着整个门禁系统的稳定性。读卡器负责读取感应卡信息,并上传给门禁控制器。

读卡器从读写方式上可分为接触式读卡器和非接触式读卡器。

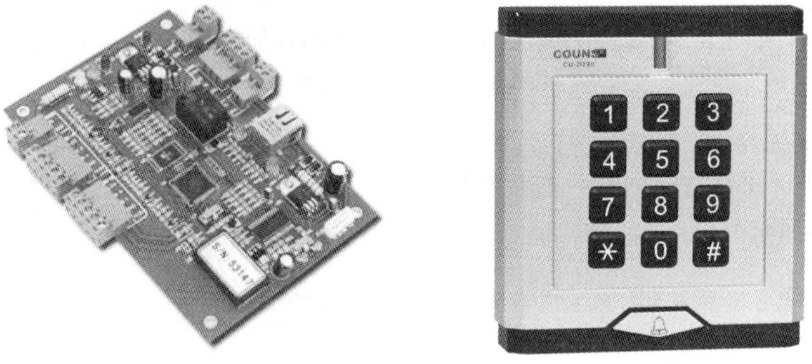

(a) 控制器电路板 (b) 读卡器

图 2-9 门禁系统控制器、读卡器

3. 门禁一体机

门禁一体机就是将门禁读卡器和控制器集成在一起。相对于读卡器和控制器分离的门禁系统,其成本更低一些,但是由于控制部分外露,安全级别略低,往往用于一些只有一个或少数几个门禁点的地方。门禁一体机有时还带有键盘设置和液晶显示功能。

4. 门禁管理软件

门禁管理软件建议使用 SQL Server,Oracle 等大型数据库,具有良好的可开发性和集成能力。门禁管理软件应该具有设备管理、信息管理、记录查询、参数设置、证章打印、用户授权、操作员权限管理、报警信息管理、事件浏览、电子地图等功能。门禁管理软件界面如图 2-10 所示。

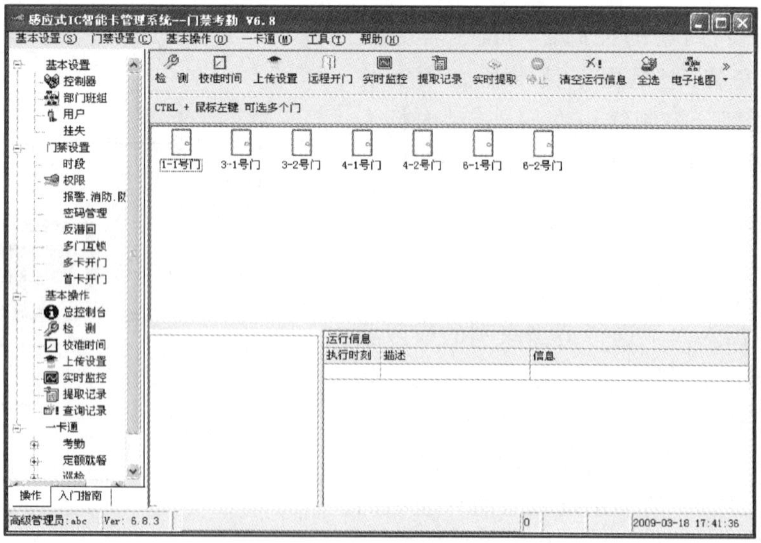

图 2-10 门禁管理软件界面

2.1.5 RFID 门禁系统结构

按照 RFID 门禁系统与后台微机的通信方式,门禁系统可分为两大类:单机型、联网型。

教学课件
RFID 门禁系统的典型结构.pptx

一、单机型门禁系统

如图 2-11 所示,单机型门禁系统不需要将数据上传网络,单独控制门禁的开关。主要由门禁控制器、读卡器、感应卡、开门按钮、电锁和电源组成。

微课
RFID 门禁系统的典型结构.mp4

优点:价格便宜、安装简单;缺点:安全性差、设置权限不便捷、对设置好的权限情况不清楚;适合于安全级别不高、成本预算很低、门数不多的场合、无须快速授权和分析门禁出入记录的场合。

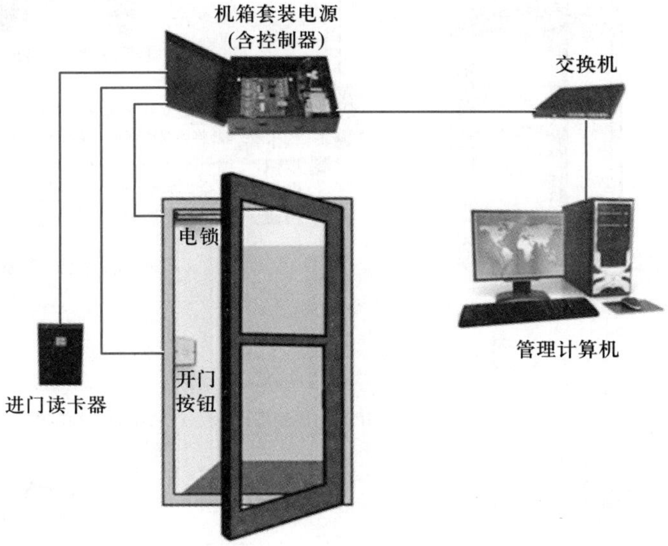

图 2-11 单机型门禁系统

二、联网型门禁系统

联网型门禁系统需要通过现场总线或网络协议将数据上传给网络,可分为总线型和网络型两大类。

1. 总线型门禁系统

系统通过某种总线协议进行数据的传递,如 RS485、CAN 等。如图 2-12 所示 RS485 总线型门禁系统主要由门禁控制器、读卡器、感应卡、开门按钮、电锁、电源、RS485 通信控制器、RS232/RS485 总线转换器和**主机(门禁管理软件)**组成。

优点是成本比较低廉,单独组网,不会受到其他设备的共用网络的干扰;缺点是组网数量有限、范围有限、通信速度比较慢,受到总线负载能力和传输距离的影响,不容易实现异地控制和网络控制。

2. 网络型门禁系统

系统的通信通过局域网(TCP/IP)实现数据的传递。如图 2-13 所示 TCP/IP 网络型门禁系统主要由门禁控制器、读卡器、感应卡、开门按钮、电锁、电源、TCP/IP 通信控制器、网络服务器和主机(门禁管理软件)组成。

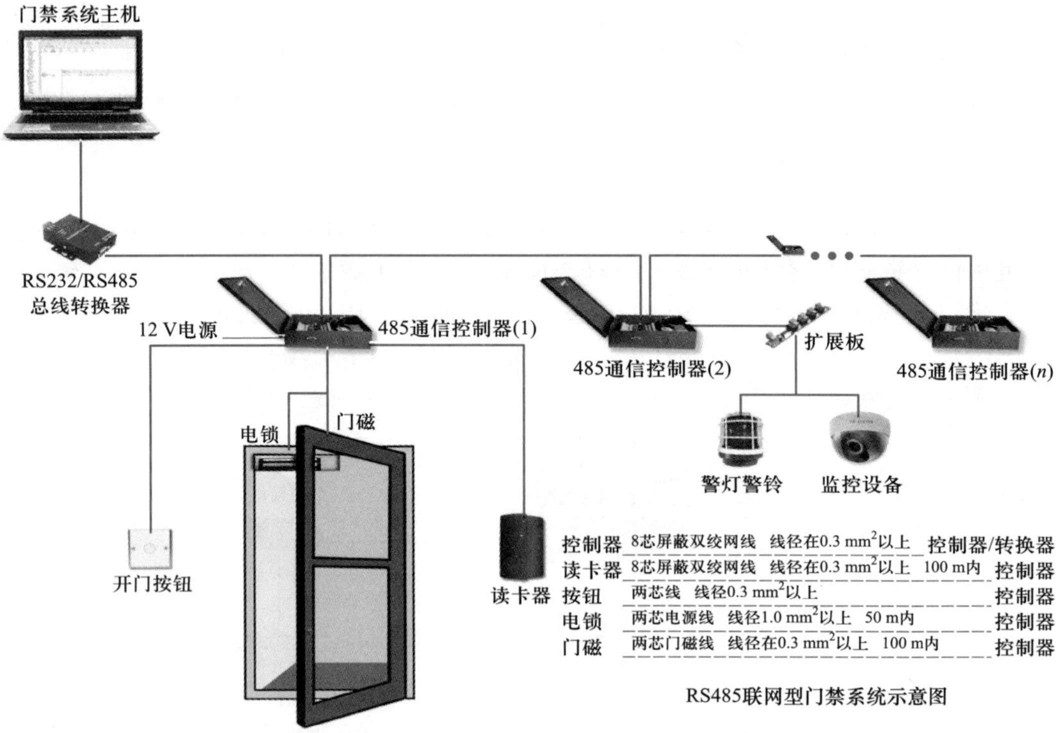

图 2-12 RS485 总线型门禁系统

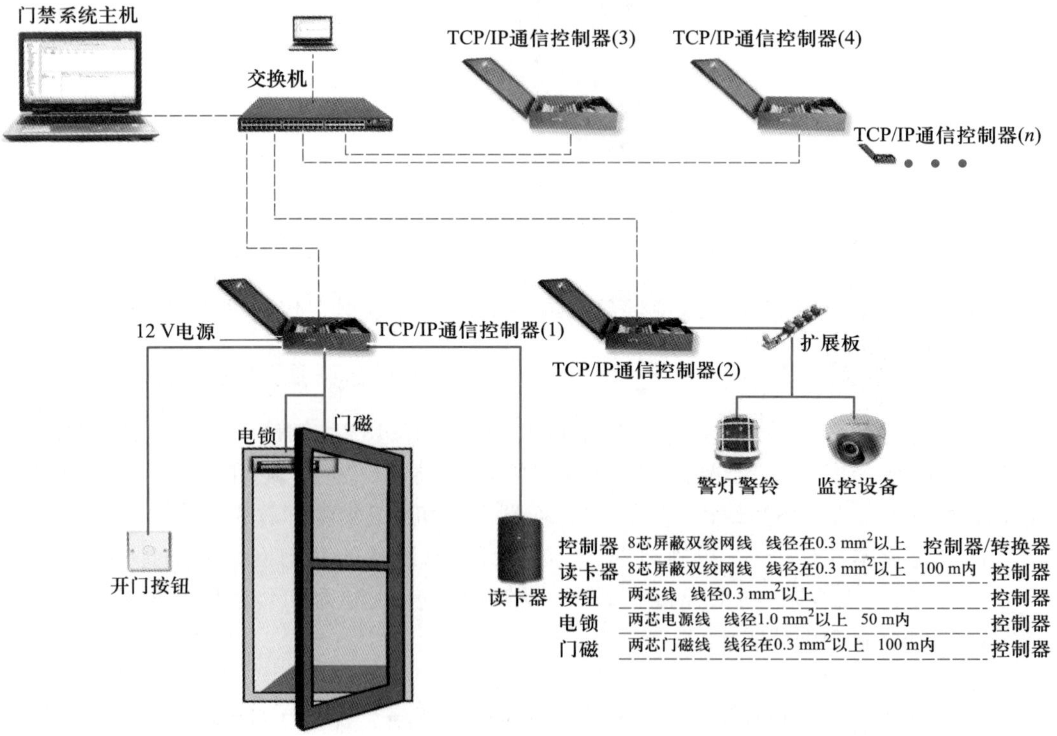

图 2-13 TCP/IP 网络型门禁系统

优点是组网数量无限制，组网范围广，通信速度快，通信质量稳定，可以利用现有网络组网，不需要重新布线，容易实现异地控制和网络控制。缺点是通信部分受局域网络影响大。

【任务实施】

RFID 门禁系统需求分析：根据市场调研及其应用场合，归纳低频 RFID 门禁系统（如酒店门禁管理系统）的主要功能及其指标。

【问题研讨】

1. 试简述低频 RFID 系统的技术特点、耦合方式及其应用场合。
2. 试分析 RFID 门禁系统的主要组成及其功能。

任务 2　低频 RFID 系统关键技术

【任务描述】

学习并掌握低频 RFID 系统的电子标签、读写器、通信协议等基本知识，学会分析低频 RFID 系统的常用 ID 卡类型及其芯片数据存储格式、数码编码格式，常用读写器读卡芯片类型及其功能、接口定义，常用读写器通信接口协议及其数据格式等。

【知识准备】

2.2.1　低频 RFID 电子标签

低频 RFID 电子标签大多采用 ID 卡的形式。ID 卡全称为身份识别卡（Identification Card），是一种不可写入的感应卡，含固定的编号，主要有中国台湾 SYRIS 公司的 EM 格式、美国 HID、TI、Motorola 等公司的各类 ID 卡，工作频率为 125 kHz，属于低频。

ID 卡与磁卡一样，都仅仅使用了“卡的号码”而已，卡内除了卡号外，无任何保密功能，其“卡号”是公开、裸露的。所以说 ID 卡就是“感应式磁卡”。

ID 卡只能通过读卡器读出卡号（ID 号），而且卡号是固化的（不能修改），不能往卡里写数据。IC 卡可以读出卡号，还可以往卡里写入信息。市面上绝大部分产品选用的是 Philips 公司的 Mifare One 芯片，所以，Mifare one 卡又简称为 M1 卡。

ISO 标准 ID 卡的规格为：85.6 mm×54 mm×0.80 mm±0.04 mm（高/宽/厚），市场上也存在一些厚卡、薄卡或异形卡，如图 2-14 所示。

ID 卡一般都工作在 TTF（Tag Talk First）模式，进入读写器射频场得电后不停地发送自己的识别号。最初识别卡是用来识别人的，用 5 个字节 40 位二进制数表示，大约可以识别一万亿人，估计是因为考虑到一万亿太多了，一般 ID 卡使用时只使用低位的 4 个字节，而把最高位的一个字节作为厂家标识或版本号使用。这样 4 字节 32 位二进制数可以识别 43 亿人，在当时全世界每人一个识别号也足够的。当然，后来又发展到卡号可以随便复制了。

(a) 厚卡　　(b) 薄卡　　(c) 异形卡

图 2-14 低频 ID 卡类型

2.2.2 低频 ID 卡芯片

低频 ID 卡由芯片及内置天线组成,芯片内保存一定格式的电子数据。低频 ID 卡通常采用无源设计,将 ID 芯片和天线封装在一起,做成卡片或标签的样式。其结构如图 2-15 所示。

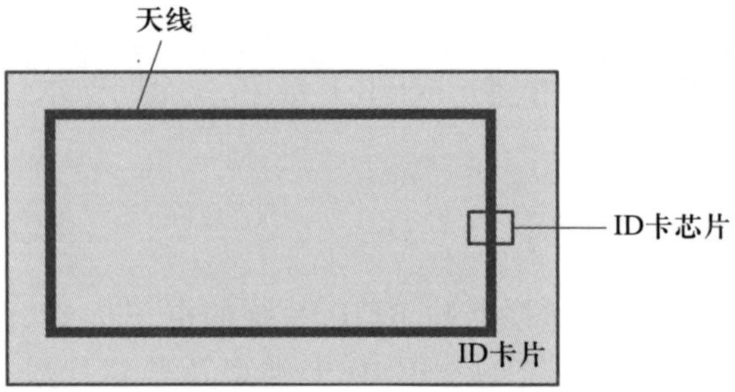

图 2-15 低频 ID 卡结构

中国台湾 SYRIS 公司的 EM 格式 ID 卡拥有绝对的占有率,性价比最好。EM 格式的 ID 卡又称 EM 卡,或者 EM ID 卡,其常用芯片型号为 EM4100。

一、EM4100 数据存储格式

如图 2-16 所示,EM4100 芯片内存储 64 位数据信息,由 5 个区组成:

1 1 1 1	1	1	1	1	1	9个“1”的头部
8位版本号,或作为识别号的一部分	D00	D01	D02	D03	P0	
	D10	D11	D12	D13	P1	
32位识别号	D20	D21	D22	D23	P2	P0~P9是行偶校验
	D30	D31	D32	D33	P3	
	D40	D41	D42	D43	P4	
	D50	D51	D52	D53	P5	
	D60	D61	D62	D63	P6	
	D70	D71	D72	D73	P7	
	D80	D81	D82	D83	P8	
	D90	D91	D92	D93	P9	结束位S0恒为“0”
PC0~PC3为列偶校验	PC0	PC1	PC2	PC3	S0	

图 2-16 EM4100 数据存储格式

① 9 个引导位:出厂时就已掩膜在芯片内,其值为“111111111”。

② 10 个行偶校验位“P0~P9”。为了检查数据传输中是否发生了错误,ID 卡对每个字节都增加了 2 个校验位,其中高半字节一个,低半字节一个,5 个字节共有 10 位。

③ 4 个列偶校验位“PC0~PC3”。为了校验数据的完整性错误,ID 卡还增加了 4 个纵向冗余校验位。

④ 40 个数据位“D00~D93”:其中,“D00~D13”是一个 8 位的晶体版本号或 ID 识

别码；“D20～D93”是 8 组 32 位的芯片信息，即卡号。

⑤ 1 个结束位“S0”。

当 ID 卡进入射频场时，如果直接回送这 5 个字节，那么读写器很难确定其起始位和结束位，所以 ID 卡又增加了 9 个二进制“1”在前面作起始位，1 个二进制“0”在后面作结束位 S0，这样 ID 卡就有了 64 位数据，正好 8 个字节。

例如，卡号为 2100A5EAD9 的卡片，其编码格式如下：

									行偶校验位	
	1	1	1	1	1	1	1	1	1	9 个“1”的起始位，也称头部
					0	0	1	0	1	“2”
					0	0	0	1	1	“1”
					0	0	0	0	0	“0”
					0	0	0	0	0	“0”
					1	0	1	0	0	“A”
					0	1	0	1	0	“5”
					1	1	1	0	1	“E”
					1	0	1	0	0	“A”
					1	1	0	1	1	“D”
					1	0	0	1	0	“9”
列偶校验位					1	1	0	0	0	列偶校验和结束位“0”

EM4100 输出数据时，首先输出 9 个引导位，然后是 10 组由 4 个数据位和 1 个行偶校验位组成的数据串，其次是 4 个列偶校验位，最后是结束位“0”。

如前所述，ID 卡是主动工作模式，每当 EM4100 将 64 个信息位传输完毕后，只要 ID 卡仍处于读卡器的工作区域内，它将再次按照图 2-16 顺序发送 64 位信息，如此重复，直至 ID 卡退出读卡器的有效工作区域。

为了与 128 位的动物识别标签相区别，业内一般称这种 64 位的 ID 卡格式为“ID64 格式”。

二、EM4100 数据编码格式

射频 ID 卡的数据编码一般使用曼彻斯特码。如图 2-17 所示：EM 卡芯片 EM4100 的数据编码格式，位数据“1”对应着电平下跳，位数据“0”对应着电平上跳。

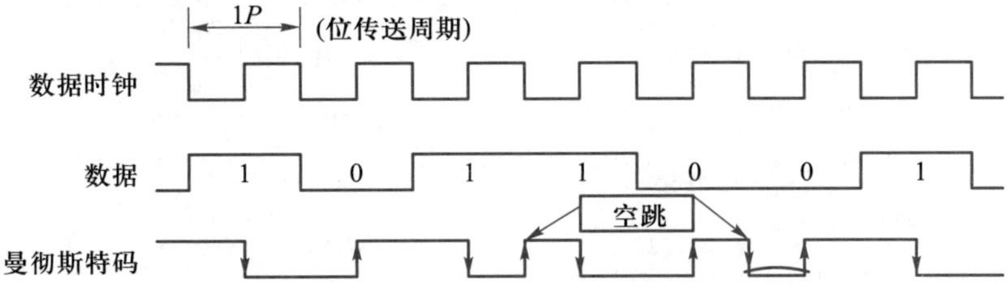

图 2-17　EM4100 数据编码格式

在一串数据传送的数据序列中，两个相邻的位数据传送跳变时间间隔应为 $1P$。若相邻的位数据极性相同（相邻两位均为“0”或“1”），则在两次位数据传送的电平跳变之间，有一次非数据传送的、预备性的（电平）“空跳”。电平的上跳、下跳和空跳是确定位数据传送特征的判据。

EM4100 芯片内部的数据采用时钟 64 分频的速率进行发送。低频 RFID 系统的典型频率为 125 kHz，则每位的传送时间为：1P＝（1 s/125 000）×64＝512 μs。EM4100 数据采用曼彻斯特码编码，即每个 bit 被分为两位传输，每两个曼彻斯特码宽度为 512 μs，见表 2-2。

表 2-2 EM4100 数据编码格式

原码	曼彻斯特码	传送时间
1	10	512 μs
0	01	512 μs

这样，软件译码时可以使用查询或中断方式来检测跳变，同时配合定时器来确定脉宽，根据跳变沿的方向（上跳还是下跳）确定数据，一般的 51 单片机都可以实现。

2.2.3 低频 RFID 读写器芯片

EM4100 系列 ID 卡芯片可用同一个公司配套的 EM4095 读卡芯片，方便读取其 ID 号。

HID 系列 ID 卡有自己的加密协议和读取方法，并且不公开，所以 EM4095 读卡芯片无法读取其 ID 号，只能使用专用 HID 类读卡器。

一、EM4095 概述

EM4095 是 EM 微电子公司生产的一款低频 AM 调制解调芯片，常用作低频 RFID 读写器的模拟前端。EM4095 芯片内置的 PLL 锁相环可自适应天线谐振载波，无须外部振荡器，100～150 kHz 载波频率范围，数据发送采用 OOK（100% AM 调幅）方式，睡眠模式电流 1 μA，兼容 USB 供电范围。

二、EM4095 引脚定义

EM4095 共有 16 个引脚，其芯片引脚图如图 2-18 所示。

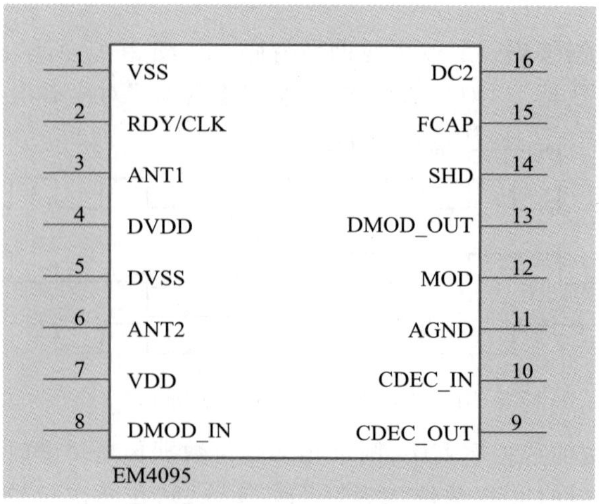

图 2-18 EM4095 芯片引脚图

EM4095 芯片引脚定义见表 2-3。

表 2-3 EM4095 芯片引脚定义

引脚	名 称	描 述	类 型
1	VSS	电源地	地
2	RDY/CLK	就绪标志和时钟输出,AM 调幅驱动	输出
3/6	ANT1、ANT2	天线驱动	输出
4/5	DVDD/ DVSS	天线驱动正电源/负电源	电源/地
7	VDD	正电源	电源
8	DMOD_IN	天线探测电压	模拟信号
9/10	CDEC_OUT/ IN	DC 电容输出/输入	模拟信号
11	AGND	模拟地	模拟信号
12	MOD	天线高电平调制	上拉输入
13	DMOD_OUT	数字解调数据输出	输出
14	SHD	高电平驱动电流进入休眠状态	上拉输入
15	FCAP	PLL 滤波电容	模拟信号
16	DC2	DC 去耦电容	模拟信号

三、EM4095 原理框图

EM4095 芯片内部功能原理框图如图 2-19 所示。该芯片实现了 RFID 的发送和接收两个基本功能。发送模块负责天线驱动和 AM 调制;接收模块负责对标签天线发送的调制信号 AM 进行解调。

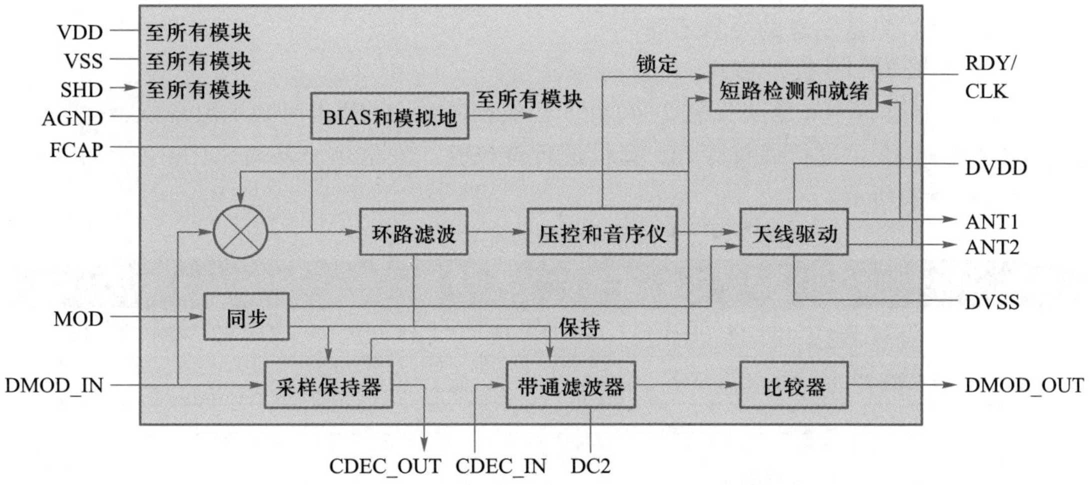

图 2-19 EM4095 芯片内部功能原理框图

射频信号发送模块由锁相环(PLL)和天线驱动器组成。其中锁相环由环路滤波器、压控振荡器(VCO)、相位比较器组成。天线线圈接收的信号通过耦合电容输入 DMOD_IN 端。该信号和天线驱动器的输入信号由相位比较器进行相位比较,形成与相位差对应的电压,作为压控振荡器的控制信号,最终实现对天线发射信号频率的锁定。

接收模块由采样保持器、带通滤波器、比较器组成。DMOD_IN 端输入的 AM 信号在输出信号 VCO 的同步控制下被采样,采样输出信号由脚 CDEC 外接的电容隔离直通和带通滤波采样,即消除输出中的载频成分、高频和低频噪声,经异步比较得到对应的数字信号。

2.2.4 低频 RFID 通信协议

所谓通信协议,就是通信双方事先约定的通信格式,包括谁先发起通信,先交流什么,后交流什么,一方如何问,另一方如何答等。这里的通信双方是指读写器和卡片。

首先,谁先发起通信,有两种:读写器先发言(Reader Talk First,RTF)和卡片先发言(Tag Talk First,TTF)。

通常,功能复杂的卡片都采用 RTF 模式,即读写器问,卡片回答。读写器没有命令,卡片也不会主动“说话”。但是有些卡片功能单一,每次与读写器的交流中只会回答一个问题,而且每次回答的内容都相同。对于这种卡片,还不如直接让卡片先说,于是就有了 TTF 模式。射频 ID 卡就是 TTF 模式卡,每次回答的内容都是一个 ID 号,读写器利用这个识别号来确定持卡者的身份。

至于双方交流什么,就是读卡模块以何种格式把读取到的卡号发送出来。一般低频 RFID 读卡模块支持韦根接口和串口两种协议。

一、韦根协议

韦根(Wiegand)协议是由摩托罗拉公司制定的一种通信协议。韦根协议广泛应用在门禁行业,是一个事实上的行业标准,它通过两条数据线 DATA0(D0)和 DATA1(D1)分别传输“0”和“1”。目前应用最多的是韦根 34-bit 和韦根 26-bit 格式,二者数据格式相同,只是发送的位数不同。

1. 韦根 26-bit 标准格式

标准韦根 26-bit 格式见表 2-4,由 1 位偶校验位、24 位卡号和 1 位奇校验位组成。卡号中的高 12 位进行偶校验,低 12 位进行奇校验。发送顺序从高位(每字节的 bit7)开始,如箭头所示。

表 2-4 韦根 26-bit 格式定义

P	卡号高字节								卡号中字节								卡号低字节								P
1	2	3	4	5	6	7	8	9	10	11	12	13	14	15	16	17	18	19	20	21	22	23	24	25	26
P	高 12 位偶校验 Even parity												低 12 位奇校验 Odd parity												P

发送顺序 ⟶

2. 韦根 26-bit 发送规则

如图 2-20 所示,韦根协议发送规则为:

- DATA0 和 DATA1 在无信号时同时保持高电平。

- 若下一位数据为“0”，则 DATA0 数据线上出现一个 100 μs（可定义）的低电平，DATA1 数据线上信号保持不变。
- 若下一位数据为“1”，则 DATA1 数据线上出现一个 100 μs（可定义）的低电平，DATA0 数据线上信号保持不变。

在 100 μs 低电平之外，DATA0 和 DATA1 始终保持高电平。每一位数据的发送周期为 1 ms（可定义）。

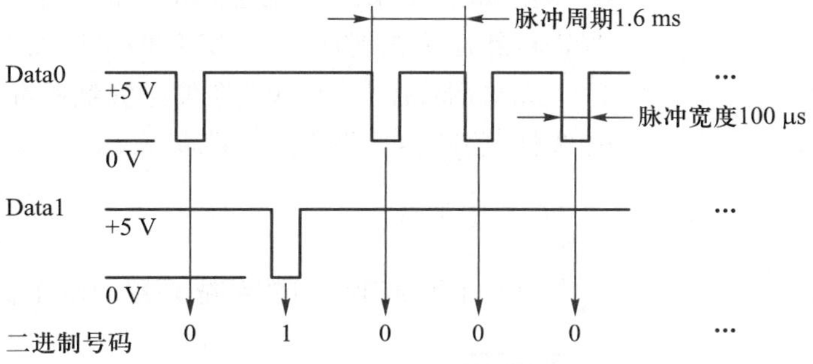

图 2-20　韦根 26-bit 发送时序图

二、串口（UART）协议

UART（Universal Asynchronous Receiver/Transmitter，通用异步收发传输器）协议是一种通用的异步串口通信协议，包含了 RS232、RS422、RS485 串口通信协议和串行红外协议（IrDA）等。UART 协议作为一种低速通信协议，广泛应用于通信领域等各种场合。

发送数据前，UART 双方要约定好波特率、数据传输格式。UART 使用标准的 TTL/CMOS 逻辑电平来表示数据，为了增强数据的抗干扰能力，提高数据传输距离，通常将 TTL/CMOS 转换成 RS232 逻辑电平。

RS232 接线方式有全串口接线、3 线接线（RXD、TXD、GND）。RS232 能够可靠进行数据传输的最大距离为 15 m，传输速度一般可达到 115 200 bps 甚至更高，标准接口能够提供的传输速度主要有以下波特率：1 200、2 400、4 800、9 600、19 200、38 400、57 600、115 200。

1. UART 数据传输格式

异步串行通信以一个字符为传输单位，数据传送速率用波特率来表示，即每秒钟传送的二进制位数。数据传输格式如图 2-21 所示。其中各位的意义如下：

起始位：先发出一个逻辑“0”信号，表示传输字符的开始。

数据位：资料位的个数可以是 4、5、6、7、8 等，构成一个字符，通常采用 ASCII 码。从最低位开始传送，靠时钟定位。

校验位：数据位加上这一位后，使得“1”的位数应为偶数（偶校验）或奇数（奇校验），以此来校验数据传送的正确性。

停止位：它是一个字符数据的结束标志。可以是 1 位、1.5 位、2 位的高电平。

空闲位：处于逻辑“1”状态，表示当前线路上没有资料传送。

图 2-21　UART 数据传输格式

2. UART 数据传输流程

平时数据处于“空闲”状态（1 状态）；

发送时：UART 改变 TXD 数据线的状态（变为“0”状态）并维持 1 位时间（起始位），然后从最低位 LSB 开始，按位改变数据线的状态将数据一位一位地发送出去。

接收时：UART 检测到开始位后，一位一位检测数据线的状态得到传输的数据，收集串行数据放在缓冲区中，CPU 即可读取 UART 获取这些数据。

如果用校验位，UART 在发送完数据位后，还要发送 1 位校验位再发送停止位，数据线恢复到“空闲”状态（“1”状态）。

【任务实施】

分析低频 RFID 门禁系统采用的电子标签形式、读写器芯片及其通信协议。

【问题研讨】

1. 试简述低频 RFID 读写器芯片的工作频率、数据传输速率、引脚功能及其主要应用。
2. ID 卡是什么含义？给出 ID 卡的实例，并说明其技术参数。

任务 3 低频 RFID 系统硬件设计

【任务描述】

识读并绘制低频 RFID 系统中读卡器电路、单片机最小系统电路和外围电路的电路图，学会分析低频 RFID 系统中读卡器电路、单片机最小系统电路和主要外围电路的工作原理以及各电路间硬件接口连线。

【知识准备】

2.3.1 系统硬件设计方案

本项目设计一个简易的单机型低频 RFID 门禁系统，硬件框图如图 2-22 所示。系统主控电路采用 51 单片机 AT89S51；读卡器电路选用 EM4095 基站芯片；液晶显示电路选用字符液晶显示模块 LCD1602。单片机、复位电路和时钟电路组成单片机最小系统；外围电路主要包括 LED 指示电路、蜂鸣电路和门锁控制电路等；电源模块用于系统电源供应。

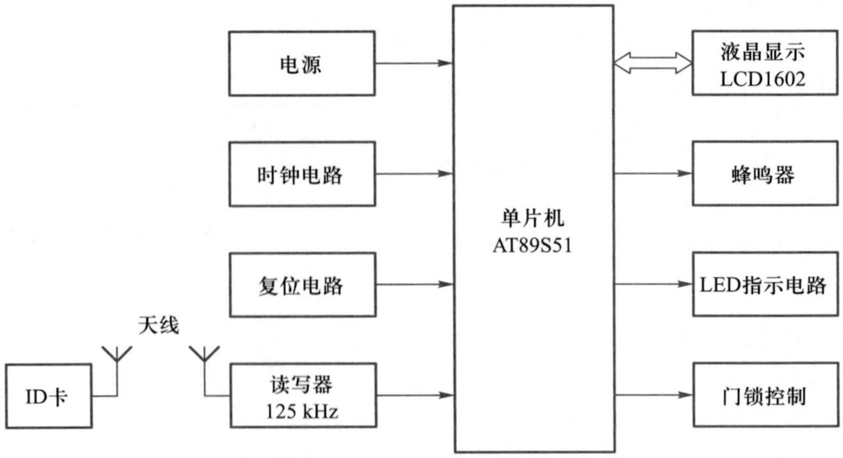

图 2-22 低频 RFID 门禁系统硬件框图

系统工作过程：上电后，显示开机界面，当 ID 卡进入读写器的有效工作范围时，读写器读取 ID 卡号码，送液晶显示模块显示。同时，系统判断当前 ID 卡是否为合法卡，若是，则 LED 绿灯亮，蜂鸣器短鸣，继电器动作，表示门打开；若不是，则 LED 红灯亮，蜂鸣器长鸣，继电器不动作，表示门不开。

【任务实施】

2.3.2　单片机最小系统设计

如图 2-23 所示，单片机最小系统以单片机为核心，还包括时钟电路、复位电路和电源。

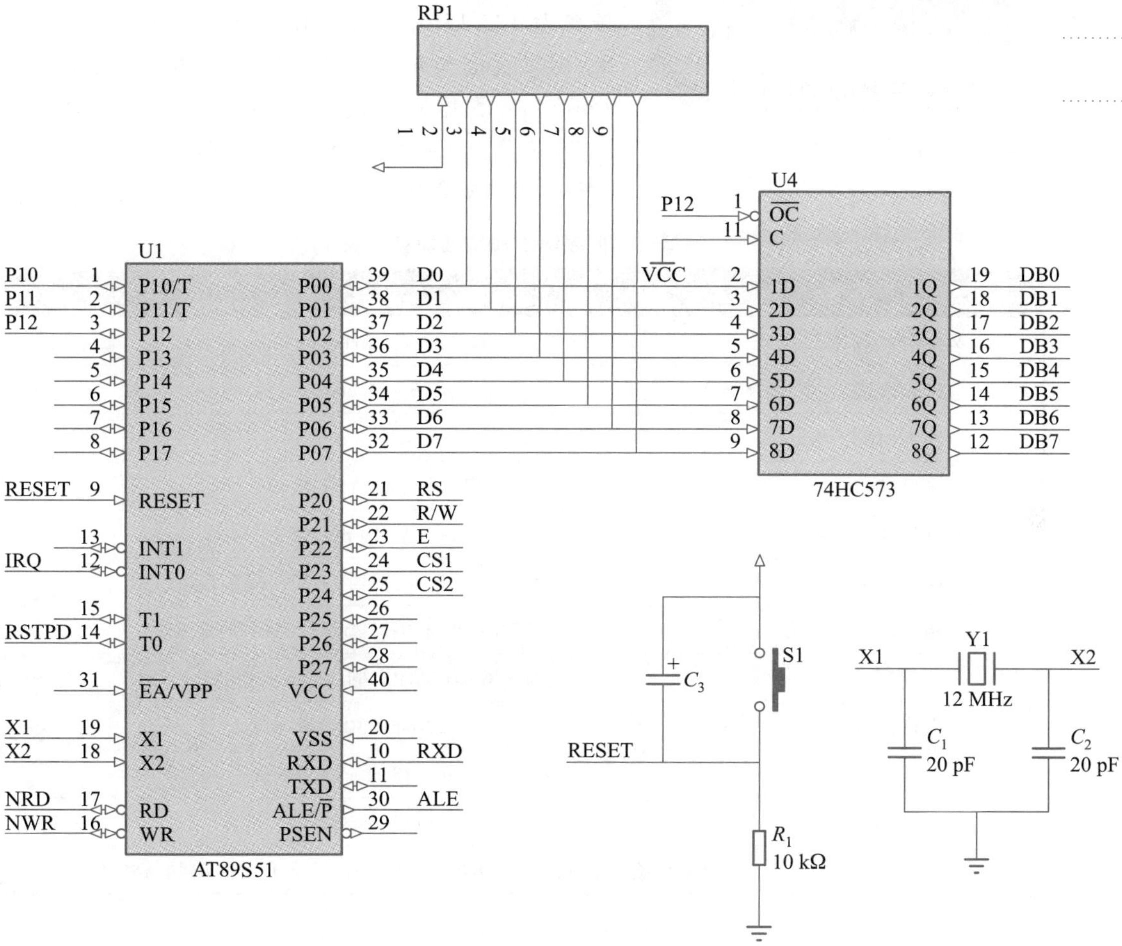

图 2-23　单片机最小系统电路

AT89S51 是一个低电压、高性能 CMOS 8 位单片机，片内含 4 KB 的可反复擦写的 Flash 只读程序存储器和 256 B 的随机存取数据存储器，兼容标准 MCS-51 指令系统。

在低频 RFID 门禁系统中，单片机最小系统相当于门禁系统控制器，负责串行接收读写器读取的 ID 卡信息数据，处理后驱动液晶模块显示，同时分析判断 ID 卡的合法性，并给出相应的指令，如红灯亮还是绿灯亮，继电器要不要动作等。

2.3.3 RFID 读卡电路设计

RFID 读卡电路可以选择设计好的低频读卡模块，如图 2-24 所示。低频读卡模块相当于 RFID 读写器，已经集成了 MCU 单片机和 EM4095 基站芯片。在 RFID 读写器中，EM4095 用于天线驱动和调制解调，MCU 单片机用于 ID 卡译码。

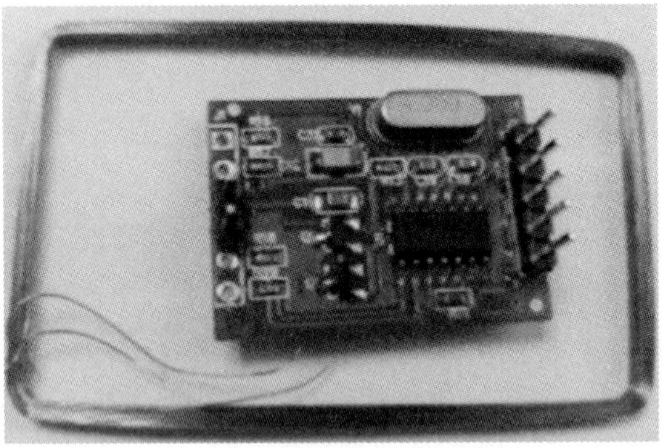

图 2-24 低频读卡模块实物图

一、性能参数

低频读卡模块性能参数表见表 2-5。该读卡模块完全支持 EM 及其兼容卡片的操作，支持卡片频率为 125 kHz，输出接口为 UART 接口、TTL 电平，可以直接与单片机 UART 接口相连，波特率为 9 600 bps，数据帧格式为"N，8，1"，默认卡号格式为 0x02 开始+4 个字节十六进制的 ASCII 码卡号+0x0D、0x0A、0x03 结尾。

表 2-5 低频读卡模块性能参数表

支持卡片类型	ID
支持卡片频率	125 kHz
读卡距离	5～16 cm
读卡时间	≤0.2 s
输出接口	TTL 电平，UART 接口
电源要求	4.2～5 V，40 mA 以下
环境温度	工作：0～45 ℃，储存：-20～+55 ℃
相对湿度	工作：40%～90% RH，储存：20%～90% RH
大气压力	工作：86～106 kPa，储存：86～106 kPa
规格尺寸	20 mm×30 mm
天线尺寸	58 mm×33 mm×2.5 mm
波特率	9 600，N，8，1
默认卡号格式	0x02 开始，0x0D、0x0A、0x03 结尾，4 个字节十六进制的 ASCII 码卡号

二、引脚定义

如图 2-25 所示，低频读卡模块引脚很简单，左边为读卡器天线接口，右边分别为电源、电源地和 UART 串行发送接口 TX。

如前所述，低频读卡模块输出接口为 UART 发送端 TXD、TTL 电平，可直接与具有串口的 MCU 相连，或者通过 RS232 电平转换与 PC 机连接。

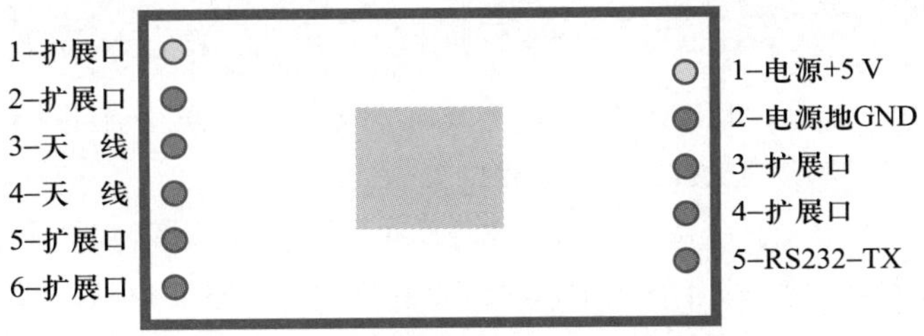

图 2-25　低频读卡模块引脚图

低频读卡模块采用 125 kHz 射频基站芯片。当有卡进入该模块射频区域内时，模块会主动以 UART 方式输出 ID 卡卡号，用户仅需简单的读取即可。

小　知　识

ASCII（American Standard Code for Information Interchange，美国信息交换标准代码）码使用指定的 7 位或 8 位二进制数组合来表示 128 或 256 种可能的字符。标准 ASCII 码也称基础 ASCII 码，使用 7 位二进制数（剩下的 1 位二进制为 0）来表示所有的大写和小写字母，数字 0 到 9、标点符号，以及在美式英语中使用的特殊控制字符。其中，

- ◆ 48（0x30）~57（0x39）为 0 到 9 十个阿拉伯数字；
- ◆ 65（0x41）~90（0x5A）为 26 个大写英文字母；
- ◆ 97（0x61）~122（0x7A）为 26 个小写英文字母。

2.3.4　系统外围电路设计

低频 RFID 门禁系统外围电路主要包括液晶显示电路、蜂鸣器电路、LED 显示电路和门锁驱动控制电路等。

1. 液晶显示电路

液晶显示电路采用 LCD1602 模块，其与单片机的硬件接口电路如图 2-26 所示。

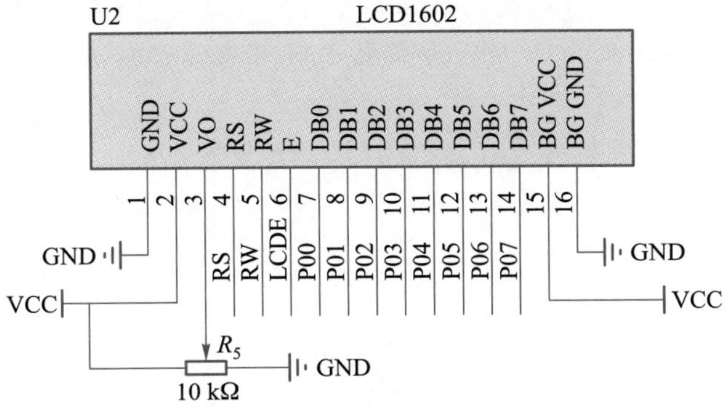

图 2-26　液晶显示接口电路图

低频 RFID 门禁系统中，液晶显示电路用于显示时间、ID 卡号等信息，通常根据实际显示内容的复杂程度来选用字符或点阵液晶显示模块，前者显示信息量少，仅能显示简单的字符；后者显示信息量大，可以显示汉字、图形等。

小 知 识

液晶显示器(Liquid Crystal Display,LCD)的主体是液晶材料,就是液态晶体(Liquid Crystal)。1888 年发现了液晶材料,1968 年,做成了液晶显示器件。

液晶显示器的特点:低压微功耗、被动显示、显示信息量大、没有电磁辐射、寿命长。

液晶显示器的分类:如图 2-27 所示,可分为笔段型液晶显示器、字符型液晶显示器和点阵图形型液晶显示器三类。

(a) 段式 (b) 字符型 (c) 图形

图 2-27 液晶显示器类型

LCD1602 模块属于字符型液晶显示器。1602 液晶模块内部的字符发生存储器(CGROM)已经存储了 160 个不同的点阵字符图形,如:阿拉伯数字 0~9、英文字母 a~z 的大小写、常用的符号和日文假名等。

LCD1602 采用 HD44780 控制器,共有 16 个引脚,其中,8 个数据引脚、3 个控制引脚、5 个电源引脚。如图 2-26 所示,其中:

VCC:+5 V 电源

GND:地

VO:液晶显示驱动电源(0~5 V)

DB0~DB7:数据线,可以用 8 位连接,也可以只用高 4 位连接,节约单片机资源,本项目中采用 8 位连接方法。

RS:寄存器选择,高电平时选择数据寄存器、低电平时选择指令寄存器。

RW:读写信号线,高电平时进行读操作,低电平时进行写操作。当 RS 和 RW 共同为低电平时可以写入指令或者显示地址,当 RS 为低电平 RW 为高电平时可以读忙信号,当 RS 为高电平 RW 为低电平时可以写入数据。

E:使能端,当 E 端由高电平跳变成低电平时,液晶模块执行命令。

BG VCC:背光控制正电源

BG GND:背光控制地

2. 蜂鸣器电路

低频 RFID 门禁系统中,蜂鸣器电路用于提示刷卡状态,短鸣表示合法卡,长鸣表示非法卡。图 2-28 中,蜂鸣器与 VCC 电源之间由一个 PNP 型三极管连接,三极管作用为开关作用。当单片机 P2.7 为“1”时,三极管处于关闭状态;当单片机 P2.7 为“0”时,三极管处于导通状态,蜂鸣器开始工作。

3. LED 显示电路

低频 RFID 门禁系统中,LED 显示电路用于提示刷卡状态,绿灯亮表示合法卡,红灯亮表示非法卡。图 2-28 中，LED 灯阳极接 VCC 电源，阴极通过限流电阻接单片机 I/O 口，当单片机 P2.5/P2.6 为“1”时，发光二极管不导通，LED 灯不亮；当单片机 P2.5/P2.6 为“0”时，发光二极管处于导通状态，LED 灯亮。

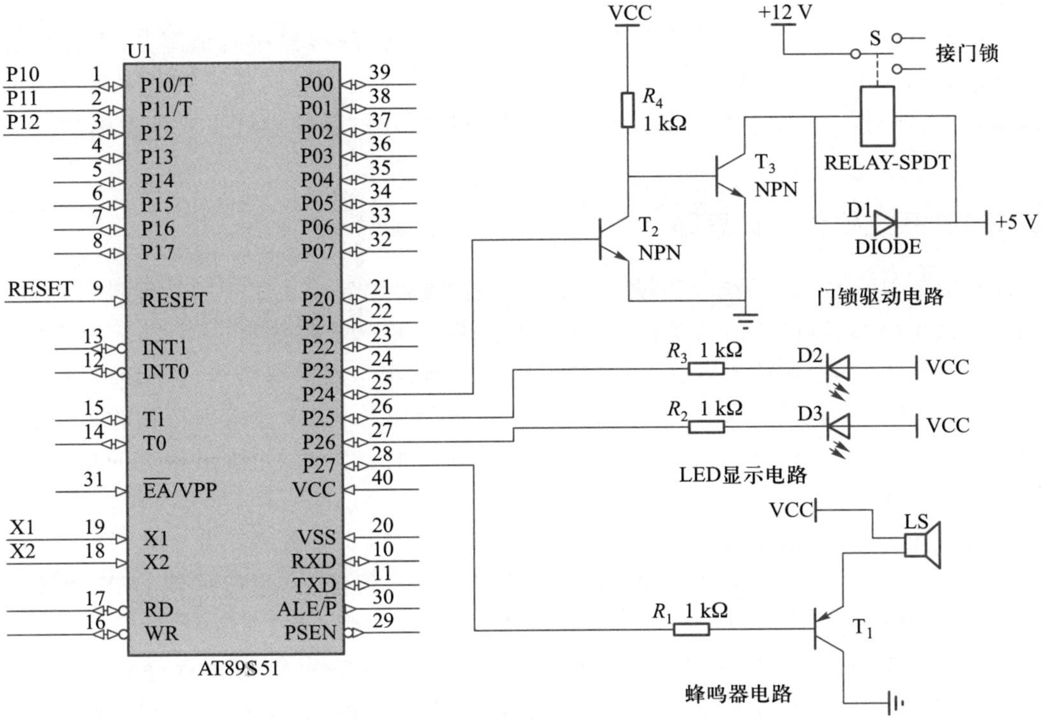

图 2-28　LED、蜂鸣器与驱动接口电路图

4. 驱动控制电路

低频 RFID 门禁系统中，驱动控制电路用于驱动大功率门锁工作。图 2-28 中，单片机 P2.4 脚与 NPN 型三极管 T_2 基极相连，经三极管电流放大后，直接驱动继电器，继电器的开和关完全由三极管 T_2 的基极电平进行控制。当单片机 P2.4 口输出高电平，三极管 T_2 导通、三极管 T_3 截止，这时继电器不工作；反之为低电平的话，三极管 T_2 截止、三极管 T_2 导通，继电器得电吸合。继电器的线圈两头加一个二极管以吸收继电器线圈断电时产生的反电动势，防止干扰。

【问题研讨】

1. 简述典型 125 kHz RFID 标签的存储结构及其安全特性。
2. 简述基于低频读写器芯片 EM4095 的读写器硬件设计方案。

任务 4　低频 RFID 系统软件设计

【任务描述】

学习并绘制低频 RFID 系统主函数流程图、串口接收子函数流程图、液晶显示子函数流程图等;学会分析低频 RFID 系统主函数工作流程,会根据流程图编写主函数程序;具备接口程序编写与调试的能力等。

【知识准备】

低频 RFID 系统软件分为上位机管理软件和门禁控制器程序两个部分,上位机管理软件工作在 Windows 环境下,采用 C#和 SQL 编制,主要完成门禁控制器上传过来的数据处理,并对门禁控制器发送控制指令。本项目所述的软件设计主要涉及门禁控制器程序设计。

2.4.1 系统软件设计思路

在低频 RFID 门禁系统软件设计上,根据不同硬件电路模块实现的功能进行划分,主要包括主函数、串口通信初始化、液晶显示子函数、蜂鸣子函数等。

软件实现功能:系统上电后,液晶显示开机界面,读卡器等待读卡,当 ID 卡进入该射频区域内时,读卡器读取 ID 卡信息并主动发送给单片机,单片机串行接收后,先处理通过液晶显示模块进行显示,同时分析判断 ID 卡的合法性,并给出相应的指令,如红灯亮还是绿灯亮,继电器要不要动作等。

软件开发环境:选择基于 Windows 平台的 Keil μVision4 集成开发环境,它支持所有的 Keil C51 工具,包括 C 编译器、宏汇编器、连接/定位器、目标代码到 HEX 的转换器,将项目管理、源代码编辑、程序调试等集成到一个功能强大的环境中。

软件开发语言:选择单片机 C51 语言。C51 语言是一种结构化程序设计语言,语法结构和标准 C 语言基本一致。C51 语言代码执行的效率方面十分接近汇编语言,且比汇编语言的程序易于理解,便于代码共享。对于兼容的 8051 系列单片机,只要将一个硬件型号下的程序稍加甚至不加修改,就可移植到另一个不同型号的单片机中运行。

【任务实施】

2.4.2 系统主函数设计

选用的低频读卡模块输出卡号格式为:02 开始+4 个字节十六进制位的 ASCII 码卡号+0D、0A、03 结尾。例如:若卡号为 00243F07,则输出为 0x02 0x30 0x30 0x32 0x34 0x33 0x46 0x30 0x37 0x0D 0x0A 0x03,如图 2-29 所示。

其中,第 1 个字节 0x02 是数据头,中间 8 个字节 0x30 0x30 0x32 0x34 0x33 0x46 0x30 0x37 是 4 个字节卡号的十六进制位 ASCII 码,最后 3 个字节 0x0D 0x0A 0x03 是数据尾。所以,此读卡模块每次串行发送 12 字节数据。

1. 主函数流程图

系统主函数流程图如图 2-30 所示。首先,系统上电后,先后完成液晶、串行口等初始化和开机界面的显示工作;其次,等待并接收读卡器主动发送过来的 ID 卡数据,接收完数据后进行比对,判定该卡的合法性。如果是合法卡,则驱动继电器动作打开门锁,LED 绿灯亮,蜂鸣器短鸣,反之则不打开,LED 红灯亮,蜂鸣器长鸣。

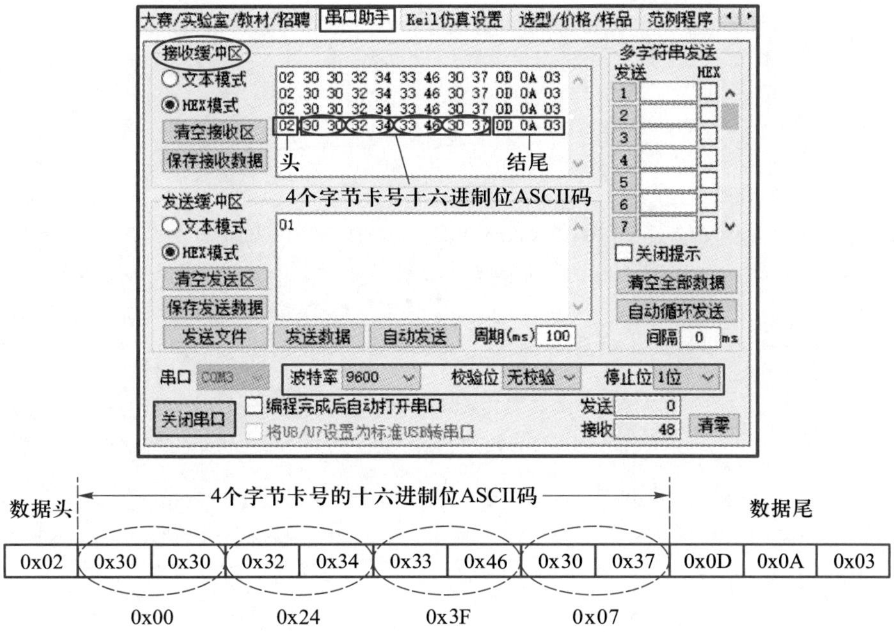

图 2-29　卡号数据格式

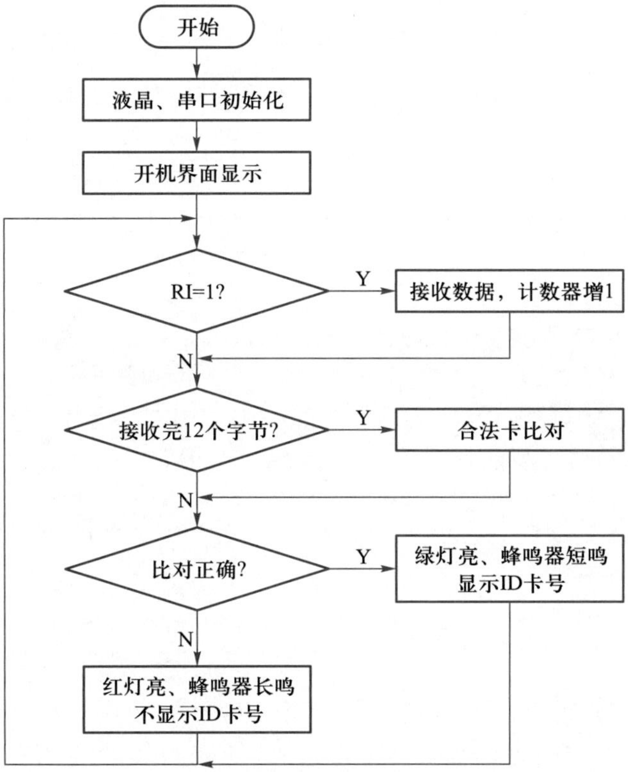

图 2-30　系统主函数流程图

2. 主函数程序

```
#include <reg51.h>
#include "lcd.h"
#define ON   0                                      //宏定义
#define OFF 1
//--定义全局变量数组--//
unsigned char cdata[]="ID Card number:";  //开机界面
unsigned char pwdata[]={0x30,0x30,0x32,0x34,0x33,0x46,0x30,0x37};
                                                    //00 24 3F 07 四个字节卡号对应 ASCII 码
unsigned char rdata[12];                            //存放接收字节
unsigned int time;

//--声明全局函数--//
void UsartConfiguration();                          //UART 串口初始化
void display();                                     //液晶显示子函数
void beep(unsigned int time);                       //蜂鸣子函数
void delay();                                       //延时子函数
sbit Beep=P2^7;                                     //蜂鸣器引脚定义
sbit Green=P2^6;                                    //绿色 LED 引脚定义
sbit Red=P2^5;                                      //红色 LED 引脚定义
/******************************************************************************
 * 函数名        :main
 * 函数功能      :主函数
 * 输入          :无
 * 输出          :无
*****************************************************************************/
void main()
{
     unsigned char i;
     LcdInit();                                     //液晶初始化
     UsartConfiguration();                          //串口初始化
     while(1)
     {
          for(i=0;i<12;i++)                         //连续接收 12 个字节
          {
               while(! RI);                         //等待接收结束
               rdata[i]=SBUF;                       //转存接收数据
               RI=0;                                //清除标志位
          }
          if((pwdata[0]==rdata[1])&&(pwdata[1]==rdata[2]) && (pwdata
[2]==rdata[3])&& (pwdata[3]==rdata[4]) &&(pwdata[4]==rdata[5])&&(pwdata
[5]==rdata[6])&&(pwdata[6]==rdata[7])&&(pwdata[7]==rdata[8]) )
```

```
        {                               //比对正确,合法卡
            display();                  //显示 ID 卡号
            Green=ON;                   //绿灯亮
            Red=OFF;                    //红灯灭
            beep(300);                  //蜂鸣器短鸣
        }
        else                            //比对错误,非法卡
        {
            Green=OFF;                  //绿灯灭
            Red=ON;                     //红灯亮
            beep(500);                  //蜂鸣器长鸣
        }
    }
}
```

2.4.3　UART 串口初始化

选用的低频读卡模块支持 UART 串口协议。主动工作模式:当有卡进入该射频区域内时,主动发出上述格式的卡号数据。波特率设置为:9 600,N,8,1,表示波特率 9 600 bps,无奇偶校验位,8 个数据位,1 个停止位。所以,需要设置串行口工作方式 1。

教学课件 低频 RFID 系统串口通信设计.ppt

```
/*******************************************************************************
* 函数名         :UsartConfiguration()
* 函数功能       :串口初始化
* 输入           :无
* 输出           :无
*******************************************************************************/
void UsartConfiguration()
{
    SCON=0x50;                  //设置串口工作方式 1,N,8,1
    TMOD=0x20;                  //设置 T1 计数器工作方式 2
    PCON=0x00;                  //波特率不加倍
    TH1=0xfd;                   //设置 T1 计数器初始值,波特率 9600
    TL1=0xfd;
    TR1=1;                      //启动计数器
    EA=1;
}
```

2.4.4　RFID 液晶显示子函数

字符液晶显示方法是:① 输入显示字符地址命令;② 输入显示字符代码。例如:在第 1 行第 2 列显示字符 a,已知字符 a 对应的代码为 01100001 即 0x61,则先写地址命令 0xC2,再写字符代码 0x61,即可显示字符 a,如图 2-31 所示。

教学课件 低频 RFID 系统液晶显示设计.ppt

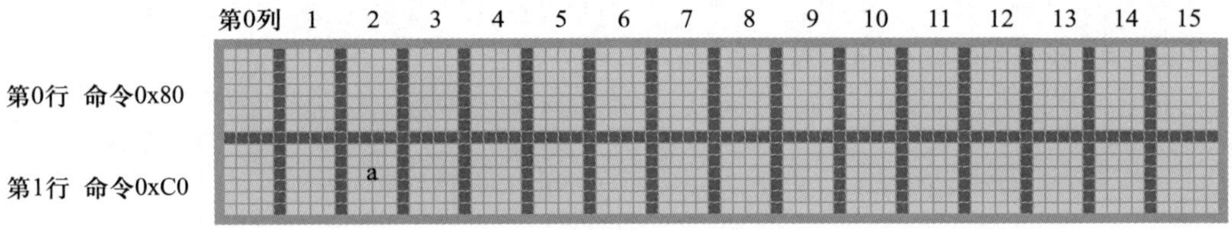

图 2-31 1602 显示地址命令与位置关系

1. 液晶显示子函数流程图

如图 2-32 所示，程序开始时，先对液晶模块功能进行初始化设置，约定了显示格式。注意显示字符时光标是自动右移的，无须人工干预。由于液晶显示模块是一个慢显示器件，所以每次写操作之前一定要确定液晶模块忙标志位 BF 为低电平，表示不忙，然后输入显示位置的地址命令，最后输入要显示的字符代码数据。

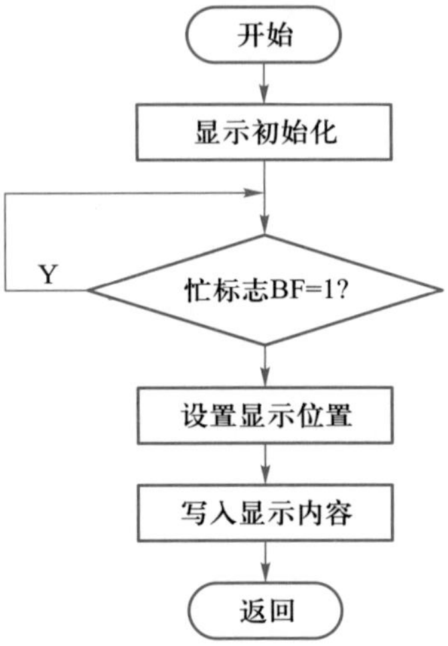

图 2-32 液晶显示子函数流程图

2. 液晶显示子函数程序

```
/*******************************************************************************
* 函数名:display
* 函数功能:液晶显示子函数
* 输入:待显示数据
* 输出:无
*******************************************************************************/
void display( )
{
    unsigned char j;
    LcdWriteCom(0x80);              //写第 0 行、第 0 列显示起始地址命令
    for(j=0;j<15;j++)
        LcdWriteData(cdata[j]);     //显示开机界面
```

```
    LcdWriteCom(0xC0);            //写第 1 行、第 0 列显示起始地址命令
    for(j=1;j<9;j++)
        LcdWriteData(rdata[j]);  //显示 ID 卡号
}
```

【问题研讨】

如何基于单片机进行低频 RFID 电子标签 ID 号的曼彻斯特编码的译码?

【知识拓展】

一般卡片上印刷的都是十进制码。例如:001402807 213,61639。上面的数据可以通过转换得到。转换方式如下:将中间 4 个字节卡号 0x00D5F0C7 转换为十进制,即得 001402807;将卡号的第 2 字节 0xD5 转换为十进制,即得 213,将卡号的最后两字节 0xF0C7 转换为十进制,即得 61 639。

任务 5　低频 RFID 系统的实现

【任务描述】

学习并掌握低频 RFID 读卡模块的接口电路与软件开发流程,学会低频 RFID 门禁系统中读卡模块、液晶显示模块、LED 显示模块、蜂鸣器模块与单片机主控器之间的硬件接口连线;学会基于 Keil μVision4 集成开发环境的程序编辑与调试;学会编写系统测试文档并完成系统功能测试等。

【知识准备】

2.5.1　系统硬件连线

从硬件角度来看,低频 RFID 门禁系统就是单片机最小系统+外围功能模块,因此系统的硬件连线主要包括:低频读卡模块、液晶显示模块、LED 显示模块、蜂鸣器模块与单片机主控器之间的硬件接口连线。单片机 I/O 口资源分配表见表 2-6。

表 2-6　单片机 I/O 口资源分配表

单片机 I/O 口	外围功能模块接口	备　注
P0.0~P0.7	DB0~DB7	LCD1602 模块数据线
P2.0	RS	LCD1602 模块控制线
P2.1	RW	
P2.2	E	
P2.4	JDQ	继电器模块

续表

单片机 I/O 口	外围功能模块接口	备 注
P2.5	LEDG	LED 灯-绿色
P2.6	LEDR	LED 灯-红色
P2.7	BEEP	蜂鸣器模块
P3.0/RXD	TXD	低频读卡模块
VCC	VCC	
GND	GND	

需要说明的是，低频读卡模块输出接口为 UART 接口、TTL 电平，可以直接与单片机串行口相连，不需要 RS232 电平转换电路或模块。同时主动工作模式不需要接收上位机（如 PC 或单片机）读取命令，即只要 ID 卡进入该模块射频区域内，模块就会主动以 UART 方式输出 ID 卡卡号，所以接线简单，只需连接低频读卡模块发送 TXD 引脚和单片机的 P3.0/RXD 引脚，如图 2-33 所示。

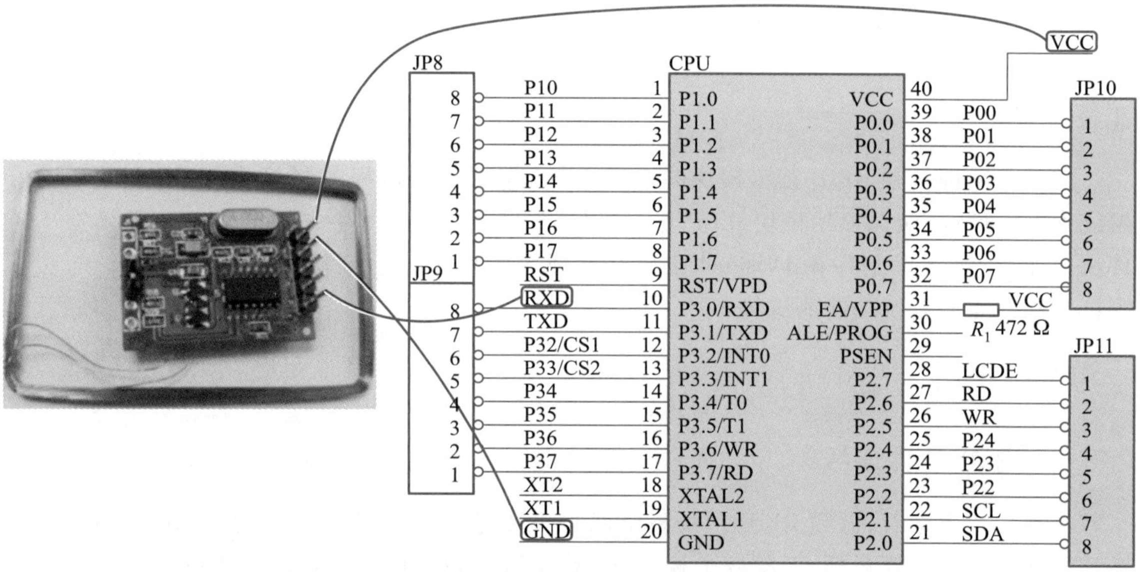

图 2-33 低频读卡模块与单片机接口

【任务实施】

源文件
Keil μVision 4 开发软件.rar

2.5.2 系统软件调试

系统基于 Keil μVision4 集成开发环境进行程序的编辑与调试。在项目开发中，为了管理和使用方便，需要建立 Keil 工程（Project）来选择 CPU（Keil 支持数百种 CPU，它们的特性并不完全相同），确定编译、汇编、连接的参数，指定调试的方式等。

1. Keil 工程的建立

启动 Keil 软件后，单击 Project→New μVision Project...菜单，在弹出的 Create New Project 对话框中选择项目文件的保存路径，输入项目名“低频 RFID 系统”后，单击“保存”按钮，如图 2-34 所示。

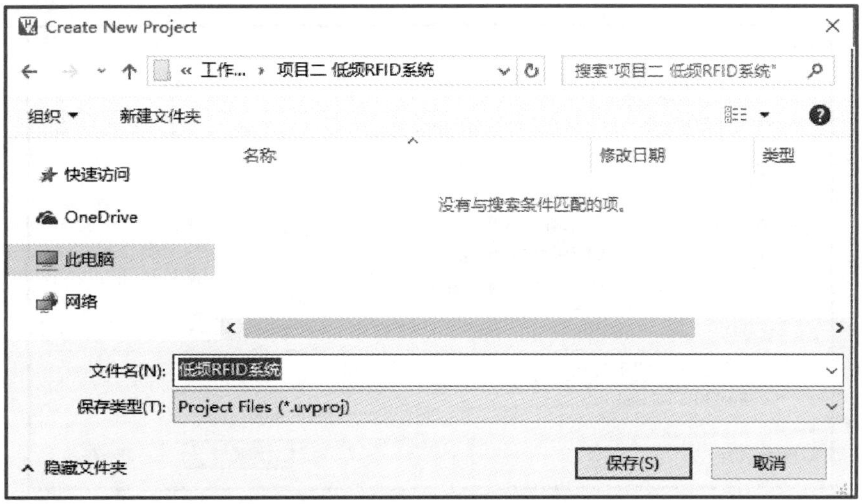

图 2-34　Create New Project 对话框

在系统弹出的对话框中，选择单片机的型号，如选择单片机 AT89S51，右边 Description 栏中即显示此单片机的基本说明，然后单击“确定”按钮，出现项目编辑界面，如图 2-35 所示。

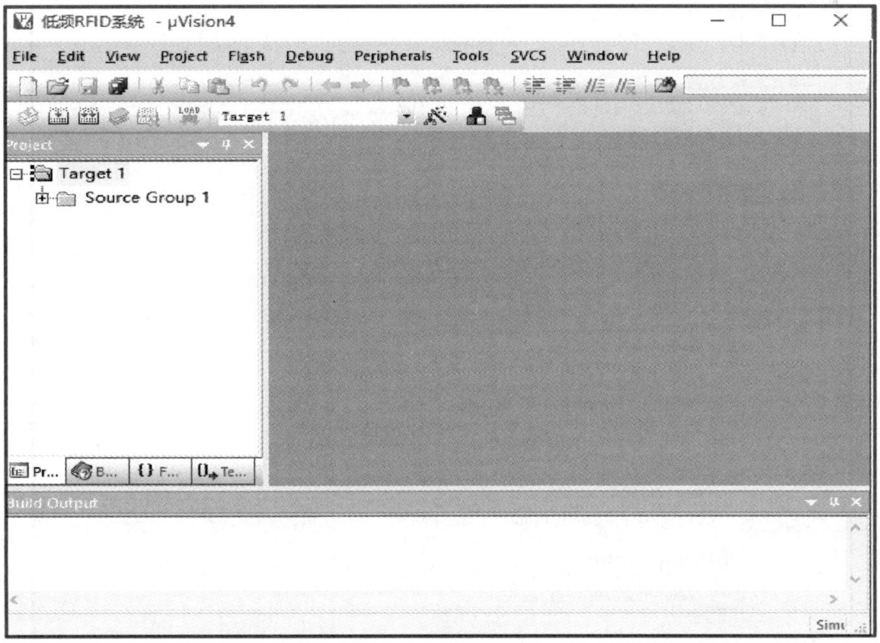

图 2-35　项目编辑界面

2. 源文件的建立

单击 File→New...菜单,在弹出的程序文本框中输入源程序;再单击 File→Save...菜单,或者单击工具栏 按钮,如图 2-36 所示,在系统弹出的对话框中,选择要保存的路径,再在“文件名”文本框中输入文件名 main,扩展名为 .c,单击“保存”按钮。

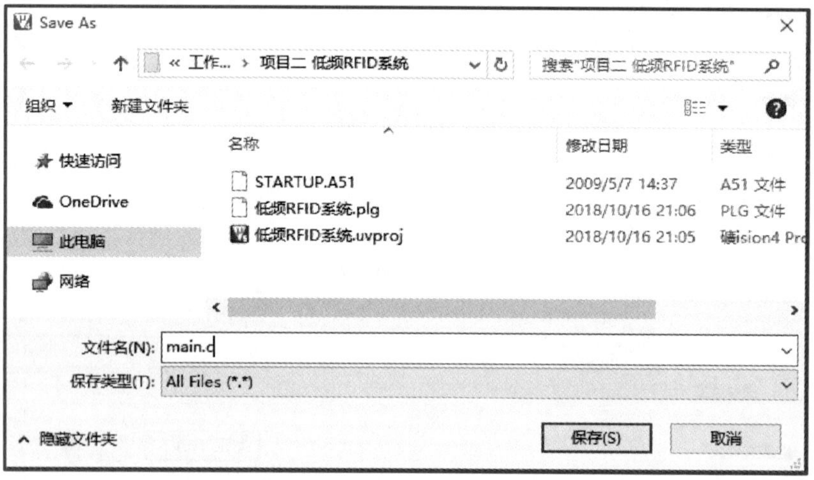

图 2-36 Save As 对话框图

单击项目管理区中 Target 1 前面的“+”号,展开里面文件夹 Source Group 1 后,右击 Source Group 1,在弹出的快捷菜单中选择 Add Files to Group‘Source Group1’...选项,如图 2-37 所示。

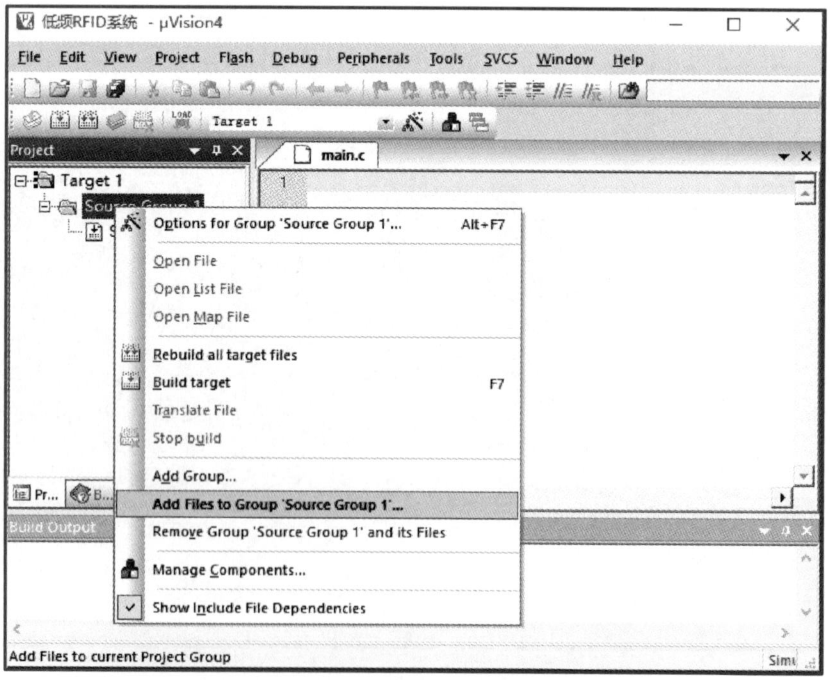

图 2-37 Add Files to Group‘Source Group1’菜单

选择源文件 main. c，单击 Add 按钮添加，再单击 Close 按钮，关闭该窗口。这时在 Source Group 1 目录里就出现了 main. c 源文件，如图 2-38 所示。

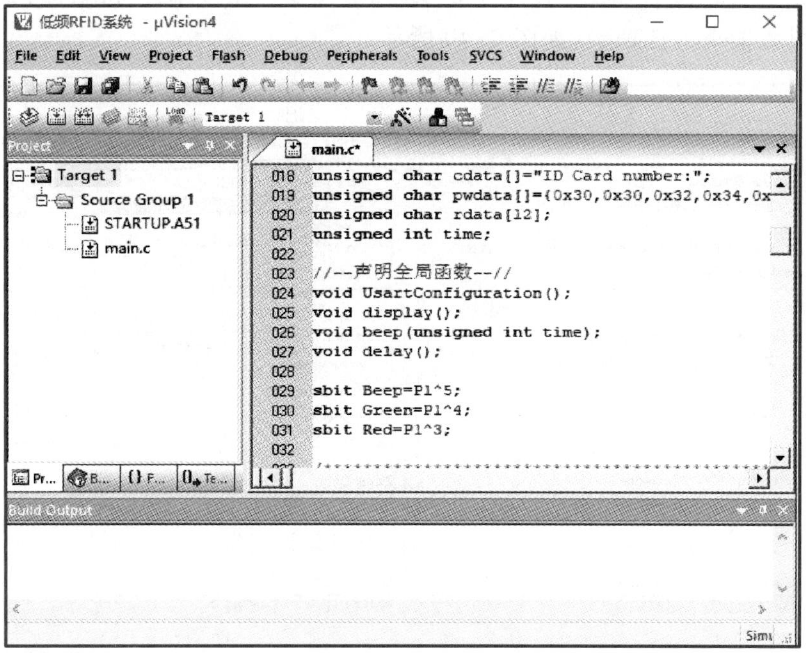

图 2-38　main. c 文件

3. 目标环境设置

用鼠标右击 Target 1，在弹出的菜单中选择 Options for Target ‘Target 1’选项后，弹出 Options for Target ‘Target 1’对话框，其中有 10 个选项卡。

（1）设置 Output 选项卡（如图 2-39 所示）

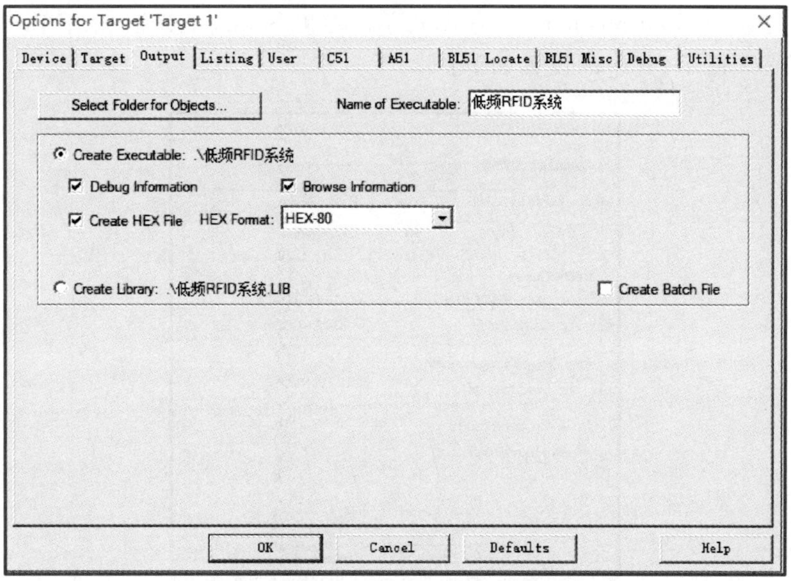

图 2-39　设置 Output 卡

单击 Select Folder for Objects 按钮,选择编译后目标文件的存储路径(默认存储在项目文件的目录里)。在 Name of Executable 中设置生成的目标文件名,缺省情况下和项目名一致。然后选中 Create HEX File 选项,表示编译生成单片机运行的 HEX 文件。

(2) 设置 Debug 选项卡(如图 2-40 所示)

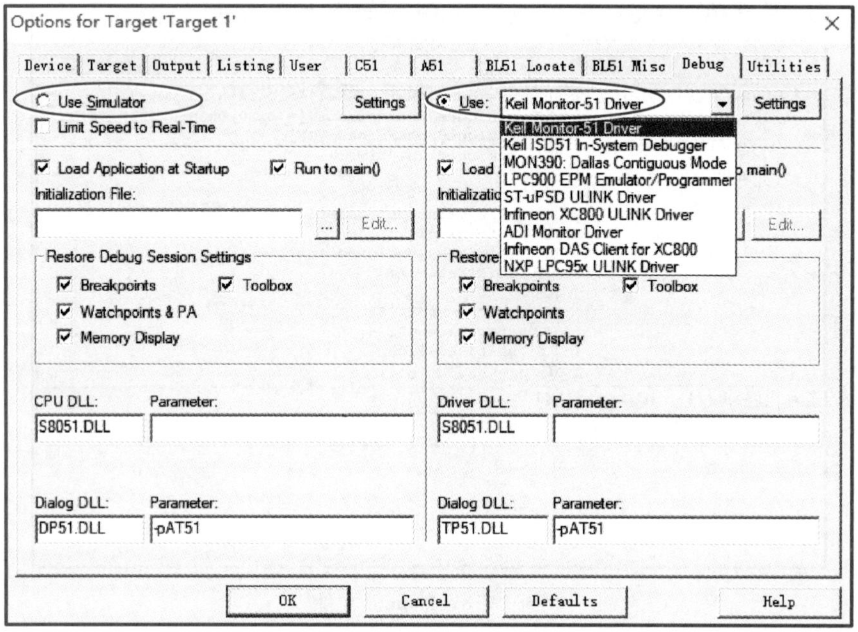

图 2-40 设置 Debug 选项卡

这里有两类仿真形式可选:Use Simulator 和 Use:Keil Monitor-51 Driver 等。前一种是纯软件仿真,即模拟仿真;后一种是硬件仿真,即实时在线仿真,可根据单片机类型来选择目标仿真器驱动,如:Keil Monitor-51 Driver 等。

如果选择 Use:Keil Monitor-51 Driver,单击右侧 Settings 按钮,打开 Target Setup 对话框如图 2-41 所示,其中的设置如下:

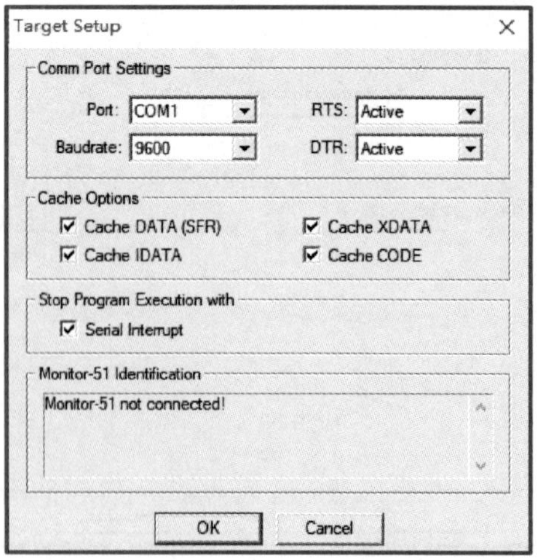

图 2-41 Target 设置

- Port：设置串口号，为仿真机的串口连接线 COM_A 所连接的串口
- Baudrate：设置为波特率，仿真机固定使用 9 600 bps 跟 Keil 通信
- Serial Interrupt：允许串行中断，建议选中该选项
- Cache Options：建议选中该选项，这样仿真机会运行得快一点，最后单击 OK 按钮关闭窗口。

4. 编译程序

如图 2-42 所示，单击工具栏中的按钮，开始编译程序。如果编译成功，开发环境下面会显示编译成功的信息；如果编译不成功，则根据编译信息提示，到指定位置排除错误，再次编译，直至无错误。

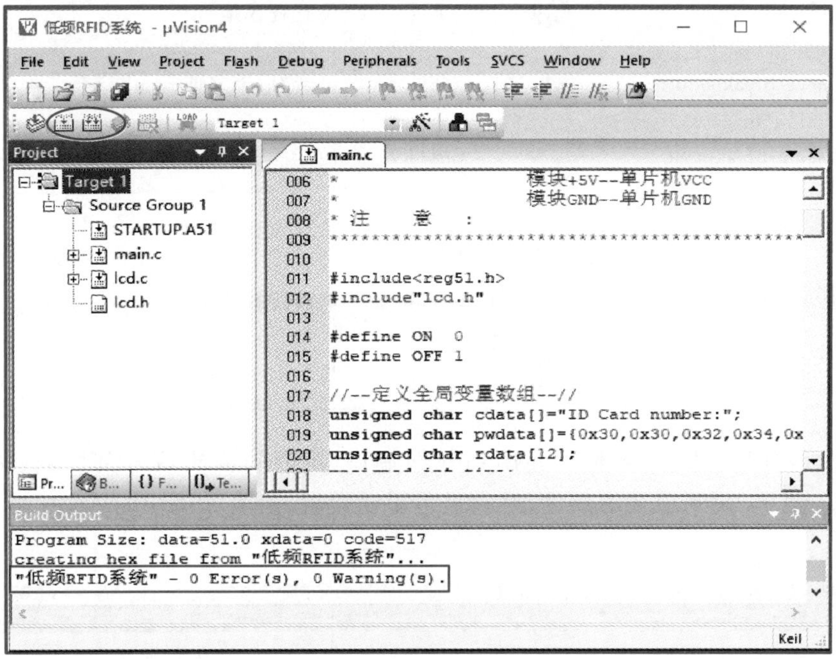

图 2-42　编译成功信息

注：编译成功仅表明程序语法、句法等没有问题，并不说明程序可以实现预期功能，所以，需要借助仿真器等工具进行反复调试验证。

5. 仿真调试

编译完毕之后，单击 Debug→Start/Stop Debug Session 菜单，或者单击工具栏中的按钮进入仿真环境。

仿真调试过程中，读者需要充分运用 Keil μVision4 软件自带的调试命令和工具，见表 2-7。

表 2-7　调试菜单和调试命令

菜单	工具栏	快捷键	描述
Start/Stop Debug session		Ctrl+F5	开始/停止调试模式

续表

菜单	工具栏	快捷键	描述
Run(Go)		F5	运行程序,直到遇到一个中断
Step		F11	单步执行程序,遇到子函数则进入
Step over		F10	单步执行程序,跳过子函数
Step out		Ctrl+F11	执行到当前函数的结束
Stop		Esc	停止程序运行
Insert/Remove Breakpoint		F9	设置/取消当前行的断点
Enable/Disable Breakpoint		Ctrl+F9	使能/禁止当前行的断点
Disable All Breakpoints			禁止所有的断点
Kill All Breakpoints		Ctrl+Shift+F9	取消所有的断点
Show Next Statement			显示下一条指令

在进行程序调试时,有时需要用到外部端口、定时器溢出或外部中断,则可打开 Peripherals 菜单,找到想要的器件,对它进行手动设置,见表 2-8。

表 2-8 外围器件菜单

菜单	描述
Interrupt	中断观察
I/O-Ports	I/O 口观察
Serial	串口观察
Timer	定时器观察

在程序运行时可能需要观察某个量的值,可在窗口下面的 Watch 1 或 Watch 2 等窗口中将要观察的变量输入。如果此窗口没有打开时,可执行 View→Watch Windows 命令打开观察窗口。

在图 2-43 中,若要在 Watch 1 中观察变量 time 的值。只要依次选中 double-click or F2 to add、按 F2 或双击输入 time、回车,即可看到该变量此时的值。若要改变它的值,则选中 0x0000,按 F2 后输入想要的值即可。

除了上述变量观察窗口外,Keil μVision4 平台还集成了 Memory Windows、Serial Windows、Analysis Windows、Trace Windows 等窗口工具,极大地方便了程序的调试和分析。

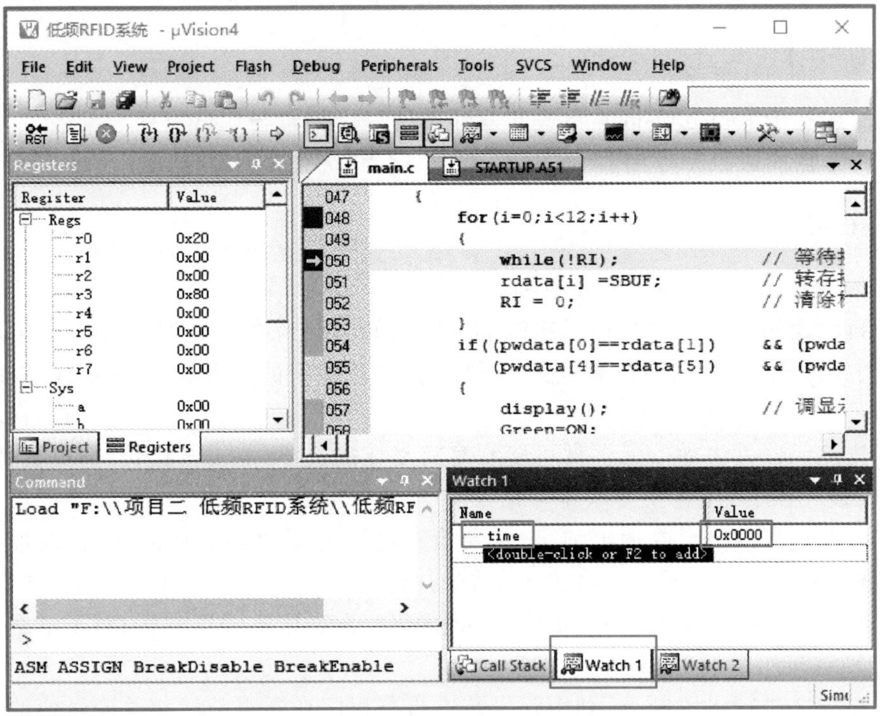

图 2-43　变量 Watch 1 窗口

【任务实施】

1. 系统硬件模块连线

单片机	低频模块	备注
P3.0/RXD	TXD	杜邦线
VCC	+5 V	杜邦线
GND	GND	杜邦线

2. 安装开发软件和驱动：依次安装 Keil μVision 4 编程软件、STC 烧录软件和开发板 USB 转串口 CH340 驱动软件。

源文件
程序下载软件.rar

3. 输入源程序、编译打开 Keil 软件，新建工程（选择单片机芯片型号），新建源文件（保存为 main. c）并添加到工程中，输入源程序；再添加显示源文件 lcd. c 和头文件 lcd. h；编译（compiling）成功后链接（linking）生成（creating）hex 文件。

源文件
USB 转串口 CH340 驱动软件.rar

4. 下载 hex 文件、显示开机界面，开发板上电，打开 STC 烧录软件（正确选择单片机型号），通过 USB 数据下载线下载 hex 文件后，LCD1602 模块显示开机界面“ID Card number：”。

5. 刷卡测试

当 ID 卡进入读卡器天线有效范围，显示 32 位 ID 号；

若 ID 卡为合法卡，则蜂鸣器短鸣，绿灯亮，继电器动作（开关量）；

若 ID 卡为非法卡，则蜂鸣器长鸣，红灯亮，继电器不动作（开关量）。

【问题研讨】

1. 简述基于 Keil μVision4 集成开发环境的程序编辑与调试过程。
2. 读写器模块波特率定义为“9600，N，8，1”，试简述其具体含义。

【知识拓展】

单片机应用系统调试的注意事项：

① 排除逻辑故障。主要包括错线、开路、短路。排除的方法是首先将加工的印制板认真对照原理图，看两者是否一致。利用数字万用表的短路测试功能，可以缩短排错时间。

② 排除元器件失效。元器件可能本身就是坏的，也可能安装错误，造成器件烧坏。在保证安装无误后，用替换方法排除错误。

③ 排除电源故障。在通电前，一定要检查电源电压的幅值和极性，否则很容易造成集成块损坏。加电后检查各插件上引脚的电位，一般先检查 VCC 与 GND 之间电位。

④ 对于脉冲触发类的信号，要用软件来配合，再利用示波器观察；对于电平类触发信号，可以直接用示波器观察。

⑤ 对程序进行设置断点，利用开发装置检查程序在断点前后相关变量值的变化。

⑥ 先调试好显示电路功能，再调试键盘电路就比较简单了。

单片机应用系统调试的工作量比较大，约占总开发时间的 2/3。需要读者的耐心、细心、智慧和经验。充分借助调试工具和调试方法，可以大大缩短单片机的开发周期。

习题与测试

习题答案

1. 下面 ID 卡描述正确的是（　　）？

A. 内容可读可写

B. 应答器发送一次 ID 号后，即开始休眠

C. 读写 ID 卡需要三轮身份验证

D. EM4100 典型频率为 125 kHz

2. 下列哪一项不是低频 RFID 系统的特点？（　　）

A. 它遵循的通信协议是 ISO/IEC 18000-3

B. 它采用标准 CMOS 工艺，技术简单

C. 它的通信速度低

D. 它的识别距离短（<10 cm）

3. 读卡器和门禁控制器之间的通信协议有（　　）？

A. 韦根协议　　B. RS232　　C. RS485　　D. TCP/IP

4. 以识别卡为基础的门禁系统通常由门禁主控设备、（　　）、卡片、电子门锁、电源、其他设备及管理系统软件组成。

A. 读卡机　　B. 出口按钮　　C. 控制器　　D. 计算机

5. 门禁系统常见身份识别种类包括(　　)。

A. 密码键盘识别　B. 射频卡识别　C. 物理识别　D. 生物识别

6. 低频 RFID 读写器的类型有(　　)。

A. 固定式　B. OEM 式　C. 工业用　D. 便携式

7. EM ID 卡读卡器的工作频率是(　　)。

A. 125 kHz　B. 13.56 MHz　C. 900 MHz　D. 2.4 GHz

8. EM4100 ID 卡中数据原码“1”,其曼彻斯特编码表示为(　　)。

A. 00　B. 01　C. 10　D. 11

9. 低频 RFID 门禁系统应该具有的功能有(　　)。

A. 用户管理　B. 设备管理　C. 权限设置　D. 记录查询

10. 低频 ID 卡的 ID 号一般是(　　)位。

A. 8　B. 16　C. 32　D. 64

项目三

高频 RFID 系统设计与实现

引导案例

动画
智能卡读写操作.swf

目前，市面上流通的“一卡通”系统基本上都采用射频卡，所以，广义上的“一卡通”系统属于 RFID 应用系统的一个类别。 所谓“一卡通”，就是在同一张卡上实现多种不同功能的智能管理。 本质上是一套由卡片、读卡器和上位管理软件所构成的特殊信息管理系统。 其核心内容是利用卡片这种特定的物理媒介，实现从业务数据的生成、采集、传输到汇总分析的信息资源管理的规范化和自动化。

“一卡通”系统主要包括城市公交“一卡通”系统，居民“一卡通”系统，企业、学校、机关单位“一卡通”系统等。 从用户的角度看，“一卡通”可分为：充值消费管理类应用、身份识别类应用、节能环保类应用三大类。 充值消费管理类应用如：食堂售饭、会员消费、停车场收费、机房上机、体育馆、图书馆管理系统等；身份识别类应用如：门禁、考勤、电梯刷卡控制、班车管理系统等；节能环保类应用如：水控、温控、电控管理系统等。 这些应用只是针对不同应用场景的具体细分。 从技术的角度出发，它们都是基于高频 RFID 智能卡的数据读写操作。

充值消费系统是高频 RFID 系统的典型应用形式之一，广泛应用于食堂、餐厅、超市、商店等各类收费场所。 如图 3-1 所示，RFID 充值消费系统主要由消费机、发卡器、IC 卡、打印机和监控

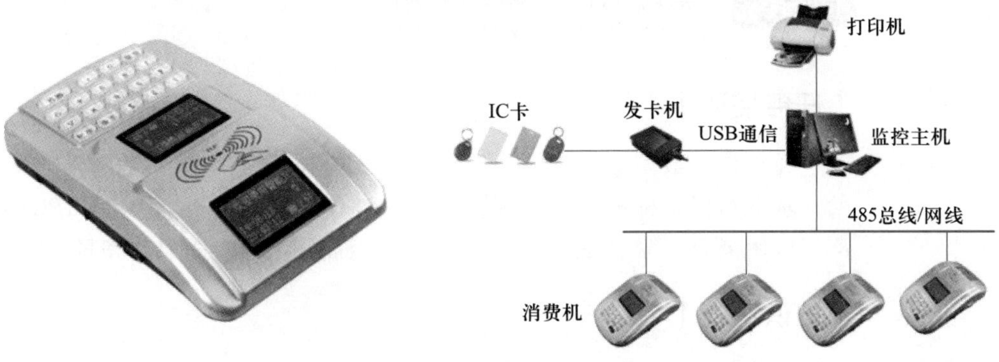

图 3-1　RFID 充值消费系统结构图

主机等组成。用户消费时只需在消费机感应区的有效距离内刷卡，便可完成消费，既方便用户消费，又方便管理人员统计和管理消费情况，实现了消费数据采集、数据统计和信息查询过程自动化。

为了突出高频 RFID 技术的应用，立足本课程的定位与培养目标，本项目以 RFID 充值消费系统为载体，以高频 RFID 读写器设计与实现为主线，选取高频 IC 卡、读写器模块、单片机模块、计算机组建一个简易的高频 RFID 充值消费系统，实现消费扣款、现金充值、读取卡号等主要功能。

学习目标

知识目标

- 了解"一卡通"系统的分类、实现功能、应用类型
- 熟悉高频 RFID 系统的技术特点及其应用场合
- 掌握高频 RFID 系统的基本组成、工作原理与标准体系
- 掌握高频 RFID 系统的电子标签、读写器、通信协议等关键技术
- 理解高频 RFID 系统硬件总体设计方案
- 理解高频 RFID 系统硬件模块电路设计思路及硬件接口连接
- 理解高频 RFID 系统读写器控制程序、计算机控制程序设计思路
- 掌握高频 RFID 系统读写器控制程序的下载方法
- 了解高频 RFID 系统读写器通信命令、计算机控制程序的测试方法

技能目标

- 能够描述"一卡通"系统的分类、实现功能、应用类型
- 能够分析高频 RFID 系统的技术特点及其应用场合
- 能够描述高频 RFID 系统的基本组成、工作原理与标准体系
- 能够分析高频 RFID 系统的电子标签、读写器、通信协议等关键技术
- 能够分析高频 RFID 系统硬件总体设计方案
- 学会进行高频 RFID 系统的技术标准、电子标签、读写器等选型
- 学会分析高频 RFID 系统硬件模块电路设计思路并完成硬件接口连接
- 初步具备高频 RFID 系统模块硬件接口、接口程序设计的能力
- 初步具备高频 RFID 系统软硬件功能测试的能力

任务 1 高频 RFID 系统分析

【任务描述】

通过认知典型高频 RFID 系统——智能卡充值消费系统，介绍高频 RFID 系统特点、基本组成、标准体系等相关知识，使学生了解并掌握高频 RFID 系统的技术特点及其应用场合，学会观察身边生活中应用高频 RFID 技术的场景。

【知识准备】

如前所述，智能卡充值消费系统是高频 RFID 系统的一种典型的应用形式。下面

来分析高频 RFID 系统的技术特点、基本构成、工作原理及其标准体系。

3.1.1 高频 RFID 系统技术特点

高频 RFID 系统的典型**工作频率**为 13.56 MHz，其电子标签一般以无源为主，标签与读写器进行数据交换时，标签必须位于读写器天线辐射的近场区内。

一般情况下，高频 RFID 系统的读取距离小于 10 cm，高频电子标签比较便宜，节省能量，穿透非金属物体能力强，工作频率不受无线电频率管制约束。

高频标签由于可方便地做成卡片形式，广泛应用于电子车票、电子身份证、电子闭锁防盗（电子遥控门锁控制器）、小区物业管理、大厦门禁系统等，该频段是目前市场上应用最广泛、技术最成熟的 RFID 技术。

对于广泛用于各种智能卡高频频段的芯片而言，以复旦微电子、上海华虹、大唐微电子、清华同方等为代表的中国集成电路厂商已经攻克了相关技术。目前在国内，基于高频通信协议的近距离读写器产品和电子标签已经系列化多样化，并在金融卡网络以及第二代身份证等项目上得到了广泛应用。

3.1.2 高频 RFID 系统基本构成

高频 RFID 应用系统的组成结构如图 3-2 所示。高频系统主要由电子标签、读写器和系统高层等部分组成。最简单的应用系统只有单个读写器，如汽车公交卡阅读器对公交卡的操作。较复杂的应用需要多个读写器，还要解决多读写器的网络连接。

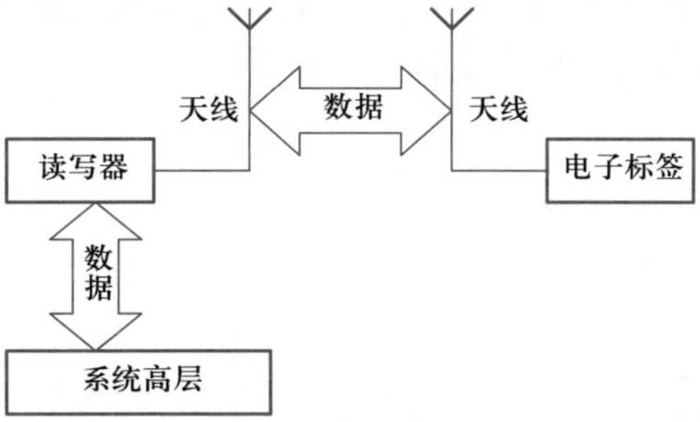

图 3-2 高频 RFID 应用系统的组成结构

（1）电子标签

即射频卡，也称应答器。典型工作频率为 13.56 MHz，工作原理与低频标签完全相同，即采用电感耦合方式工作。该频段的射频标签是实际应用中用量最大的一种射频标签。该频率的电子标签不再需要线圈进行绕制，可以通过腐蚀或者印刷的方式制作天线。感应器一般通过负载调制的方式进行工作。

（2）读写器

又称读卡器、读头等。它是 RFID 系统的信息控制和处理中心，主要负责与电子标签的双向通信，同时接受来自主机的控制命令。高频 RFID 读写器通过其天线产生磁场给高频电子标签提供电源，并在读写器与电子标签之间传递信息。

（3）系统高层

也就是应用软件。它负责与读写器通信，将读写器的数据插入后台企业管理系统的数据库中，管理电子标签信息、发行电子标签和对采集到的电子标签信息集中进行存储和处理。

除了以上的核心部件之外，根据系统形态的不同、应用场景的不同、规模大小的不同，某些系统还会有各自特殊的组成部分，如：独立的读写器天线，用于实现更远距离的读写距离；通信设施，用于和远程（或非本地）数据中心通信；中间件，能够与多个 RFID 读写器和多个后端软件应用系统连接。所以，不同系统的展现形式是不一样的，设备大小、数量、成本的差异化也很大，不能一概而论。

微课
电感耦合 RFID 系统工作原理 .mp4

3. 1. 3 高频 RFID 系统工作原理

高频 RFID 系统的工作方式是电感耦合式的，射频载波频率为 13. 56 MHz 频段，电子标签和读写器之间的工作距离小于 1 m。

1. 电子标签的能量供给

电磁耦合方式的应答器几乎都是无源的，能量（电源）从读写器获得。由于读写器产生的磁场强度受到电磁兼容性能有关标准的严格限制，因此系统的工作距离较近。

在图 3-3 所示的读写器中，u_s 为射频信号源，L_1 和 C_1 构成谐振回路（谐振于 u_s 的频率），R_s 是射频源的内阻，R_1 是电感线圈 L_1 的损耗电阻。u_s 在 L_1 上产生高频电流 i，谐振时高频电流 i 最大，高频电流产生的磁场穿过线圈，并有部分磁感线穿过距离读写器电感线圈 L_1 一定距离的应答器线圈 L_2。由于所有工作频率范围内的波长（13. 56 MHz 的波长为 22. 1 m）比读写器和应答器线圈之间的距离大很多，所以两线圈之间的电磁场可以视为简单的交变磁场。

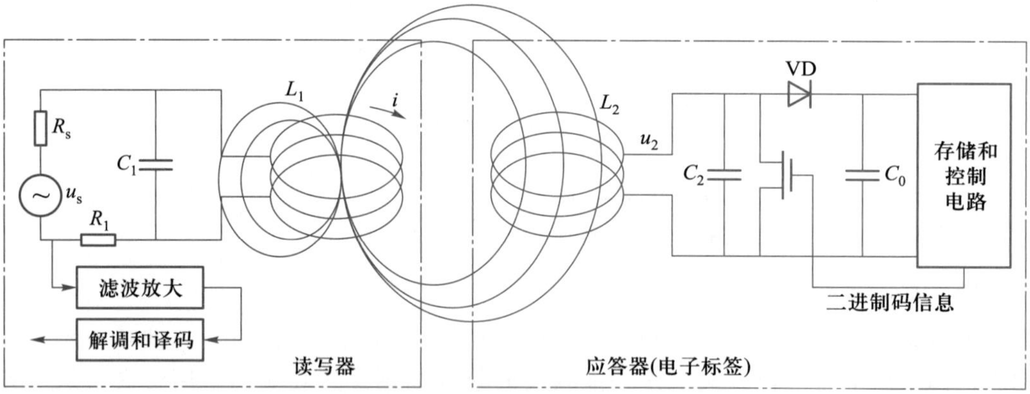

图 3-3 电感耦合方式原理图

穿过电感线圈 L_2 的磁感线通过感应，在 L_2 上产生电压，将其通过 VD 和 C_0 整流滤波后，即可产生应答器工作所需的直流电压。电容器 C_2 的选择应使 L_2 和 C_2 构成对工作频率谐振的回路，以使电压 u_2 达到最大值。

电感线圈 L_1、L_2 可以看作变压器一、二次绕组，不过它们之间的耦合很弱。读写器和应答器之间的功率传输效率与工作频率 f、应答器线圈的匝数 n、应答器线圈包围的面积 A、两线圈的相对角度以及它们之间的距离是成比例的。

因为电感耦合系统的效率不高，所以只适合于低电流电路。高频 RFID 系统局有写入功能和复杂安全算法，电子标签的功率消耗较大，因而其一般的作用距离小于 10 cm。

2. 数据传输

应答器向读写器的数据传输采用负载调制方法。应答器二进制数据编码信号控制开关器件，使其电阻发生变化，从而使应答器线圈上的负载电阻按二进制编码信号的变化而改变。负载的变化通过 L_2 映射到 L_1，使 L_1 的电压也按二进制编码规律变化。该电压的变化通过滤波放大和调制解调电路，恢复应答器的二进制编码信号，这样，读写器就获得了应答器发出的二进制数据信息。

3.1.4 高频 RFID 系统标准体系

自 20 世纪 70 年代集成电路卡（IC 卡）诞生以来，经历了从接触式卡到非接触式卡的过程。非接触式 RFID 卡由于无读卡磨损、寿命长和操作速度快等优点，应用日趋广泛。现在，就餐的食堂卡、公交车的交通卡和出入管理的考勤卡都采用高频 RFID 卡。这些卡主要符合三类标准：ISO/IEC 10536 定义的密耦合卡、ISO/IEC 14443 定义的近耦合卡和 ISO/IEC 15693 定义的疏耦合卡。

ISO/IEC 10563 是密耦合 IC 卡标准，主要发展时间在 20 世纪 90 年代，但是由于其造价高，与接触式 IC 卡相比优点又非常有限，性价比不高，所以这种协议几乎没有应用过。因此在 13.56 MHz 的高频射频标签中，最常用的实际有两种，近耦合的 ISO/IEC 14443 和疏耦合的 ISO 15693。

ISO/IEC 14443 中最典型的产品是 Mifare one 系列产品，识别距离近，但价格低、保密性好。ISO/IEC 15693 的最大优点在于其识别效率较高，通过较大功率的读写器可将识别距离扩展至 1.5 m 以上，由于其穿透性较好，所以处理密集标签时优于超高频的读取效果。

除了以上两种标准之外，还有 ISO/IEC 18000-3 标准。ISO/IEC 18000-3 定义了 13.56 MHz 的空中接口通信协议参数，规定了时序参数、信号特性、标签与读写器之间通信的物理层架构、协议和指令，以及多标签读取时的防碰撞方法，这些协议保证读写器能与 Type A（FDX）和 Type B（HDX）电子标签通信的能力，并使兼容的读写器和标签之间能够实现通信。

【问题研讨】

1. 高频 RFID 系统的特点有哪些？
2. 高频 RFID 系统主要由哪几部分构成？请简要描述各部分的功能。

【知识拓展】

在我国第二代身份证和公交卡中，广泛使用的是 ISO/IEC 14443 标准的非接触式 RFID。在图书馆中，广泛使用的是 ISO/IEC 15693 标准的非接触式 RFID。

1. ISO/IEC 14443 标准

定义了 TYPE A、TYPE B 两种类型协议。通信速率为 106 kbit/s，它们的不同主要在于载波的调制深度及位的编码方式，其通信接口特性见表 3-1。

表 3-1 ISO/IEC 14443 通信接口特性

读写器（PCD）到卡（PICC）的数据传输

参数	A 型	B 型
调制	ASK100%	ASK10%（健控度 8%~12%）
位编码	改进的 Miller 编码	NRZ 编码
同步	位级同步（帧起始，帧结束标记）	每个字节有一个起始位和一个结束位
波特率	106 kbps	106 kbps

卡（PICC）到读写器（PCD）的数据传输

参数	A 型	B 型
调制	用振幅键控调制 847 kHz 的负载调制的副载波	用相位键控调制 847 kHz 的负载调制的副载波
位编码	Manchester 编码	NRZ 编码
同步	1 位“帧同步”（帧起始，帧结束标记）	每个字节有 1 个起始位和 1 个结束位
波特率	106 kbps	106 kbps

MiFare 系列产品占据了全世界高频 RFID 产品市场的绝大部分，支持 Type A 的电子标签广泛用于门禁系统、公交刷卡、食堂消费、俱乐部管理等各个领域。而支持 Type B 协议的卡片在我国最具有代表性的就是二代身份证。

2. ISO/IEC 15693 标准

ISO/IEC 15693 是针对疏耦合射频卡（VICC）应用的一个国际标准，该标准定义了工作在 13.56 MHz 下智能标签和读写器的物理特性、空气接口、防碰撞及数据通信规范，符合此标准的标签最远识读距离达到 2 m。该标准规定了如下信道接口：

- 工作频率：工作频率范围为 13.56 MHz±7 kHz。
- 工作磁场：工作磁场最小值为 0.15 A/m，最大值为 5 A/m。
- 调制分为两种：一种从 VCD 到 VICC 支持两种幅值调制方式 100% ASK 和 10% ASK，另一种从 VICC 到 VCD 采用副载波调制方式，支持 FSK 的双副载波调试方式和 ASK 的单副载波两种调制方式。
- 数据编码：从 VCD 到 VICC 即读写器到标签的编码方式采用脉冲位置调制，从 VICC 到 VCD 即标签到读写器的数据编码采用曼彻斯特编码方式。

ISO/IEC15693 协议采用的防碰撞算法是时隙 ALOHA 算法。

任务 2 高频 RFID 系统关键技术

教学课件
充值消费系统的硬件描述. pptx

【任务描述】

学习并掌握高频 RFID 系统的电子标签、读写器、通信流程等基本知识，学会分析高频 RFID 系统常用 IC 卡的性能指标、数据存储结构等，学会分析高频 RFID 系统常用读写器芯片类型、接口定义，学会分析高频 RFID 系统电子标签与读写器之间交互通信流程等。

【知识准备】

3.2.1　高频 RFID 电子标签

高频电子标签的典型工作频率是 13.56 MHz，一般都是无源，其工作能量同低频标签一样，也是通过电感（磁）耦合方式从读写器耦合线圈的辐射近场中获得。标签与读写器进行数据交换时，标签必须位于读写器天线辐射的近场区内。高频标签的阅读距离一般情况下小于 10 cm。

高频电子标签的天线一般为线圈型，电子标签天线和读写器天线的相互作用相当于变压器，两者的线圈分别相当于变压器的一次绕组和二次绕组。但由于高频系统的频率比低频系统的频率高很多，一般高频系统电子标签的天线数较少，因此高频电子标签的天线制作比低频电子标签容易，价格也更低。

高频电子标签的外形，最常见的有三种，如图 3-4 所示：

- 卡片式：一般以 PVC 为材料制作的卡，主要应用在各类“一卡通”领域，如城市公交一卡通等。
- 纽扣式：具有防水、防震、耐高温等显著特点，可用在水洗行业，比较常见应用主要有纺织品工厂、布草专业洗涤、洗衣店等。
- 硅胶软手环式：方便使用者戴在手腕上，可用在特定场合充当钥匙功能，如游泳池、健身房、浴室等。

图 3-4　三种不同外形的高频电子标签

高频标签天线设计相对简单，方便制作成标准卡片（IC 卡）形状，因此卡片式是目前应用最广泛的高频标签形式。

尽管不同的电子标签外形差异很大，但是其内部构造基本相同。因此，在选择电子标签的时候，需要从使用的角度出发，选取最合适的电子标签。在充值消费系统中，考虑用户使用习惯，市场应用规模，对佩戴和防水并没有特殊需求，因此可以选择卡片式。在后面的内容中，将会对卡片式电子标签的类型、特点和技术要求做出详细说明。

微课
IC 卡简介. mp4

卡片式电子标签即非接触式 IC 卡，也称为射频 IC 卡，由 IC 芯片、感应天线组成，封装在一个标准的 PVC 卡片内，芯片及天线无任何外露部分，如图 3-5 所示。

图 3-5 卡片式电子标签

非接触式 IC 卡具有可靠性高、操作方便、安全性好等特点，可以适合于多种应用。

目前，Mifare 技术是市场占有率最高的非接触式 IC 卡技术，它采用 13.56 MHz 的近距离非接触式 IC 卡通信频率标准，在通信安全上均采用符合 ISO 9798 国际标准的三次互感校验技术，以对卡和读写设备的合法性进行相互校验。在数据通信上采用 DSA 算法对通信数据进行加密，以确保卡上的数据不被非法的修改。

根据安全加密级别的不同，Mifare 卡有很多不同的系列，如 Mifare Classic，Mifare DESFire，Mifare Plus 和 Mifare Ultralight 等。其中，Mifare Classic 是最常用的一种，也就是 Mifare One 卡，又称 M1 卡，是一种逻辑加密卡。Mifare DESFire 和 Mifare Plus 的加密性能很高，所以 Philips 公司建议在对安全性要求较高的应用中采用这两种卡片技术。

尽管如此，为了简化开发流程，从宏观上突出核心技术，在后续任务中，我们会选择最常用的 M1 卡作为本系统的电子标签。

3.2.2 Mifare One 电子标签

1. M1 卡特点及主要指标

M1 卡常用的有 S50、S70 两种型号，其中 S50 芯片的存储容量是 1 KB，S70 芯片的存储容量是 4 KB。M1 S50 卡采用原装的 Mifare ICS 50 芯片，符合 IEC/ISO 14443A 空中接口协议，拥有先进的数据加密及双向密码验证系统，和 16 个完全独立的扇区，有着极高的稳定性和广泛的应用范围。

考虑到充值消费系统存储容量要求不高，因此 M1 S50 卡片是更加合适的。后面涉及 M1 卡都默认采用 S50 卡。

(1) M1 卡的主要特点

M1 卡的主要特点可归纳如下：

- 可靠性高。非接触式 IC 卡与读写设备之间无机械接触，避免了由于接触读写而产生的各种故障；非接触式 IC 卡 M1 表面无裸露的芯片，无芯片脱落、静电击穿、弯曲损坏等问题。
- 使用寿命长。M1 卡可以重复写次数为 100 000 次，读操作次数无限。
- 操作方便、快捷。M1 卡操作能源供应采用无源方式，非接触下操作。卡片使用没有方向性，无须插拔，大大提高每次使用的速度。
- 防冲突。M1 卡中有快速防冲突机制，能防止卡片之间出现数据干扰。因此，读写器可以“同时”处理多张非接触式 IC 卡，提高了应用的并行性。
- 适用多种应用。非接触式卡 M1 的分扇区、分块的存储器结构特点使它适用于一卡多用，能应用于不同的系统管理，可根据不同的应用设定不同的密码和访问条件。
- 加密性能好。M1 卡有不可更改的全球的芯片唯一序列号；非接触式卡与读写器之间采用双向验证机制，M1 卡在数据处理前要与读写器进行三次相互认证，而且在通信过程中所有的数据都加密。

（2）M1 S50 卡的主要性能指标

M1 S50 卡的主要性能指标见表 3-2。

表 3-2　S50 卡的主要性能指标

芯片类型	Philips Mifare 1 IC S50	存储容量	8 kbit，16 个分区，每分区两组密码
工作频率	13.56 MHz	通信速率	106 KBoud
读写距离	2.5~10 cm	读写时间	1~2 ms
工作温度	-20~55 ℃	擦写寿命	>100 000 次
数据保存	>10 年	外形尺寸	ISO 标准卡 85.6 mm×54 mm×0.82 mm
封装材料	PVC、PET、PETG、0.13 mm 铜线	封装工艺	超声波自动植线/自动碰焊
执行标准	ISO14443A	典型应用	企业/校园一卡通、公交储值卡、高速公路收费、停车场、小区管理等

案例
复旦微电子制造“中国芯”：双频 RFID 芯片

2. Mifare One 卡的工作原理

M1 卡的工作原理和读写模块的工作原理基本相似，只不过它是一个高度集成的芯片，体积很小，而且电子标签内没有电源。卡片由一个线圈天线和特定用途集成电路模块组成，其中集成电路模块由可高速传输数据的射频接口、控制单元和 EEPROM 组成。

教学课件
Mifare One S50 卡的存储空间.pptx

读写器通过天线向 M1 卡发出射频信号，卡片内有一个 *LC* 串联谐振电路，其频率与读写器发射的频率相同，在电磁波的激励下，*LC* 谐振电路产生共振，这样谐振电容内就有了电荷，并将电容内的电荷通过单向导通的电子泵送到模块存储电容内储存起来，当模块存储电容内所积累的电荷达到 2 V 以上时，此电容可作为 M1 电子标签的电源向集成电路模块供电，将 M1 电子标签内数据发射给读写器。

微课
Mifare One S50 卡的存储空间.mp4

3. Mifare One 卡的结构和内部存储

M1 卡是符合国际标准的非接触式 IC 卡，其外形与一般的 IC 卡没有任何区别。M1 卡内部由两个部分组成：芯片模块和线圈。其结构如图 3-6（a）所示，芯片内部单元如图 3-6（b）所示。

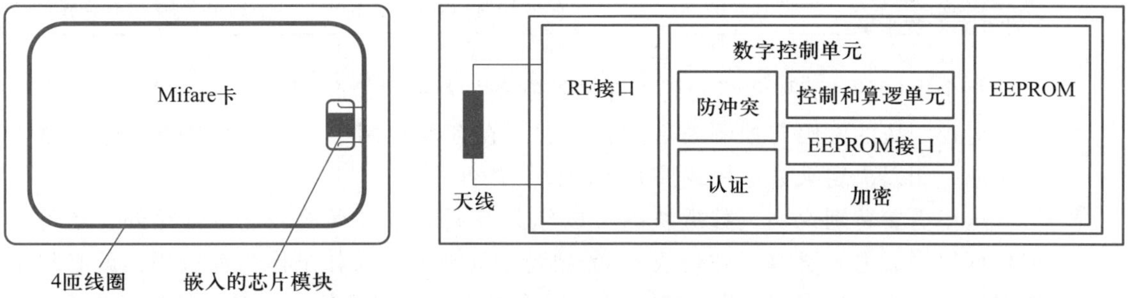

(a) M1卡内部组成　　(b) 芯片内部单元

图 3-6　M1 卡的内部结构与单元

M1 S50 卡有 1 KB（8 kb）EEPROM 存储容量，电子标签共分为 16 个扇区，每个扇区有 4 块（块 0~块 3），共 64 块，按块号编址为 0~63。一般第 0 扇区的块 0 用于存放芯片商、卡商相关数据，此数据已经固化不可更改。其他各扇区的块 0、块 1、块 2 为数据块，用于储存相关物品的数据以及用户数据；块 3 为各扇区控制块，用于存放密码 A、存取控制条件设置、密码 B。各扇区的控制块存储结构相同。其内部存储结构如图 3-7 所示。

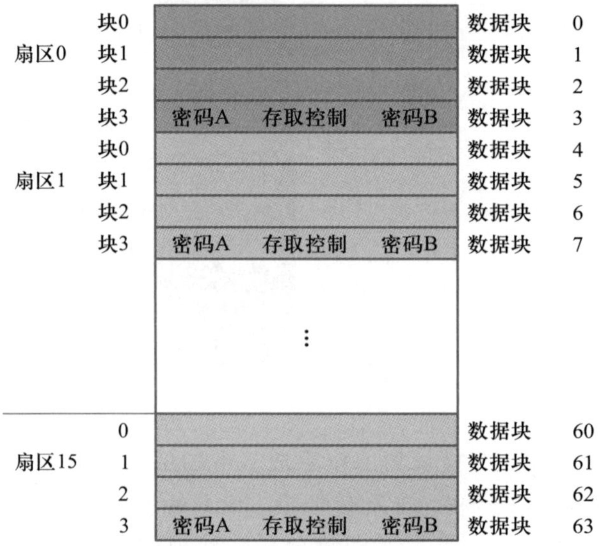

图 3-7 S50 卡内部存储结构

每个扇区的块 3 均为控制块，一共存放两组密码，密码 A 和密码 B。另外还存放了 4 字节的控制字，这组控制字对其扇区的数据区的权限和密码权限进行控制，而且有些控制更改了后就不可逆转，使用一定要小心操作。各扇区块 3 的数据存储结构见表 3-3。

表 3-3 各扇区块 3 的数据存储结构

字节号	0 1 2 3 4 5	6 7 8 9	10 11 12 13 14 15
控制值	FF FF FF FF FF FF	FF 07 80 69	FF FF FF FF FF FF
说明	密码 A（0~5 字节）	存取控制（6~9 字节）	密码 B（10~15 字节）

每个扇区的 A、B 两组密码和存取控制条件都是独立设置的，用户可以根据实际需求对控制块的密码与控制条件进行设置。在存取控制中，每个块都有三个控制位相对应，用以决定某数据块或控制块的读写条件。

教学课件
Mifare One S50 卡的数据块存储格式.pptx

这里需要特别说明，**数据块**除可以作为普通的数据存放，支持读写外，还可以把数据块当成电子钱包（数值块）。需要特别注意的是，如果作为钱包用，就必须把数据块设置成钱包格式，RC522 芯片有指令可以直接操作钱包，具体的格式如图 3-8 所示。

字节号	15	14	13	12	11	10	9	8	7	6	5	4	3	2	1	0
说明	数值				数值				数值				Adr	Adr	Adr	Adr

图 3-8 电子钱包（数值块）的格式

钱包使用 4 字节表示，然后反码备份一份（4 字节），再次备份一份（4 字节），最后 4 字节为块地址和块地址反码各两份。只有把数据块设置成钱包格式才支持块值加减等操作，否则就必须整块进行操作（即读写操作）。

3.2.3 高频 RFID 读写器

高频 RFID 读写器通过天线与 RFID 电子标签进行无线通信，可以实现对标签识别码和内存数据的读出或写入操作。

如前所述，高频电子标签选用 M1 S50 卡，那么接下来就需要为它配备相应的读写器。读写器与电子标签一样，可以购买现成的产品，也可以从模块甚至芯片级自主设计。如图 3-9 所示为两款常见的高频读写器。

图 3-9 两款高频读写器

对于 M1 卡的操作，支持的读写器芯片有很多，如 NXP 公司的 RC500、RC530、RC531、RC522 以及复旦微电子的 FM1702 等。不过比较常用的应该是 RC500 和 RC522，这两款芯片资料比较多，应用广泛，内部结构基本一致，不同点是前者只支持并口操作，后者可以支持串口操作。对开发者而言，资料越多，学习起来就越方便。因此，本项目选用 RC522 读写器芯片。

教学课件
MF RC522 读卡芯片简介. pptx

微课
MF RC522 读卡芯片简介. mp4

1. MF RC522 芯片概述

MF RC522 是应用于 13.56 MHz 非接触式通信中高集成度读写卡系列芯片中的一员。是 NXP 公司针对“三表”应用推出的一款低电压、低成本、体积小的非接触式读写卡芯片，是智能仪表和便携式手持设备研发的较好选择。

MF RC522 利用了先进的调制和解调概念，完全集成了在 13.56 MHz 下所有类型的被动非接触式通信方式和协议，支持 ISO/IEC 14443A 的多层应用。其内部发送器部分可驱动读写器天线与 ISO/IEC 14443A/Mifare 卡和应答机的通信，无须其他的电路。接收器部分提供一个坚固而有效的解调和译码电路，用于处理 ISO/IEC 14443A 兼容的应答器信号。数字部分处理 ISO/IEC 14443A 帧和错误检测（奇偶&CRC）。

此外，它还支持快速 CRYPTO1 加密算法，用于验证 Mifare 系列产品。MF RC522 支持 Mifare 更高速的非接触式通信，双向数据传输速率高达 424 kbit/s。

2. MF RC522 芯片内部结构

MF RC522 内部结构如图 3-10 所示。

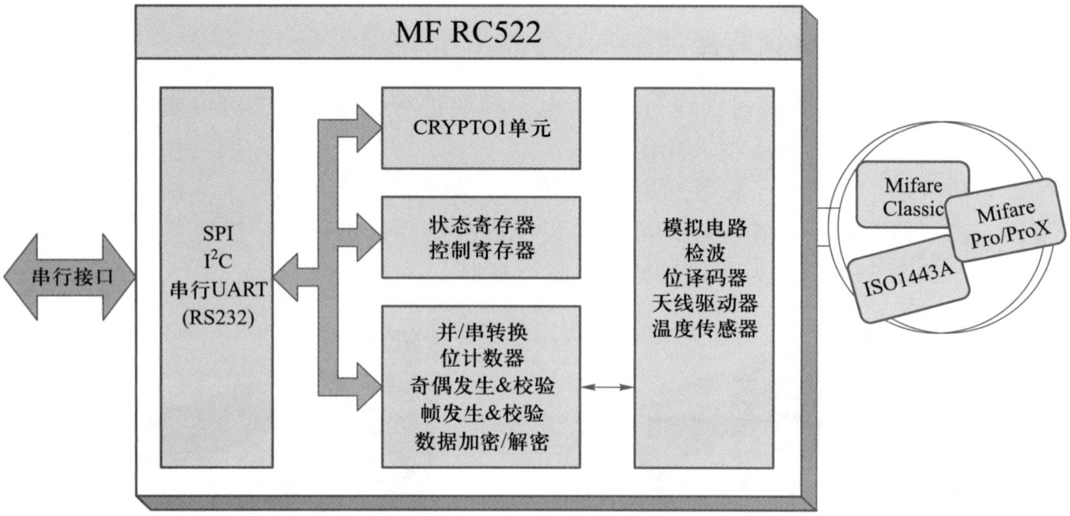

图 3-10 MF RC522 内部结构

数据处理部分执行数据的并/串转换。它支持的帧包括 CRC 和奇偶校验。它以完全透明的模式进行操作，因而支持 ISO/IEC 14443A 的所有层。

状态和控制部分允许对器件进行配置以适应环境的影响，并使性能调节到最佳状态。当与 Mifare 产品通信时，使用高速 CRYPTO1 流密码单元和一可靠的非易失性密钥存储器。

模拟电路包含了一个具有非常低阻抗桥驱动器输出的发送部分。这使得最大操作距离可达 100 mm。接收器可以检测到并译码非常弱的应答信号。

3. MF RC522 芯片接口

如图 3-11 所示，MF RC522 芯片可实现各种不同主机串行接口的功能，如 SPI 接口、串行 UART（类似 RS232）以及 I^2C 接口，方便连接到各种各样的 MCU 上。由于采用连线较少的串行通信，有利于减少连线，缩小 PCB 板体积，降低成本。

MF RC522 的工作频率为 13.56 MHz，它可以在有效的发射空间内形成一个 13.56 MHz 的交变电磁场，为处于发射区域内的非接触式 IC 卡提供能量。从读卡器发射给射频卡的数据信息在调制时采用米勒编码，而从射频卡到读卡器的数据信息采用曼彻斯特编码。

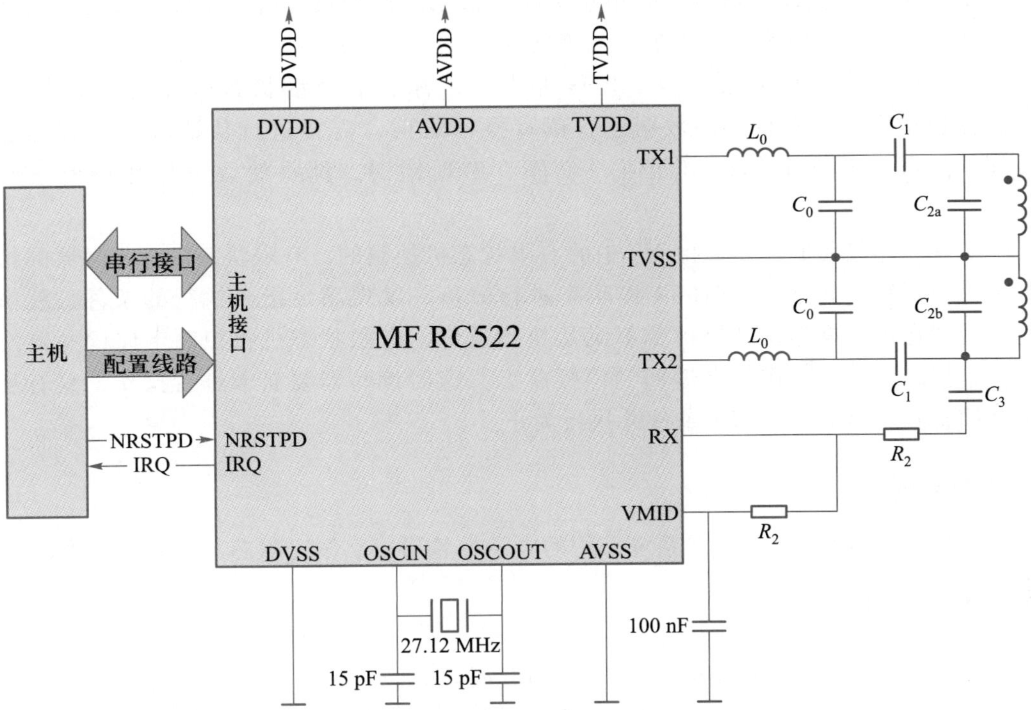

图 3-11　RC522 芯片接口电路

3.2.4　读写器与 M1 卡的通信过程

M1 卡与读写器的信息交互过程，实质上是读写器和标签之间的数据交换和对标签内 EEPROM 存储器中的数据进行处理的过程。M1 电子标签接收到读写器的指令后，经过指令译码器后，在有限状态机控制下，进行数据处理，并返回相应的处理结果，M1 卡与读写器的数据通信流程如图 3-12 所示。

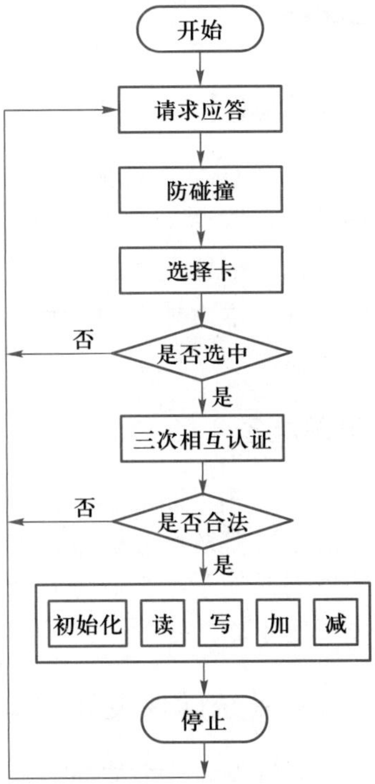

图 3-12　M1 卡与读写器的数据通信流程

教学课件
Mifare One S50 卡的通信原理. pptx

微课
Mifare One S50 卡的通信原理. mp4

当 M1 卡在读写器的识读范围以外时，M1 卡不执行读写器对其的任何操作；当 M1 卡进入读写器的识读范围内，M1 卡通过自带的天线与读写器天线实现电感耦合，从而完成对标签的充电操作，并上电复位，等待读写器发送的请求应答指令。

① 当 M1 卡接收到读写器发送的**请求**应答指令后，则返回卡的类型号。

② 而后读写器发送防碰撞指令，系统再进入防碰撞循环中。

③ **防碰撞**循环结束后，读写器发出**选卡**指令，选中其中一张 M1 卡，此时标签处于准备就绪状态。当 M1 卡被**选中**时，标签进入激活状态。

④ 标签接收到读写器发送的相互**认证**的指令，检查双方的合法性，如果认证通过，就进行下一步的**读**、**写**、**加**、**减**等操作。

上述操作完成后，读写器发出停卡指令，标签从激活状态返回到停止状态，本次操作结束。在对标签内数据进行读写操作之前，需要进行从请求应答到相互认证的过程，在这个过程中任何一个环节出现错误，都将使读写操作不能正常进行。

实现上述过程的操作是由 M1 中的有限状态机控制的。有限状态机将读写器的指令接收、识别，并且对当前的工作状态进行分析，发现满足指令执行的条件，就执行读写器指定的操作；如果指令不满足执行条件，有限状态机将控制卡向读写器发出出错信息，并将工作状态返回到停顿状态。这时读写器要对卡进行操作，只有从头开始直到所有的步骤满足条件并执行为止。

【任务实施】

分析高频 RFID 充值消费系统采用的电子标签形式、读写器芯片及其通信协议。

【问题研讨】

1. Mifare 卡中，最常用的是哪种卡？简要描述这种卡的特点。
2. M1 S50 卡具有多大的存储空间？它的内部结构是如何组成的？

任务 3 高频 RFID 系统硬件设计

【任务描述】

根据“任务 2 高频 RFID 系统关键技术”的描述，可以知道 RFID 充值消费系统的硬件设计有两大部分组成：读写器和电子标签。一般而言，电子标签电路简单，售价很低，配置灵活，可以采用直接购买的形式。因此，该系统的设计主要是读写器的设计。本次任务中，将采用 MF RC522 为核心，设计读写器的各模块电路，并实现读写器原型。

【知识准备】

高频 RFID 充值消费系统硬件电路主要包括：由单片机、外围电路组成的控制系统和由发射器及接收器组成的高频接口模块。读写器的控制系统模块采用 ASIC 组件和微控制器来实现。此读写器带有一个 RS232 接口，用于读写器和外部应用软件之间的数据交换。

教学课件
充值消费系统的硬件设计. pptx

3.3.1 系统硬件设计方案

本项目设计一个简易的高频 RFID 充值消费系统，其硬件框图如图 3-13 所示，主要包括主控 MCU、读写器基站模块、电子标签、通信模块、显示模块、输入模块、指示模块和电源模块等。

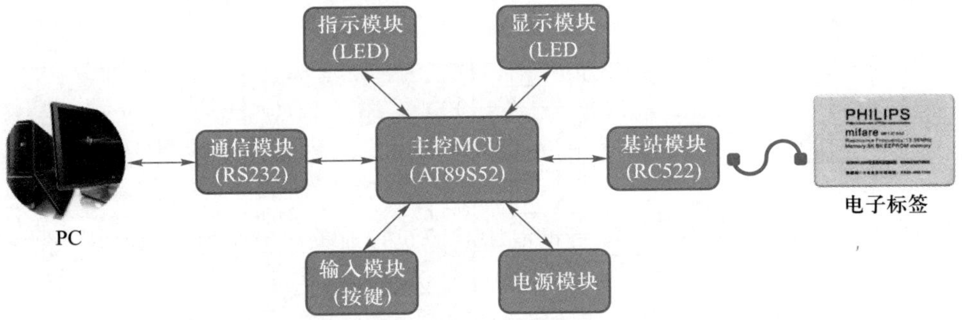

图 3-13　高频 RFID 消费系统硬件框图

① 主控 MCU：MCU 是整个模块的核心部分，负责电路控制和数据处理。选用 Atmel 公司 51 单片机 AT89S52，支持 C 语言，程序更容易理解。主控模块主要完成以下功能：

- 与应用软件进行通信，并执行应用软件发来的命令。
- 控制与 MF RC522 芯片的通信过程。

② 指示模块：主要包含 LED 灯和蜂鸣器，用于给使用者一些提示，如数据是否正常收发，模块工作是否正常等。

③ 显示模块：用于显示系统充值、消费金额等信息，选用点阵液晶模块 LCD5110。

④ 通信模块：用于读写器和计算机之间的通信，实现读写器的控制模块与应用软件之间的数据交换，选用 RS232 接口。

⑤ 输入模块：用户实现用户输入信息，可实现确认或取消等操作。

⑥ 电源模块：用于系统所有模块的电源供应，因此它很重要。

⑦ 基站模块：负责接收和解调来自电子标签的射频信号。选用 MF RC522 基站芯片，工作频率为 13.56 MHz。

⑧ 电子标签：系统真正的数据载体，选用 M1 S50 卡，容量为 8K 位，具有防冲突机制，支持多卡操作。

3.3.2　单片机最小系统设计

如图 3-14 所示，单片机最小系统以单片机为核心，主要有时钟电路、复位电路两部分。

复位电路分上电复位和上电按键复位电路两种。单片机 AT89S52 的晶振介于 1.2~24 MHz 之间，此处为了提高串行数据传输的准确度，采用的 11.059 2 MHz 的晶振。最小系统设计好后，还需要考虑接口电路。

在高频 RFID 充值消费系统中，单片机最小系统负责驱动读写器芯片 RC522 对 M1 S50 卡内存进行操作，如读/写、增值/减值、重储/传送等。如前所述，RC522 在对 S50 卡内数据进行读写操作之前，必须成功完成从寻卡、防冲突、选卡到密码认证的交互过程中每一个环节，否则读写操作都不能正常进行。

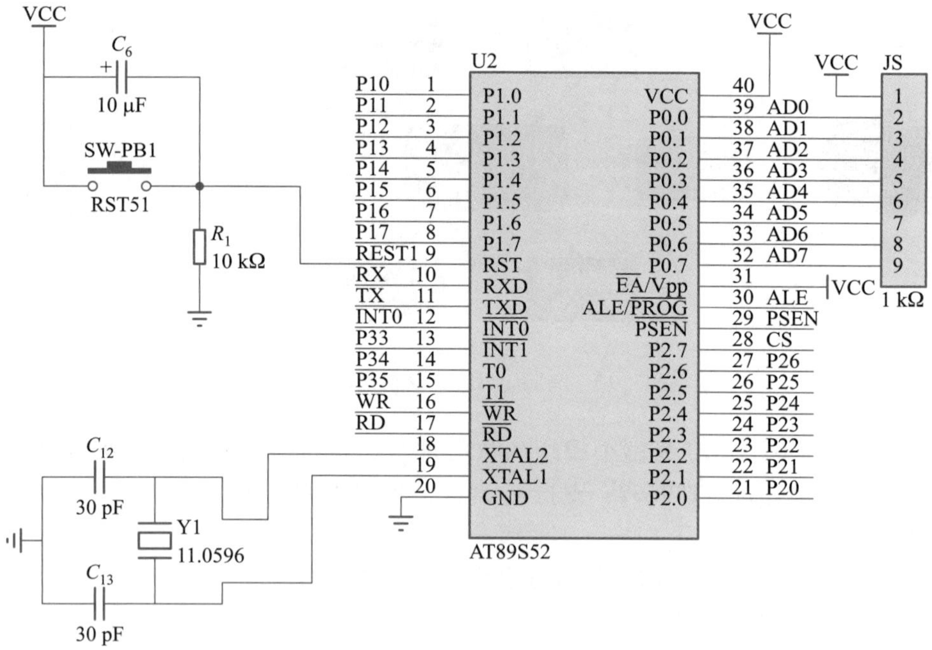

图 3-14 单片机最小系统电路

微课
充值消费系统的读写器射频模块设计.mp4

3.3.3 RC522 读写器电路设计

系统通过对 MFRC522 读写器的控制实现对 M1 卡的操作。RC522 读写器电路设计分为两部分：一是 MF RC522 芯片的电路接口设计，二是天线射频电路的设计。

1. MF RC522 接口电路设计

如图 3-15 所示，为 MF RC522 芯片接口电路原理图。分为 3 个设计要素：一是芯片的供电，使芯片进入工作状态；二是芯片的晶振电路，为芯片提供工作时钟；三是接口电路，采用 SPI 总线接口，主要保证数据能够正常传递给单片机。

MF RC522 是整个读写器的核心，不仅完成读写 M1 卡的所有必要功能，包括 RF 信号的产生、调制解调、安全认证和防碰撞等功能；而且作为单片机与 M1 卡通信的中介，通过射频场来实现二者的数据交换。

2. 天线射频电路设计

高频 RFID 读写器的天线用于产生磁场，该磁场通过应答器天线产生电流给应答器提供电源，并在读写器与应答器之间传递信息。

优秀的天线设计，可以使数据传递的效果和性能（正确读写卡片信息，读写卡片信息距离）大为提升。天线本身是一个低电阻的器件，将天线线圈连接到 MF RC522 需要一个匹配电路。估算天线的等效电路和计算品质因数可以得出匹配电路的电容。天线的线宽和线距也会影响天线的阻抗和品质因数。

对读写器天线的构造有如下要求：

① 读写器天线上的电流最大，以使读写器线圈产生最大的磁通。

② 功率匹配，以最大限度地输出读写器的能量。

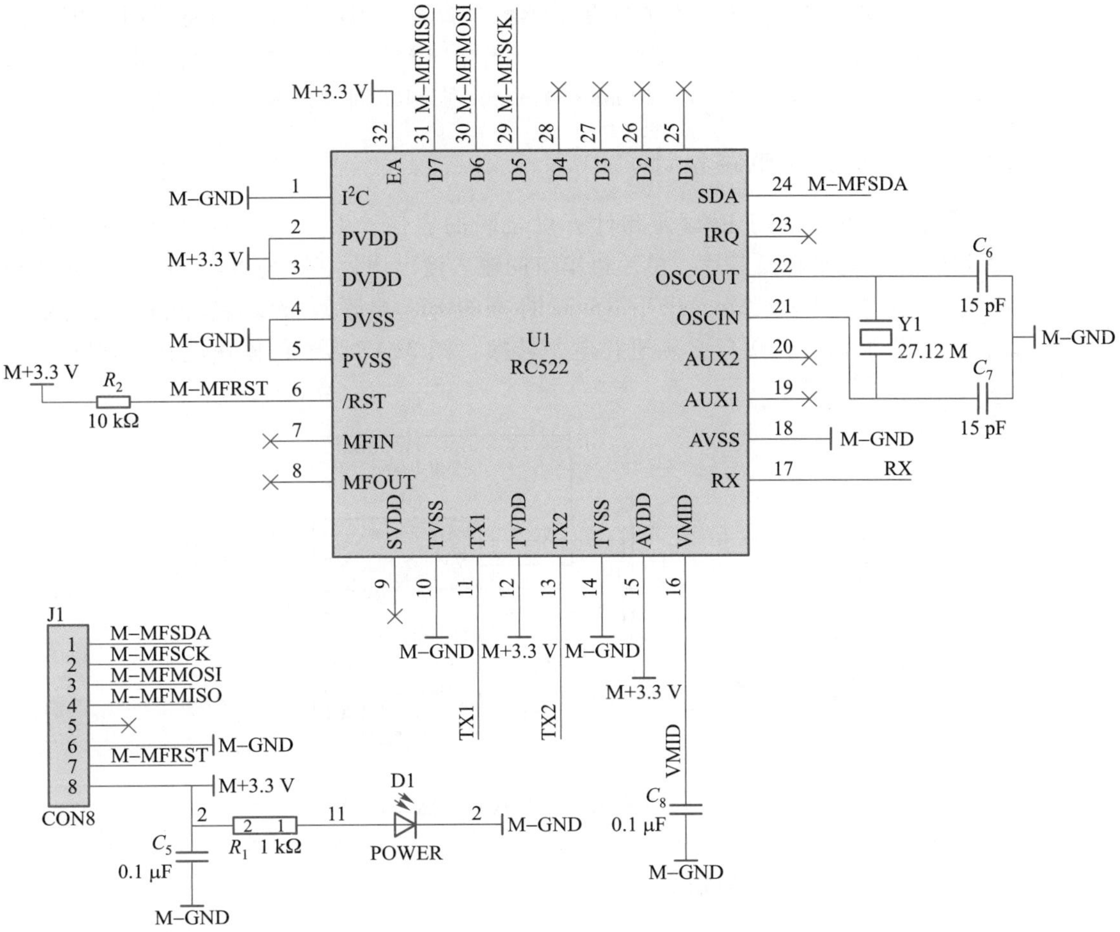

图 3-15　MF RC522 芯片接口电路原理图

③ 足够的带宽，以使读写器信号无失真输出。

根据以上要求，读写器天线电路应该是串联谐振电路。谐振时，可以满足读写器信号无失真输出，这时只需要根据带宽要求调整谐振电路的品质因数。因此可以设计如图 3-16 所示的耦合天线，可以和电子标签的天线信号相耦合。

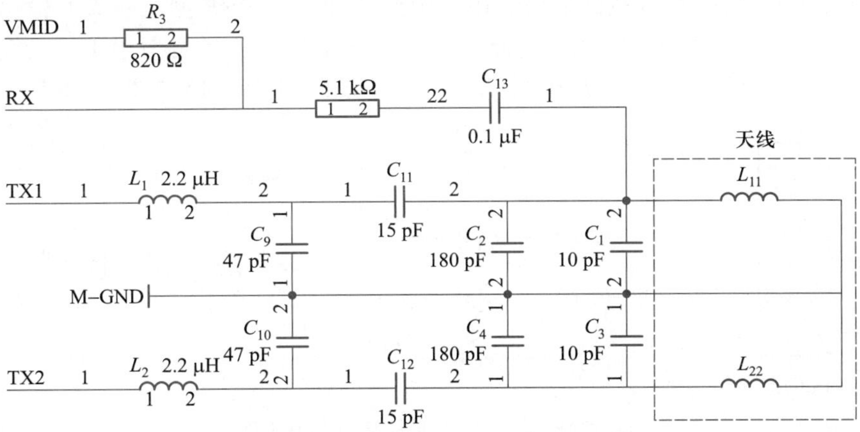

图 3-16　天线及射频接口电路原理图

由于高频 RFID 系统工作方式是电感耦合式的，因此在设计电感线圈（即天线线圈）的时候需要考虑磁场强度的大小。工作在 13.56 MHz 时，线圈的电感典型值约为 1.4 μH。以标准尺寸（86.5 mm×54 mm）绕制线圈时，其匝数为 3~5 圈。

3.3.4 通信接口电路设计

通信接口电路用于读写器和计算机之间的通信，由于电平转换的需要，此处用 MAX232 作为电平转换芯片。单片机串口的输入输出均为 TTL 电平，而上位机的 RS232 接口为了提高抗干扰性能，采用 RS232 标准的 EIA 电平，所以要实现 PC 机与单片机之间的串行通信，其接口必须进行电平转换。图 3-17 为通信模块电路原理图。

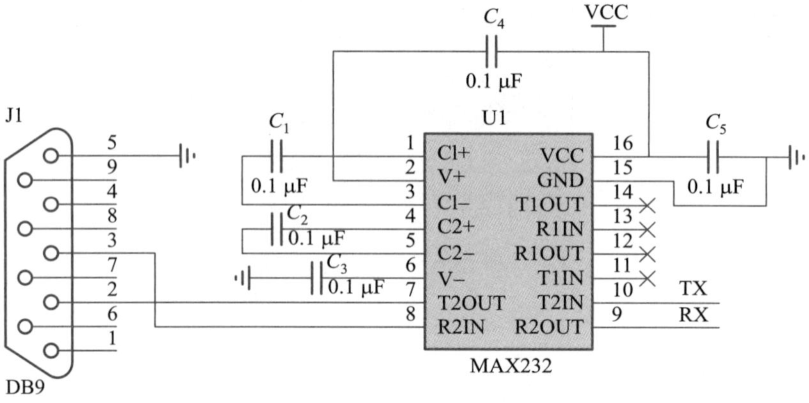

图 3-17 通信模块电路原理图

3.3.5 其他外围电路设计

1. 显示模块和指示模块

系统需要显示必要的消费、充值信息，这里选用 LCD 点阵液晶屏——NOKIA 5110 模块，将它连接到 P0.0~P0.4 口上。

系统指示模块功能相对简单，这里选用 LED 灯和蜂鸣器。LED 灯共有 4 个，阳极通过电阻连接到 VCC 电源，阴极分别连接到 P1.0~P1.3 口。蜂鸣器是为了测试系统上电后 51 单片机、MF RC522 模块工作是否正常，以及读写器对 M1 卡读写是否成功。

由于 AT89S52 驱动负载的能力有限，因此外加一个 PNP 型三极管对输出信号进行放大。蜂鸣器的一端接到 VCC 电源上，另一端接三极管的发射极 E，三极管的基极 B 经过限流电阻 R_{12}后由单片机的 P2.6 引脚控制。设计电路如图 3-18 所示。

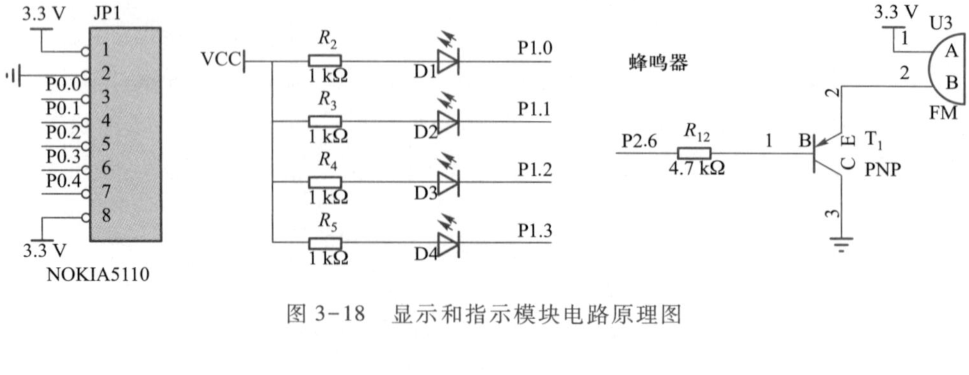

图 3-18 显示和指示模块电路原理图

2. 输入模块和电源模块

输入模块，用来实现输入用户信息，如确认或取消等操作，采用独立按键电路来实现此功能。电源模块电路是所有系统的关键电路，为整个系统提供工作电压和工作电流。稳定高效的电源电路能有效减小电源纹波，增加系统的抗干扰性。

此电源模块采用一个 3.3 V 稳压芯片，输出 3.3 V 电压单独给液晶模块 NOKIA 5110 供电。读写器通过 USB 接口直接提供 5 V 的电源，如图 3-19 所示。

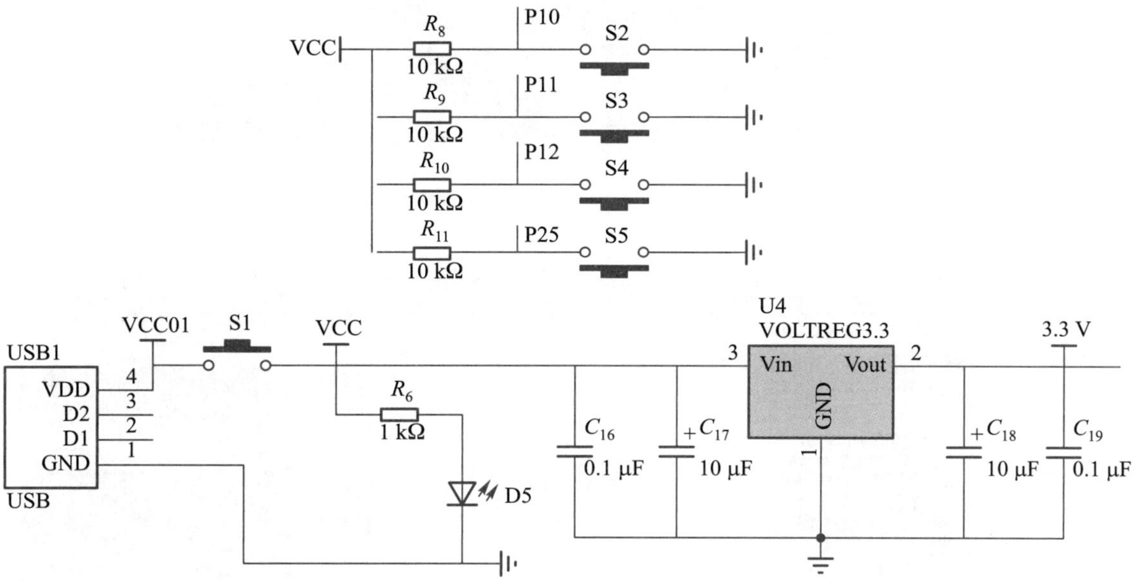

图 3-19　输入和电源模块电路原理图

【任务实施】

3.3.6　读写器电路板的实现

设计好电路原理图，接下来就是 PCB 的设计，PCB 将原理图中逻辑连接的线路通过实际的 PCB 线连接起来。其步骤主要有布局、布线等，完成后就可以发给样板制作公司制作样板，这里就不再赘述。

选用的读写器分为两块双层的 PCB 板，一块为 51 单片机主控板，除了基站模块之外的所有基本电路都在主板上，负责读写器主要功能的实现。如图 3-20 所示，实物单片机电路板主要包括：电源接口、RS232 串口接口、USB 接口、单片机最小系统电路、液晶显示模块接口、蜂鸣器电路、LED 指示电路以及 RC522 射频模块接口等。

另一块是基站模块，主要有天线线圈、MF RC522 芯片及其外围电路。图 3-21 所示为本项目选用的 RC522 基站模块的 PCB 电路图和实物图。

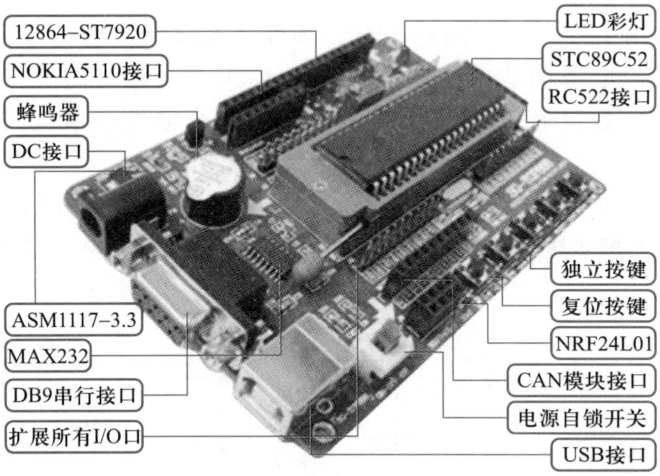

图 3-20 读写器的原型电路板

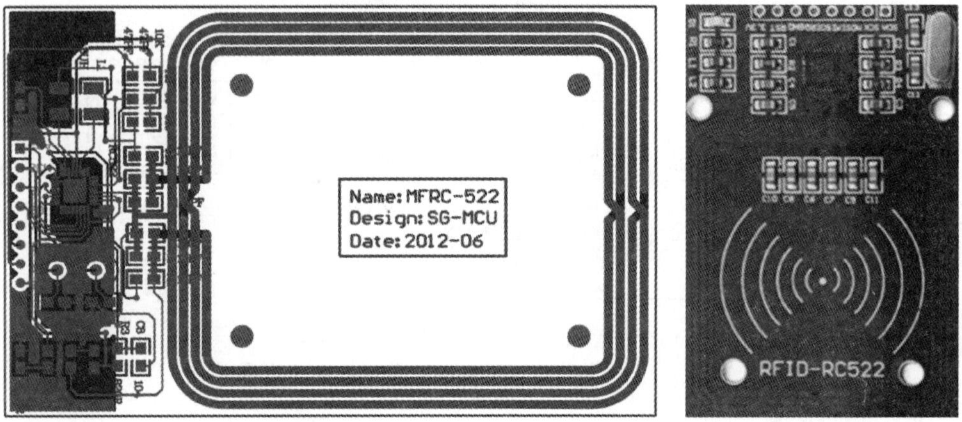

(a) PCB电路图 (b) 实物图

图 3-21 RC522 基站模块 PCB 电路图和实物图

【问题研讨】

高频 RFID 充值消费系统的硬件由哪几个部分组成？每个部分都有些什么功能？

任务 4 高频 RFID 系统软件设计

【任务描述】

在“任务 3 高频 RFID 系统硬件设计”的基础上，设计并实现该系统的软件部分。软件分为两部分：读写器控制程序和计算机控制程序。读写器控制程序主要实现读写器和电子标签之间的数据通信；计算机控制程序主要实现计算机和读写器之间的数据通信。

【知识准备】

3.4.1　系统软件功能划分

教学课件
充值消费系统软件功能的划分. pptx

软件是实现整体系统功能的灵魂，脱离软件，硬件就是一堆“废铁”。对于一个典型的简易 RFID 充值消费系统，其硬件设备主要有计算机、读写器和电子标签三部分。其中，计算机和读写器之间的数据通信由计算机控制程序来实现的。读写器和电子标签之间的数据通信由读写器控制程序来实现。因此，该系统的软件功能主要由这两部分组成，如图 3-22 所示。

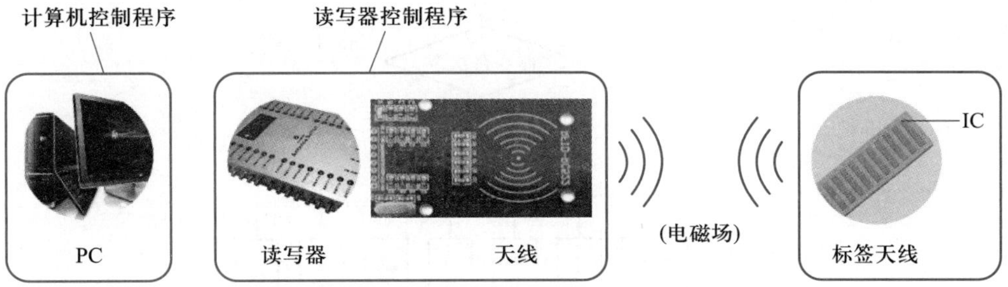

图 3-22　软件功能的划分

计算机控制程序的功能包括两个方面：第一是图形化的用户界面的设计，第二是通信协议的使用。读写器控制程序的功能也包括两个方面：第一是基站芯片驱动程序的编写，第二是通信协议的实现。本书将采用 Visual Studio 软件设计计算机控制程序，而读写器控制程序则采用 Keil 软件来实现。

【任务实施】

3.4.2　读写器控制程序的设计

教学课件
充值消费系统读写器控制程序的实现. pptx

读写器的硬件结构复杂，所以软件设计也有一定的难度，其中大量的程序也是相当的烦琐。为了使软件设计具有条理性和结构性，采用了模块化设计的思想。模块化设计就是把整个程序进行细分，分解成一个个的模块，每个程序模块都保持相对的独立性，并且可以完成具体的工作，这样单独的程序容易实现修改和调试。

从功能的角度出发，读写器控制程序主要包含两部分：基站芯片驱动程序接口和通信命令设计。基站芯片驱动程序接口，顾名思义，是实现单片机对 RC522 芯片和其他外围电路的控制功能，也就是常说的驱动函数。驱动函数是最底层的函数集合，可以使单片机完成对 RC522 芯片和外围电路的全部操作。而通信命令则是一串数据结构，也就是串口命令。主要实现计算机对单片机的控制，通过这一系列命令就可以让单片机来操作 RC522 芯片实现读卡、写卡等操作。

1. 读写器软件总体流程

在读写器软件的设计中，各个程序模块协调工作构成了一个完整的系统。软件的总流程如图 3-23 所示。单片机通过上电后初始化，射频读写芯片也初始化。上位机通过串口将指令传输给单片机并且判断是否有多个标签，如果是一个标签，上位机直接将操作指令发送给电子标签；如果有多个标签，先进行防冲突处理，然后再发送操作指令。电子标签接收到指令后发出响应把数据传回给读写器。

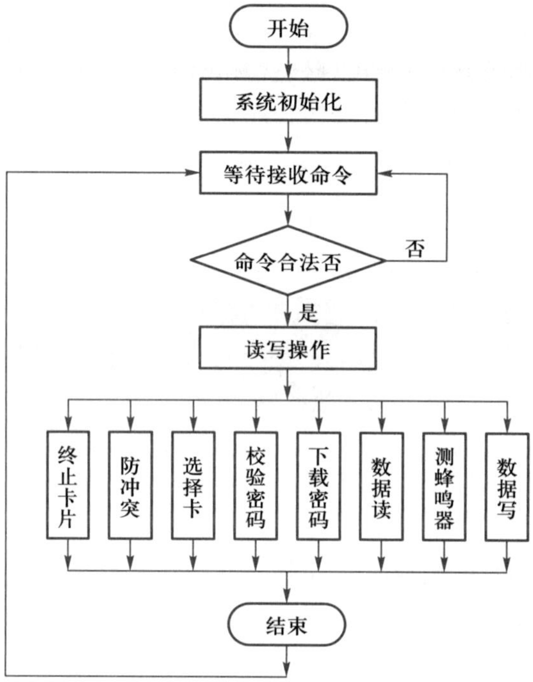

图 3-23 读写器软件流程图

在系统上电后对各种参数进行初始化，并且对初始化信息进行读取，然后就开始等待上位机发送来的指令。当读写器微控制器接收到信息时，如果命令合法，即命令格式符合协议规定的格式，且属于命令集中的某一个命令，则跳转到相应的子函数进行相应的处理，主控制器单片机会把指令发送给芯片 RC522，芯片 RC522 经过相应的编码和调制后把指令通过射频天线发射出去；如果主控制器单片机接收到的指令信息是芯片 RC522 传送的，那么这个指令信号是电子标签的响应信号，读写器天线接收到响应信号后传送给芯片 RC522，经过解调和译码后传送给主控制器，最后主控制器将信号发送给上位机。每次进行指令通信时，不论通信过程是否成功，都会将信息返回给上位机。

2. 基站芯片驱动程序

教学课件
基站芯片驱动程序接口. pptx

整个程序采用基于 Keil C 的 C51 语言进行编程，模块各部分功能的实现主要是靠编写各个函数模块来实现的。然而要保证各函数的正确功能以及实现对 MF RC522 的正确控制，深刻理解 MF RC522 的内部寄存器组和命令集是必需的。

源文件
基站芯片驱动程序. rar

该接口程序较为复杂，读者可以直接下载参考本书附带的代码，也可以直接从网站下载完整的代码。对于应用而言，主要是了解函数间的调用关系，对函数的实现方式可以暂时忽略。因此，主要只需了解以下 8 个函数的功能。

● 寻卡。对于 M1 卡的任何操作的第一步都是寻卡操作。该函数读入寻卡方式，返回卡片类型代码。

- 函数原型：char PcdRequest (unsigned char req_code, unsigned char * pTagType);
- 参数说明
  - req_code[IN]:寻卡方式
    - 0x52=寻感应区内所有符合 14443A 标准的卡
    - 0x26=寻未进入休眠状态的卡
  - pTagType[OUT]:卡片类型代码
    - 0x4400=Mifare_UltraLight
    - 0x0400=Mifare_One(S50)
    - 0x0200=Mifare_One(S70)
    - 0x0800=Mifare_Pro(X)
    - 0x4403=Mifare_DESFire

● 防冲撞。在寻卡成功后,需要进行防冲撞操作。该函数返回长度为 4 个字节的卡片序列号。

- 函数原型:char PcdAnticoll(unsigned char *pSnr);
- 参数说明
  - pSnr[OUT]:卡片序列号,4 字节

● 选择卡。该函数同样返回长度为 4 个字节的卡片序列号。一般需要在防冲撞之后再进行选择卡操作。

- 函数原型:char PcdSelect(unsigned char *pSnr);
- 参数说明
  - pSnr[OUT]:卡片序列号,4 字节

● 验证卡片密码。该函数有 4 个参数,分别是密码验证模式、块地址、密码和卡片序列号。S50 卡的每一个块都有独立的密码,初始密码为 FF FF FF FF FF FF。

- 函数原型:char PcdAuthState(unsigned char auth_mode,unsigned char addr, unsigned char *pKey,unsigned char *pSnr);
- 参数说明
  - auth_mode[IN]:密码验证模式
    - 0x60=验证 A 密钥
    - 0x61=验证 B 密钥
  - addr[IN]:块地址
  - pKey[IN]:密码
  - pSnr[IN]:卡片序列号,4 字节

● 读取 M1 卡某一块数据。该函数有 2 个参数,需要读取的块地址和读出的 16 个字节数据。

- 函数原型:char PcdRead(unsigned char addr,unsigned char *pData);
- 参数说明
  - addr[IN];块地址
  - pData[OUT]:读出的数据,16 字节

- 写数据到 M1 卡某一块。该函数有 2 个参数,需要写的块地址和写入的 16 个字节数据。

- 函数原型:char PcdWrite(unsigned char addr,unsigned char *pData);
- 参数说明
  - addr[IN]:块地址
  - PData[OUT]:写入的数据,16 字节

- 充值和扣款。3 个参数,命令字即扣款或充值操作;钱包地址,即块地址,此处叫法不同,然而含义是一样的;数值,需要充值或扣款的数值。

- 函数原型:char PcdValue(unsigned char dd_mode,unsigned char addr,unsigned char *pValue);
- 参数说明
  - dd_mode[IN]:命令字
    - 0xC0=扣款
    - 0xC1=充值
  - addr[IN]:钱包地址
  - pValue[IN]:4 字节增(减)值,低位在前

- 休眠。对于 M1 卡操作的最后一步。该函数没有参数,但是非常重要。任何一次对 M1 卡的操作都是由寻卡开始,由休眠卡终止。一定要注意有始有终,否则会对下一次操作产生难以预估的错误。

- 函数原型:char PcdHalt(void);
- 参数说明:无

教学课件
通信命令设计.pptx

3. 通信命令设计

有了之前介绍的接口函数,就可以来设计通信命令。通信命令主要是通过计算机的串口将要执行的操作和参数传给读写器的 MCU,MCU 提取出命令代码,就可以调用相应函数,然后将参数传递给该函数最终实现对 M1 卡的读写。

首先,为了确保串口数据的完整性,我们将接收和发送数据缓冲区定义为 32 个字节。然后,根据需求,设计以下 9 个串口命令代码:02 为寻卡,03 为卡防冲突,04 为选择卡,05 为验证卡密码,06 为读卡数据,07 为写卡数据,08 为卡块值操作,09 为终止卡操作,0A 为增强型寻卡。

```
• #define DL_CARD_QUERY          0x02      //寻卡
• #define DL_CARD_ANTICOLLISION  0x03      //卡防冲突
• #define DL_CARD_SELECT         0x04      //选择卡
```

```
• #define DL_CARD_AUTH_KEY        0x05      //验证卡密码
• #define DL_CARD_READ_DATA       0x06      //读卡数据
• #define DL_CARD_WRITE_DATA      0x07      //写卡数据
• #define DL_CARD_WRITE_BLOCK     0x08      //卡块值操作
• #define DL_CARD_HALT            0x09      //终止卡操作
• #define DL_CARD_QUERY_EX        0x0A      //增强型寻卡
```

该命令代码和函数间的调用关系如图 3-24 所示。可以看到,每一个命令最终通过调用之前介绍的 8 个函数,实现了对 M1 卡的访问。

```
• DL_CARD_QUERY->CardQuery()-> PcdRequest()寻卡
• DL_CARD_ANTICOLLISION->CardAnticollistion-> PcdAnticoll()卡防冲突
• DL_CARD_SELECT->CardSelect()-> PcdSelect()选择卡
• DL_CARD_AUTH_KEY->CardAuthKey()-> PcdAuthState()验证卡密码
• DL_CARD_READ_DATA->CardReadData()-> PcdRead()读卡数据
• DL_CARD_WRITE_DATA->CardWriteData()-> PcdWrite()写卡数据
• DL_CARD_WRITE_BLOCK->CardWriteBlock()-> PcdValue()卡块值操作
• DL_CARD_HALT->CardHalt()-> PcdHalt()终止卡操作
• DL_CARD_QUERY_EX->CardQueryEx()增强型寻卡
```

图 3-24 命令代码和函数间的调用关系

3.4.3 计算机控制程序的设计

压缩包 student _ top _ sys _ v1.3.zip

对于 RFID 读写系统,读写器与电子标签的所有行为均由后端应用来控制完成,对于本系统,就是计算机控制程序。通常,将计算机控制程序与读写器之间的通信信道称为后向信道,而将读写器与电子标签之间的通信信道称为前向信道。

在后向信道中,计算机控制程序作为主动方向读写器发出若干命令,获取应用所需的数据,而读写器作为从动方对这些命令作出回应,建立与电子标签之间的通信。

在前向信道中,读写器又作为通信的主动方触发标签,并对所触发的标签进行认证、数据读取等,进而将获得的标签数据作为回应传递给控制程序。

本设计中的计算机控制程序采用 Visual Studio 编程软件开发,作为 RFID 充值消费系统中的后端应用系统,通过对读写器的控制,实现对 M1 卡的读写操作。计算机控制程序的设计目标总共有 4 个:

① 熟悉 RFID 读写器功能要求。

② 能够熟练使用编程语言,学会编写上位机软件。

③ 掌握串口通信机制,了解其中的安全协议与方法。

④ 设计串口软件,实现在软件中进行识别与读写指示。

计算机控制程序包含两个单元:通信协议和用户界面的实现。通信协议主要是实现读写器和计算机之间的数据格式。用户界面则主要提供一个图形化的操作方式,这样可以把冰冷的数据转换为对用户友好、美观大方的窗口界面。两者的关系如图 3-25 所示。

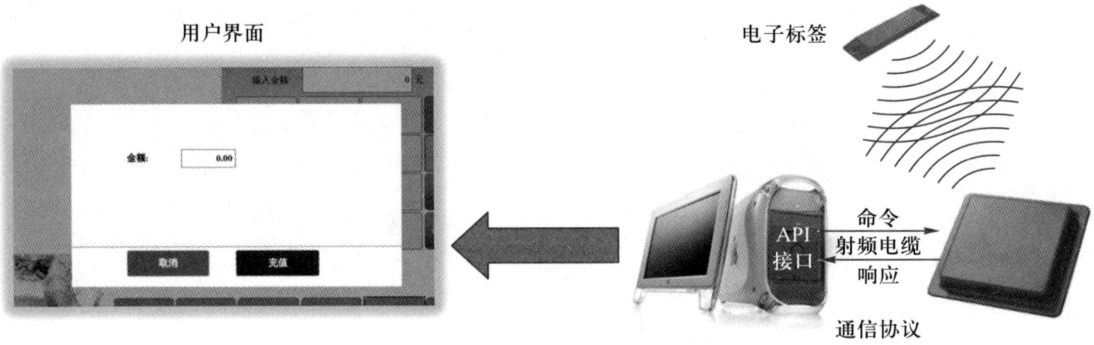

图 3-25 通信协议和用户界面的关系

1. 用户界面的设计

教学课件
充值消费系统计算机控制程序的设计.pptx

用户界面要求美观大方,操作简单易用。根据需求,设计如下应用程序,其界面如图 3-26 所示。该程序包括以下五个模块:串口控件、开卡按键、读卡按键、消费按键和充值按键。

微课
充值消费系统计算机控制程序的设计.mp4

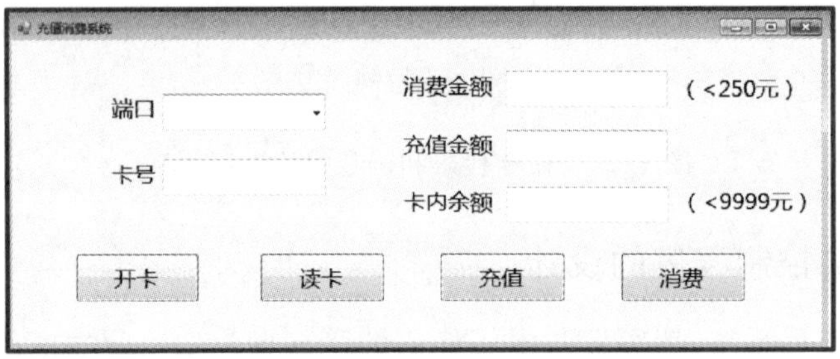

图 3-26 充值消费系统用户界面

教学课件
充值消费系统计算机控制程序的实现.pptx

微课
充值消费系统读写器控制程序的实现.mp4

2. 计算机控制程序的代码实现

由于程序的代码需要依托程序开发软件,默认选择微软公司的 Visual Studio(后面简称 VS)。在 VS 中设计好以上界面后,就可以进行软件代码的编写。代码不仅包含了各类控件(串口、文本、按键控件等)的功能,同时也包含了通信命令的访问方式。

(1) 串口控件

串口控件主要是实现计算机对串口的访问,这样就可以将数据通过串口线和读写器进行收发操作。串口控件需要实现如下功能:

- 获取计算机的 COM 口总个数,并显示在选择框中。
- 选择具体的端口号。

串口控件的代码如下所示(需要添加引用“using System.IO.Ports;”)。

```
private void Form1_Load(object sender,EventArgs e)
    {
        foreach(string s in System.IO.Ports.SerialPort.GetPortNames())
                                        //找出可选的串口号名称
        {
```

```
            comboBox1.Items.Add(s);          //在下拉菜单中添加可选数据
        }
        comboBox1.SelectedIndex=0;           //默认选中第一个串口号
    }
private void comboBox1_SelectedIndexChanged(object sender, EventArgs e)
    {
        serialPort1.PortName = comboBox1.Text;     //把串口号传递给串口变量
    }
```

（2）开卡按键

开卡按键完成 S50 卡的初始化。该步骤把卡内扇区 1 的数据块 1 初始化为数值块，使之符合钱包操作要求。开卡按键代码如下所示（需要添加引用“using System.Threading;”）。

```
private void button4_Click(object sender,EventArgs e)
    {
        serialPort1.Open();                  //打开串口
        byte[ ] data=new byte[3];            //将命令 02 0A 01 保存到 data 数组，这
                                               条命令作用是增强型寻卡
        data[0]=0x02;                         //命令的第一个字节为命令长度，02 代
                                               表两个字节，下同
        data[1]=0x0A;                        //0A 为增强型寻卡代码
        data[2]=0x01;
        serialPort1.Write(data,0,3);         //发送命令
        Thread.Sleep(300);
        int bytes=30;
        byte[ ] buffer=new byte[30];
        serialPort1.Read(buffer,0,bytes);
                                             //将串口返回的数据读取并保存到
                                               buffer 中
        textBox1.Text="";
        for(int i=3; i<7; i++)               //返回数据的 4～7 字节为卡号
        {
            textBox1.Text+=buffer[i].ToString("X2");
                                             //将卡号显示到文本框中
        }
        byte[ ] data2=new byte[10];          //将命令 09 05 05 02 FF FF FF FF FF
                                               FF 保存到 data2 数组，这条命令的作
                                               用是验证卡密码
        data2[0]=0x09;                       //命令长度
        data2[1]=0x05;                       //05 为验证卡密码代码
        data2[2]=0x05;                       //05 为数据块 5，即扇区 1 的块 1，读者
                                               可以自行选择数据块
        data2[3]=0x02;                       //密码校验
```

```
data2[4]=0xff;//初始密码 FF FF FF FF FF FF
data2[5]=0xff;
data2[6]=0xff;
data2[7]=0xff;
data2[8]=0xff;
data2[9]=0xff;

serialPort1.Write(data2,0,10);  //发送命令
Thread.Sleep(300);
serialPort1.Read(buffer,0,bytes);

byte[ ] data5=new byte[19];       //将命令 12 07 05 00 00 00 00 FF FF FF
                                    FF 00 00 00 00 05 FA 05 FA 保存到
                                    data5 数组,这条命令的作用是写卡块
data5[0]=0x12;                    //命令长度
data5[1]=0x07;                    //07 为写卡块代码
data5[2]=0x05;                    //05 为数据块 5
data5[3]=0x00;                    //初始化电子钱包金额为 0
data5[4]=0x00;
data5[5]=0x00;
data5[6]=0x00;
data5[7]=0xff;
data5[8]=0xff;
data5[9]=0xff;
data5[10]=0xff;
data5[11]=0x00;
data5[12]=0x00;
data5[13]=0x00;
data5[14]=0x00;
data5[15]=0x05;
data5[16]=0xfa;
data5[17]=0x05;
data5[18]=0xfa;

serialPort1.Write(data5,0,19); //发送命令
Thread.Sleep(300);
serialPort1.Read(buffer,0,bytes);

byte[ ] data3=new byte[3];        //将命令 02 06 05 保存到 data3 数组,
                                    这条命令的作用是读卡块
data3[0]=0x02;                    //命令长度
data3[1]=0x06;                    //06 为读卡块代码
data3[2]=0x05;                    //05 为数据块 5
```

```
        serialPort1.Write(data3,0,3);      //发送命令
        Thread.Sleep(300);
        serialPort1.Read(buffer,0,bytes);

        int s_val=buffer[2];
        textBox2.Text="";
        textBox2.Text=s_val.ToString("d");

        byte[ ] data4=new byte[2];          //将命令 01 09 保存到 data4 数组,这
                                              条命令的作用是终止卡
        data4[0]=0x01;                      //命令长度
        data3[1]=0x09;                      //09 为终止卡代码

        serialPort1.Write(data4,0,2);      //发送命令
        Thread.Sleep(300);
        serialPort1.Read(buffer,0,bytes);
        serialPort1.Close();

        if(MessageBox.Show("开卡成功!","开卡",MessageBoxButtons.OK,Mes-
sageBoxIcon.Information)==DialogResult.OK)
        {

        }
    }
```

(3) 读卡按键

读卡按键需要获取卡号和卡内余额。读卡按键代码如下所示。

```
private void button1_Click(object sender,EventArgs e)
    {
        serialPort1.Open();
        byte[] data=new byte[3];                 //增强型寻卡命令
        data[0]=0x02;
        data[1]=0x0a;
        data[2]=0x01;

        serialPort1.Write(data,0,3);            //发送命令
        Thread.Sleep(300);

        int bytes=30;
        byte[ ] buffer=new byte[30];

        serialPort1.Read(buffer,0,bytes);       //将串口返回的数据读取并保存到
                                                   buffer 中
```

```
            textBox1.Text="";
            for(int i=3; i<7; i++)                    //返回数据的 4~7 字节为卡号
            {
                textBox1.Text+=buffer[i].ToString("X2");  //将卡号显示到文本框中
            }

            byte[] data2=new byte[10];                //验证卡密码命令
            data2[0]=0x09;
            data2[1]=0x05;
            data2[2]=0x05;
            data2[3]=0x02;
            data2[4]=0xff;
            data2[5]=0xff;
            data2[6]=0xff;
            data2[7]=0xff;
            data2[8]=0xff;
            data2[9]=0xff;

            serialPort1.Write(data2,0,10);            //发送命令
            Thread.Sleep(300);
            serialPort1.Read(buffer,0,bytes);

            byte[] data3=new byte[3];                 //读卡块命令
            data3[0]=0x02;
            data3[1]=0x06;
            data3[2]=0x05;

            serialPort1.Write(data3,0,3);             //发送命令
            Thread.Sleep(300);
            serialPort1.Read(buffer,0,bytes);         //接收串口数据

            if((buffer[2] + buffer[6])!=255)          //检查该数据块是否为电子钱包
            {
                MessageBox.Show("此卡未开卡,请开卡!","请开卡",MessageBoxBut-
tons.OK,MessageBoxIcon.Information);
                byte[ ] data4=new byte[2];
                data4[0]=0x01;
                data4[1]=0x09;

                serialPort1.Write(data4,0,2);
                Thread.Sleep(100);
                serialPort1.Read(buffer,0,bytes);
```

```
            serialPort1.Close();
        }
        else
        {
            int s_val=buffer[2] + buffer[3] * 256;  //由于 1 个字节的最大值
(金额)只有 255,因此这边启用两个字节(最大值 65535),符合日常使用要求,当然最多可以使
用 4 个字节
            textBox2.Text="";
            textBox2.Text=s_val.ToString("d");    //将金额显示在文本框中

            byte[ ] data4=new byte[2];               //终止卡命令
            data4[0]=0x01;
            data4[1]=0x09;

            serialPort1.Write(data4,0,2);            //发送命令
            Thread.Sleep(300);
            serialPort1.Read(buffer,0,bytes);
            serialPort1.Close();
        }
    }
```

(4) 充值按键

充值按键需要完成充值过程。由于前面已经完成了卡片开卡,因此这里使用增值命令即可完成充值。具体代码如下所示。

```
private void button2_Click(object sender,EventArgs e)
    {
        serialPort1.Open();
        byte[ ] data=new byte[3];          //增强型寻卡命令
        data[0]=0x02;
        data[1]=0x0a;
        data[2]=0x01;

        serialPort1.Write(data,0,3);
        Thread.Sleep(300);

        int bytes=30;
        byte[ ] buffer=new byte[30];
        serialPort1.Read(buffer,0,bytes);

        byte[ ] data2=new byte[10];        //验证卡密码命令
        data2[0]=0x09;
        data2[1]=0x05;
```

```
data2[2]=0x05;
data2[3]=0x02;
data2[4]=0xff;
data2[5]=0xff;
data2[6]=0xff;
data2[7]=0xff;
data2[8]=0xff;
data2[9]=0xff;
serialPort1.Write(data2,0,10);
Thread.Sleep(300);
serialPort1.Read(buffer,0,bytes);

byte[ ] val=new byte[2];
val[0]=0x00;
val[1]=0x00;
string s=textBox4.Text;          //充值金额由文本框获取

val[0]=(byte)(int.Parse(s) % 256);
                                 //将充值金额拆分为高低两个字节
val[1]=(byte)(int.Parse(s) /256 % 256);

byte[ ] sdata3=new byte[8];    //增值命令,仅对初始化为电子钱包的卡块生效
sdata3[0]=0x07;
sdata3[1]=0x08;                  //08 为卡块值操作代码
sdata3[2]=0x01;                  //01 为增值
sdata3[3]=0x05;                  //05 为数据块 5
sdata3[4]=val[0];                //充值金额的低字节
sdata3[5]=val[1];                //充值金额的高字节
sdata3[6]=0x00;
sdata3[7]=0x00;

serialPort1.Write(sdata3,0,8);
Thread.Sleep(300);
serialPort1.Read(buffer,0,30);

byte[] data3=new byte[3];       //读卡块命令
data3[0]=0x02;
data3[1]=0x06;
data3[2]=0x05;

serialPort1.Write(data3,0,3);
Thread.Sleep(300);
serialPort1.Read(buffer,0,30);
```

```
        int s_val=buffer[2] + buffer[3] * 256;     //合并金额的高低字节
        textBox2.Text="";
        textBox2.Text=s_val.ToString("d");         //将金额显示在文本框中

        byte[ ] data4=new byte[2];                 //终止卡命令
        data4[0]=0x01;
        data3[1]=0x09;

        serialPort1.Write(data4,0,2);
        Thread.Sleep(100);
        serialPort1.Read(buffer,0,bytes);
        serialPort1.Close();
    }
```

(5) 消费按键

消费按键需要完成充值过程。与充值按键类似,这里使用减值命令即可完成消费。具体代码如下所示。

```
private void button3_Click(object sender,EventArgs e)
    {
        serialPort1.Open();
        byte[ ] data=new byte[3];          //增强型寻卡命令
        data[0]=0x02;
        data[1]=0x0a;
        data[2]=0x01;

        serialPort1.Write(data,0,3);
        Thread.Sleep(300);

        int bytes=30;
        byte[ ] buffer=new byte[30];
        serialPort1.Read(buffer,0,bytes);

        byte[ ] data2=new byte[10];        //验证卡密码命令
        data2[0]=0x09;
        data2[1]=0x05;
        data2[2]=0x05;
        data2[3]=0x02;
        data2[4]=0xff;
        data2[5]=0xff;
        data2[6]=0xff;
        data2[7]=0xff;
        data2[8]=0xff;
```

```
        data2[9]=0xff;
        serialPort1.Write(data2,0,10);
        Thread.Sleep(300);
        serialPort1.Read(buffer,0,bytes);

        byte[ ] data3=new byte[3];                 //读卡块命令
        data3[0]=0x02;
        data3[1]=0x06;
        data3[2]=0x05;

        serialPort1.Write(data3,0,3);
        Thread.Sleep(300);
        serialPort1.Read(buffer,0,bytes);   //串口获取当前余额

        byte[ ] val=new byte[1];
        val[0]=0x00;
        string s=textBox3.Text;                    //消费金额由文本框获取
        val[0]=byte.Parse(s);

        byte[ ] sdata3=new byte[8];
        if(val[0]>(buffer[2] + buffer[3] *256))
                                                   //此处检查余额是否大于消费金额
        {
              MessageBox.Show("余额不足请充值!","余额不足",MessageBoxBut-
tons.OK,MessageBoxIcon.Information);
        }
        else
        {
            sdata3[4]=(byte)(val[0]);          //减值命令
            sdata3[0]=0x07;
            sdata3[1]=0x08;
            sdata3[2]=0x02;                        //02 为减值
            sdata3[3]=0x05;

            sdata3[5]=0x00;
            sdata3[6]=0x00;
            sdata3[7]=0x00;

            serialPort1.Write(sdata3,0,8);
            Thread.Sleep(300);
            serialPort1.Read(buffer,0,30);
```

```
            byte[ ] sdata4=new byte[3];
            sdata4[0]=0x02;
            sdata4[1]=0x06;
            sdata4[2]=0x05;

            serialPort1.Write(sdata4,0,3);
            Thread.Sleep(300);
            serialPort1.Read(buffer,0,30);

            int s_val=buffer[2] + buffer[3] *256;
            textBox2.Text="";
            textBox2.Text=s_val.ToString("d");          //读卡块命令
        }
        byte[ ] data4=new byte[2];                      //终止卡命令
        data4[0]=0x01;
        data3[1]=0x09;

        serialPort1.Write(data4,0,2);
        Thread.Sleep(100);
        serialPort1.Read(buffer,0,bytes);

        serialPort1.Close();

    }
```

【任务实施】

请根据上述代码和思路，在 Visual Studio 软件中完成程序的编写。之后单击启动调试按钮，Visual Studio 软件会自动编译（若有错误请对照之前程序排除问题）并开启软件窗口。至此，计算机控制程序（用户界面）已经实现。

【问题研讨】

1. 请在 Keil 软件上实现读写器控制程序。
2. 请在 Visual Studio 软件上实现计算机控制程序。

任务 5 高频 RFID 系统实现

【任务描述】

本系统包括硬件设计和软件设计，而最终系统整体效果是否达到设计要求，调试是相当关键的一部分。硬件是软件存在的基础，硬件正常工作才能检测软件的缺陷和漏洞;所以首先需对硬件电路进行调试,硬件电路准确无误后,再进入软件的调试。

首先检查硬件电路,主要包括:供电是否正常、单片机是否工作正常以及 MF RC522 是否工作正常等。其次,将读写器控制程序编译后下载到单片机,再通过串口调试助手,观察单片机与 MF RC522 模块通信时,两者所传送的数据是否正确,这部分的调试最初只通过串口助手软件,测试能否与 M1 卡建立连接,之后测试将卡中序列号读出并显示,最后测试的是卡中的信息读写数据。然后是无线通信的测试,看发送和接收的数据是否正确。最后就是单片机通过串口将数据发送给计算机的调试。

【知识准备】

3.5.1 程序下载方法

前面的步骤正确完成以后,需要对读写器进行功能测试与调试。针对本次电路的连接以及调试具体步骤如下:

① 调试之前首先需要正确安装电路板,即将 MFRC522 射频模块连接到单片机控制板对应的接口上。

② 装好电路板后,将读写器通过串口线与计算机相连,这里用到的是 RS232 转 USB 串口线。在连接的过程中,我们可能会遇到 USB 无法识别和安装的问题,此时需要安装对应串口型号的驱动,在保证串口驱动正确安装以后,才能保证读写器与计算机的正确连接。

③ 显示 USB 成功安装以后,给主控板正确供电(适宜电压为 3.3~5 V),检查主控板上的电源指示灯是否正常。如发光,则说明电源供电正常;如未亮起,则说明电源未供电或者是其他问题。

通过 USB-232 串口线,将串口线连接到电脑 USB 口上。使用串口线首先要安装好驱动,并通过“计算机管理”查看正确的串口号,如图 3-27 所示。若直接只用台式机的串口,则可跳过此步骤。

图 3-27 串口号的获取

然后利用 STC_ISP 软件，将编译生成的 hex 文件通过图 3-28 所示步骤下载程序到单片机中。

源文件
STC_ISP_V488.rar

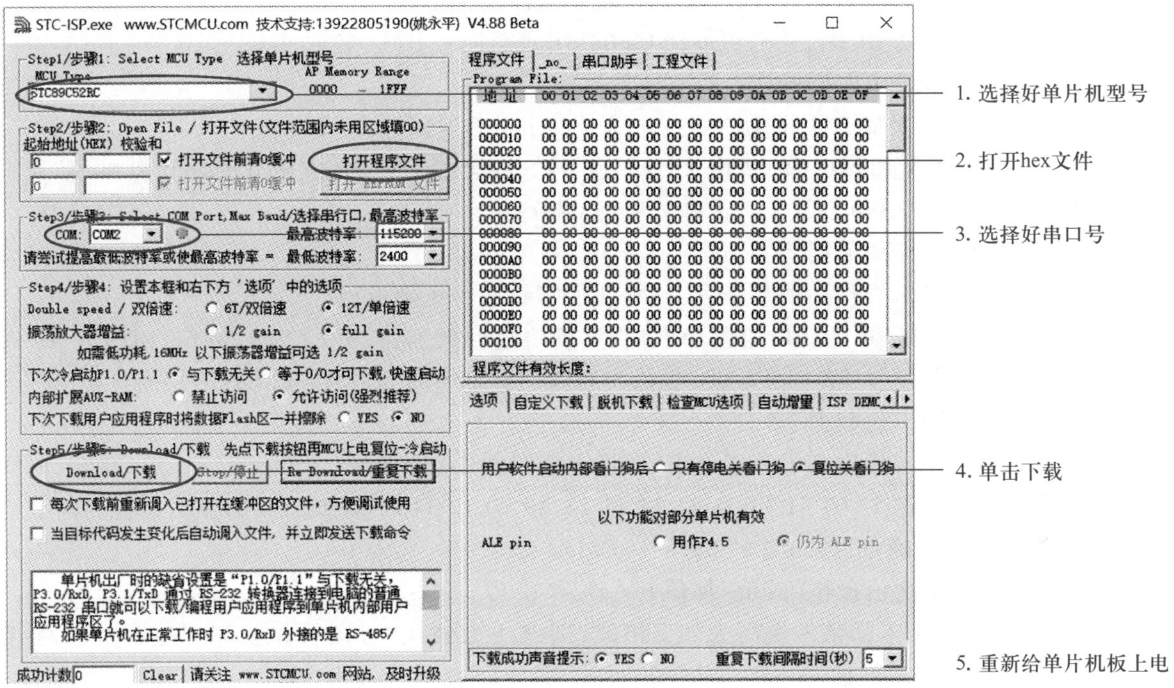

图 3-28　程序下载的步骤

【任务实施】

3.5.2　读写器通信命令的测试

在下载好程序后，首先需要对之前的 9 个通信命令分别进行测试，要确保发送的命令（由计算机发出）能得到正确的返回数据（由读写器返回）。这样在测试计算机控制程序，万一没有输出的时候，才能找出问题根源，否则无法得知问题到底是来源于底层的（读写器与电子标签之间的）还是上层的（VS 软件中的逻辑或代码错误）。使用“串口助手”等小工具即可测试通信命令。需要注意的是，命令为十六进制发送，请务必确保勾选 HEX 发送选项。

将任意一张 M1 S50 卡置于读写器天线区域，确保读写器与 MF RC522 模块连接正确，测试计算机与读写器 RS232 接口连接正确，就可以开始对通信命令进行测试。

1. 寻卡命令

- 发送 01 02（01 为长度，02 为寻卡操作，下同），返回 02 01 03（无卡，最后一个字节是校验位，可忽略，下同）。
- 发送 01 02（放置卡片），正确将返回 03 02 01 00（M1 卡）。

2. 防冲突命令

- 必须基于寻卡操作正确返回。

- 发送 01 03，正确将返回 06 03 8B 38 D4 32 00，蓝色为卡号，每位读者都不一样。

3. 选择卡命令

- 必须基于寻卡、防冲突操作正确返回。
- 发送 01 04，正确将返回 02 04 8B。

4. 验证卡密码操作

- 必须基于寻卡、防冲突、选择卡操作正确返回。
- 发送 09 05 01 02 FF FF FF FF FF FF，蓝色为卡块（扇区 0 的块 0 为 00，依次加 1，此处为扇区 0 的块 1），正确将返回 02 05 8B。

5. 读卡块数据

- 读卡操作必须基于寻卡、验证卡密码操作正确返回。
- 发送 02 06 01，蓝色为卡块，正确将返回数据：12 06 12 34 56 6F ED CB A9 90 12 34 56 6F 01 FE 01 FE 00，蓝色为扇区 0 块 1 的内容，每位读者各不相同。

6. 写卡块数据

- 写卡操作必须基于寻卡、验证卡密码操作正确返回。
- 发送 12 07 01 11 11 11 11 11 11 A9 90 12 34 56 6F 01 FE 01 FE，蓝色为需要写入的值，正确将返回 02 01 00。

7. 卡块值操作（减值/加值）

- M1 卡的某一块写为如下格式，则该块为钱包，可接收扣款和充值命令：4 字节金额（低字节在前）+4 字节金额取反+4 字节金额+1 字节块地址+1 字节块地址取反+1 字节块地址+1 字节块地址取反。
- 写入初始值 12 07 01 00 00 00 00 FF FF FF FF 00 00 00 00 01 FE 01 FE。
- 发送 07 08 01 01 00 00 00 01，蓝色为增值/减值（01 增值，非 01 减值）操作。再次执行读卡块操作，读出数据 12 06 00 00 00 01 FF FF FF FE 00 00 00 01 01 FE 01 FE 00，数据块按预期变化，说明增值成功。

8. 终止卡操作

- 发送 01 09。

9. 增强型寻卡

- 发送 02 0A 01，返回 07 0A 01 1E 67 CF E5 4B，蓝色为卡号，每个读者都不一样。

执行文件
充值消费系统 v1.3.exe

3.5.3 计算机控制程序的测试

在通信命令测试正确之后，就可以进行计算机控制程序的测试。测试主要以读卡器硬件为平台，通过对控制程序的操作，来实现 M1 卡的读写过程。

1. 串口设置

启动刚刚编译成功的充值消费系统软件，通过下拉框选择串口号，串口号可以通过“设备管理器”查看，如图 3-29 所示。

图 3-29 串口号的获取

在使用 USB 转串口线连接好读卡器和计算机后，此处显示的是 COM2，因此在程序中选择 COM2。对于不同的计算机，此号码可能各不相同，如果没有使用 USB 转串口线，名称也可能不同，请读者知晓。

2. 读卡和开卡

将任意一张未经过初始化的 M1 卡放在读卡器天线区域，单击读卡按钮，由于卡片尚未开卡（扇区 1 的块 1 没有格式化为数值块），因此程序会出现开卡提示，如图 3-30 所示。

这时可以单击开卡按钮，进行卡片初始化，正常情况下就可以将 05 块（扇区 1 的块 1）初始化为数值块，块值为“00 00 00 00 FF FF FF FF 00 00 00 00 05 FA 05 FA”（读者可参考之前程序），如图 3-31 所示。

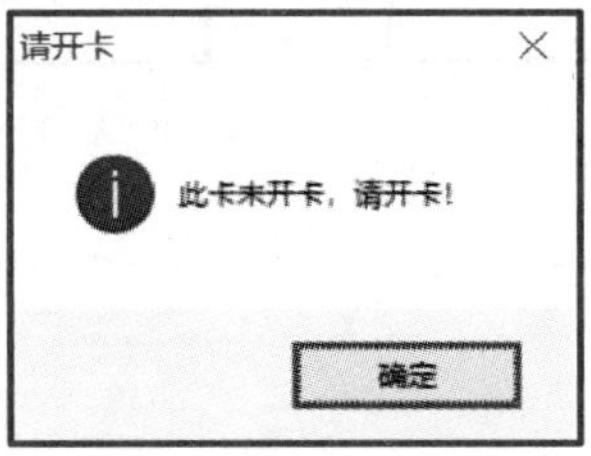

图 3-30　开卡提示

图 3-31　开卡成功提示

再次单击读卡按钮，卡号会被读取并且显示在界面上，同时卡内余额显示为 0，如图 3-32 所示。

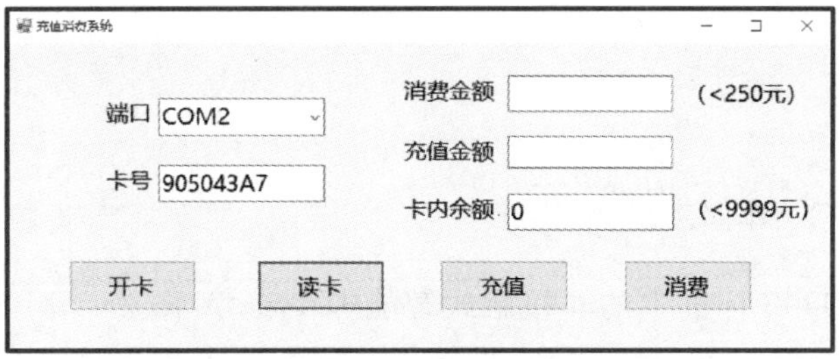

图 3-32　读卡按钮界面显示图

3. 充值测试

接下来就可以对卡进行充值。由于在程序中只是用了两个字节作为数值的存储变量，因此最大金额不能超过 65 535 元，程序中限定小于 9 999 元（正常情况下也不会有这么大的余额）。假设本次充值金额为 500 元，在相应输入框中输入 500，单击充值按钮，可以看到卡内余额变成了 500，如图 3-33 所示。

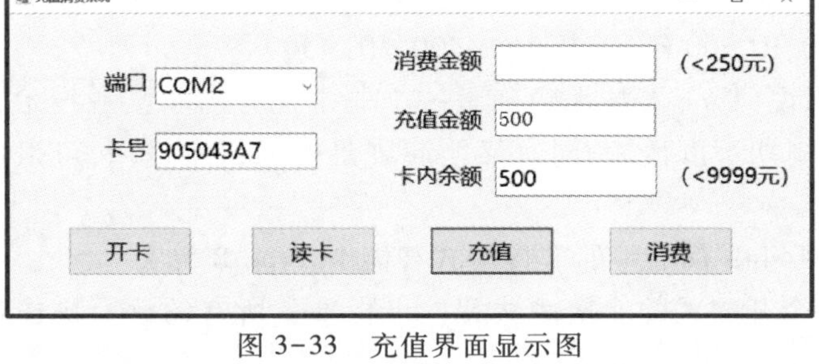

图 3-33　充值界面显示图

4. 消费测试

最后,对消费进行同样测试。假设本次消费 17 元,将金额填入相应输入框,单击消费按钮,可以看到卡内余额变成了 483 元,如图 3-34 所示。

若单次消费金额大于余额,则会提示消费者余额不足,如图 3-35 所示。

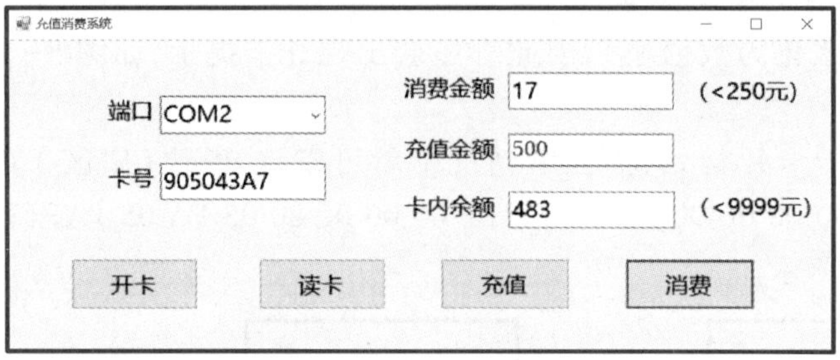

图 3-34 消费界面显示图

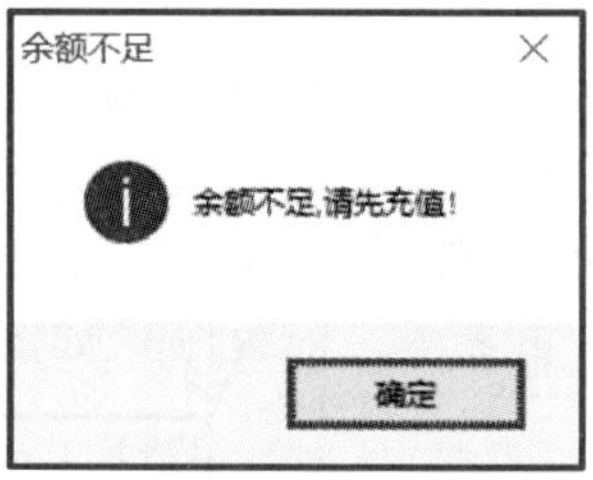

图 3-35 余额不足提示

至此,充值消费系统的测试完成。

【问题研讨】

1. 如何对读写器通信命令进行测试?

2. 对一张高频卡完成充值 500 元的操作,并读取其对应数值块的内容;然后完成消费 35 元的操作,并读取其对应数值块的内容。对两次数值块的内容进行分析并给出结论。

【知识拓展】

3.5.4 ISO/IEC 14443 标准分类

1. ISO/IEC 14443 标准中的非接触式智能卡 Type A 释义

Type A 是由 Philips(Siemen)等半导体公司最先首次开发和使用。在亚洲等地区,Type A 技术和产品占据了很大的市场份额。其主要原因是由于亚洲等区域是一个非常年轻、尚待非接触智能卡技术市场开发、机遇繁多的、被欧洲一些著名智能卡公司忽略了的区域。

代表 Type A 非接触智能卡芯片主要有:Mifare_Light(MF1 IC L10 系列)、Mifare1(S50 系列、内置 ASIC)、Mifare2(即:Mifare Pro)(MF2 ICD8x 系列:接触/非接触双接口系列、内置兼容 Intel8051 的微处理控制器 MCU)等。相应的 Type A 卡片读写设备核心 ASIC 芯片,以及由此组成的核心保密模块 MCM(Mifare_Core_module)的主要代表有:RC150、RC170、RC500 等,以及 MCM200、MCM500 等。

所以,总体来说,Type A 技术的确是一个非常优秀的非接触技术,设计简单扼要,应用项目的开发周期可以很短,同时又能起到足够的保密作用,可以适用于非常多的应用场合。

2. ISO/IEC 14443 标准中的非接触式智能卡 Type B 释义

Type B 是一个开放式的非接触式智能卡标准。所有的读写操作可以由具体的应用系统开发者定义。正因为这一点，它可以被世界上众多的智能卡厂家所广泛接受。正由于 Type B 具有开放式特点，所以每个厂家在具体设计、生产其本身的智能卡产品时，将会把其本身的一些保密特性融入其产品中，例如加密的算法，认证的方式等。

3. ISO/IEC 14443 标准中的非接触式智能卡 Type C 释义

Type C 由日本索尼公司研制。其 Feilica 非接触式智能卡（也称“八达卡”）及 RC-S 系列读写器成功地应用于中国香港的地铁运营系统。新加坡 MRT（地铁）/LRT（轻轨）/BUS 等公共交通系统（EasyLink）等也将/正在使用 SONY 公司的非接触式智能卡技术，作为交通一卡通使用。

SONY 公司的非接触式智能卡技术在整个非接触式智能卡技术领域中独树一帜。其独特的天线结构和技术，使其读写器的卡片读写距离可以非常稳定地达到 10 cm 以上。其天线结构中镶嵌的特殊材料（铁氧体等材料）使其整个天线电磁场的读写距离非常均匀，没有“死区”现象出现。中国香港地区以及新加坡陆路交通管理局等对 SONY 公司的技术产品使用后均表示了非常一致的满意。

同时，SONY 非接触式智能卡还有一个非常重要的特性，即数据写操作挫败时的数据忧恢复功能。在对卡片读写操作时，为了保证在同一时间内，多个数据块的写入操作仅用一个写操作命令，因此当写入这些数据块时，写入数据块中任何一小部分如果出现写入失败的话，所有的数据块内容将会自动返回到以前的状态，也即数据被写入之前的状态（内容）。此时所有旧的数据仍然保留，新的准备写入的数据（已经出错的数据）将被丢弃。

4. ISO/IEC 14443 标准中的非接触式智能卡 Type D 释义

Cubic 是一家历史非常悠久的跨国电子集团公司，创建于 1951 年。Cubic 总公司主要分为两部分，一部分为“Defense - Group”，另一部分为“Transportation - Systems - Group”。

“GO CARD@ System”是 Cubic“交通系统集团”中一个非常典型的非接触式智能卡的创新和应用，创立于 1989 年前后。Cubic 将其开发的非接触式智能卡技术“GO CARD@ System”首次成功地应用在英国 London 的地铁营运系统中。所有的卡片读写机具也都由 Cubic 自己开发和提供。“GO CARD@ System”系统的非接触方式读卡/认证速度非常快速，约为 70 ms 左右，并且实话了数据加密技术，开创了交通系统中“刷卡”的先例。

作为非接触式智能卡技术的延伸，Cubic 将一些人体的生物特性，例如指纹、面部图案识别等融入非接触式智能卡技术中，开创了非接触式智能卡生物识别的新领域。这也是非接触式智能卡目前一个非常重要的应用领域。

5. ISO/IEC 14443 标准中的非接触式智能卡 Type E 释义

OTI 公司创建于 1990 年，是一家非接触式智能卡技术和应用处于领先地位的以色列公司。OTI 的应用市场主要在欧洲和美国等地。OTI 独创的一些非接触式智能卡技术（如可编程接口天线等），可以使一个接触式智能卡提升成为一个非接触式智能卡。

OTI 研究开发的独特的非接触式智能卡芯片：单芯片解决方案和双（微）模块解决方案在非接触式智能卡中独树一帜。支持接触式和非接触式（13.56 MHz）两种接口应用，并自动识别和转换：程序 ROM 空间达到 24 kB；数据 EEPROM 空间达到 8 kB；支持 13.56 MHz 载波频率的 10%ASK 和 100%ASK 两种调制方式，用户在初始化时可以选择 ISO/IEC 14443-2(Type B)方式或 ISO/IEC 14443-2(Type E：OTI)方式。当被设置为 ISO/IEC 14443-2(Type B)时，支持读写器到卡片：10% ASK NRZ 调制(速度：106 kbps)，以及卡片到读写器：BPSK-NRZ 负载调制(106 kbps)，副载波频率为 847 kHz。当被除数设置为 ISO/IEC 14443-2(Type E：OTI)方式时，支持读写器到卡片：100%ASK PWM 脉宽调制(速度：106 kbps)，以及卡片到读写器：PWM 脉宽调制(106 kbps)，副载波频率为 847 kHz。读写器到卡片的 NRZ 和 PWM 位编码(Bit-Coding)采用软件方式实现；同样，卡片到读写器的 BPSK 和 PWM 位编码也采用软件方式处理非接触式智能卡片的读写距离达到 10 cm 以上，并且支持多个智能卡片的 Anti-Collision(防突冲)特性。支持卡片内 TRIPLE-DE 运算，最快速度达到 77.9 μs 等。双(微)模块解决方案(TwoDie Solution)更使 OTI 的非接触智能卡技术更上一层楼。在双(微)模块解决方案中，OTI 分别设置了 2 个独立的以微处理器 MCU 为核心的两个微模块。其中一个微模块负责非接触智能卡片数字数据处理/认证等操作；另外一个微模块用于管理和读写器通信的 RF 接口，特别是 RF 天线信号处理等。两个微模块既相互独立又相互协调，使整个模块的速度极快，特性非常优秀。

6. ISO/IEC 14443 标准中的非接触式智能卡 Type F 释义

LEGIC 是一家欧洲著名的非接触式智能卡专业公司，只研发非接触式智能卡及其相关产品技术。其保密系统的产品在欧洲的市场占有率达到 60%以上。LEGIC(读写)保密模块包括 SM05(-S)、SM100(-S)、SM300/400(-S)等。保密模块 SM 的转化产品有：移动式智能存储器初始化设备保密模块 MSM、移动式智能存储器媒体初始化设备 MIMIU、无线电频率系统保密模块 RFSM、无线电频率系统固定单元 RFSU、(智能卡片)智能卡片读写设备单元 WRU 等。

LEGIC 所有保密模块 SM100 系列产品包括：SM100-ST(标准型号)、SM100-SE(电子票卡应用)、SM100-SC(电子钱包应用)以及 SM100-SX(电子标卡/电子钱包应用)。保密模块 SM05 和 SM300/400 等具有和 SM100 相同的产品分类和特性等。

7. ISO/IEC 14443 标准中的非接触式智能卡 Type G 释义

事实上，中国的非接触式智能卡技术(Type G)在应用层面上已经有着非常多的经验，但是在非接触智能卡核心技术的研发和掌握上、微电子工业基础设施和设备上，都还有一段漫长的路要走。

3.5.5 ISO/IEC 标准高频频段防冲突机制简介

正常情况下读写器某一时刻只能对磁场中的一张射频卡进行读写操作。但是当多张卡片同时进入读写器的射频场时，读写器怎么办呢？读写器需要选出唯一的一张卡片进行读写操作，这就是防冲突。

防冲突机制是非接触式智能卡特有的问题。在接触式智能卡的操作中是不存在冲突的，因为接触式智能卡的读写器有一个专门的卡座，而且一个卡座只能插一张卡片，不存在读写器同时面对两张以上卡片的问题。下面将对常见的非接触式智能卡中的防冲突机制作简要介绍。

1. 面向比特的防冲突机制

ISO/IEC 14443A 中使用这种防冲突机制，其原理是基于卡片有一个全球唯一的序列号。比如 M1 卡，每张卡片有一个全球唯一的 32 位二进制序列号。显而易见，卡号的每一位上不是“1”就是“0”，而且由于是全世界唯一，所以任何两张卡片的序列号总有一位的值是不一样的，也就说总存在某一位，一张卡片上是“0”，而另一张卡片上是“1”。

当两张以上卡片同时进入射频场，读写器向射频场发出卡呼叫命令，问射频场中有没有卡片。这些卡片同时回答“有卡片”；然后读写器发送防冲突命令“把你们的卡号告诉我”，收到命令后所有卡片同时回送自己的卡号。

可能这些卡片卡号的前几位都是一样的。比如前四位都是 1010，第五位上有一张卡片是“0”而其他卡片是“1”，于是所有卡片在一起说自己的第五位卡号的时候，由于有卡片说“0”，有卡片说“1”，读写器听出来发生了冲突。

读写器检测到冲突后，对射频场中的卡片说，让卡号前四位是“1010”，第五位是“1”的卡片继续说自己的卡号，其他的卡片不要发言了。

结果第五位是“1”的卡片继续发言，可能第五位是“1”的卡片不止一张，于是在这些卡片回送卡号的过程中又发生了冲突，读写器仍然用上面的办法让冲突位是“1”的卡片继续发言，其他卡片禁止发言，最终经过多次的防冲突循环，当只剩下一张卡片的时候，就没有冲突了，最后胜出的卡片把自己完整的卡号回送给读写器，读写器发出卡选择命令，这张卡片就被选中了，而其他卡片只有等待下次卡呼叫时才能再次参与防冲突过程。

防冲突过程中，当冲突发生时，读写器总是选择冲突位为“1”的卡片胜出，当然也可以指定冲突位为“0”的卡片胜出。

上述过程有点拟人化了，实际情况下读写器是怎么知道发生冲突了呢？在前面的数据编码中已经提到，卡片向读写器发送命令使用副载波调制的曼彻斯特（Manchester）码，副载波调制码元的右半部分表示数据“0”，副载波调制码元的左半部分表示数据“1”，当发生冲突时，由于同时有卡片回送“0”和“1”，导致整个码元都有副载波调制，读写器收到这样的码元，就知道发生冲突了。

这种方法可以保证任何情况下都能选出一张卡片，即使把全世界同类型的所有卡片都拿来防冲突，最多经过 32 个防冲突循环就能选出一张卡片。缺点是由于卡序列号全世界唯一，而卡号的长度是固定的，所以某一类型的卡片的生产数量也是一定的，比如常见的 M1 卡，由于只有 4 个字节的卡序列号，所以其生产数量最多为 2 的 32 次方，即 4 294 967 296 张。

2. 面向时隙的防冲突机制

ISO/IEC 14443B 中使用这种防冲突机制。这里的时隙（timeslot）其实就是个序号。这个序号的取值范围由读写器指定，可能的范围有 1-1、1-2、1-4、1-8、1-16。当两张以上卡片同时进入射频场，读写器向射频场发出卡呼叫命令，命令中指定了时隙的范围，让卡片在这个指定的范围内随机选择一个数作为自己的临时识别号。然后读写器从 1 开始叫号，如果叫到某个号恰好只有一张卡片选择了这个号，则这张卡片被选中胜出。如果叫到的号没有卡片应答或者有多于一张卡片应答，则继续向下叫号。如果取值范围内的所有号都叫了一遍还没有选出一张卡片，则重新让卡片随机选择临时识别号，直到叫出一张卡片为止。

这种办法不要求卡片有一个全球唯一序列号，所以卡片的生产数量没有限制，但是理论上存在一种可能，就是永远也选不出一张卡片来。索尼公司的 Felica 采用的也是这种机制。

3. 位和时隙相结合的防冲突机制

ISO/IEC 15693 中使用这种机制。一方面每张卡片有一个 7 字节的全球唯一序列号，另一方面读写器在防冲突的过程中也使用时隙叫号的方式，不过这里的号不是卡片随机选择的，而是卡片唯一序列号的一部分。

叫号的数值范围分为 0~1 和 0~15 两种。其大体过程是，当有多张卡片进入射频场，读写器发出清点请求命令，假如指定卡片的叫号范围是 0~15，则卡片序列号最低 4 位为 0000 的卡片回送自己的 7 字节序列号。如果没有冲突，卡片的序列号就被登记在 PCD 中。然后读写器发送一个帧结束标志，表示让卡片序列号最低 4 位为 0001 的卡片做出应答；之后读写器每发送一个帧结束标志，表示序列号的最低 4 位加 1，直到最低 4 位为 1111 的卡片被要求应答。如果此过程中某一个卡片回送序列号时没有发生冲突，读写器就可选择此张卡片；如果巡检过程中没有卡片反应，表示射频场中没有卡片；如果有卡片反应的时隙发生了冲突，比如最低 4 位是 1010 的卡片回送卡号时发生了冲突，则读写器在下一次防冲突循环中指定只有最低 4 位是 1010 的卡片参与防冲突，然后用卡片的 5~8 位作为时隙，重复前面的巡检。如果被叫卡片的 5~8 位时隙也相同，之后再用卡片的 9~12 位作为时隙，重复前面的巡检，依次类推。读写器可以从低位起指定任意位数的序列号，让卡号低位和指定的低位序列号相同的卡片参与防冲突循环，卡片用指定号前面的一位或 4 位作为时隙对读写器的叫号做出应答。由于卡片的序列号全球唯一，所以任何两张卡片总有某个连续的 4 位二进制数不一样，因而总能选出一张卡片。需要指出的是，当选定的时隙数为 1 时，这种防冲突机制等同于面向比特的防冲突机制。

另外需要说明的是，TTF 的卡片一般是无法防冲突的。这种卡片一进入射频场就主动发送自己的识别号，当有多张卡片同时进入射频场时就会发生不读卡的现象。这时只有靠卡片的持有者自己去避免冲突了。

3.5.6 NFC 技术简介

近场通信技术（Near Field Communication，NFC），又称近距离无线通信技术，是一种短距离的高频无线通信技术，允许电子设备之间进行非接触式点对点数据传输（在十厘米内）交换数据。近距离通信技术（NFC）是由非接触式射频识别（RFID）演变而来，由飞利浦半导体（现恩智浦半导体公司）、诺基亚和索尼共同研制开发，其基础是 RFID 及互连技术。NFC 工作在 13.56 MHz 频段，其数据传输速率取决于工作距离，可为 106 kbps、212 kbps 或 424 kbps。其最长通信距离为 20 cm，在大多数应用中，实际工作距离不会超过 10 cm。NFC 技术的出现将在很大程度上改变人们使用某些电子设备的方式，甚至改变信用卡、现金和钥匙的使用方式，它可以应用在手机等便携型设备上，实现安全的移动支付和交易、简便的端到端通信、在移动中轻松接入信息等功能。

NFC 芯片是具有相互通信的功能，并具有计算能力。NFC 标准兼容了索尼公司的

Felica 标准，以及 ISO/IEC 14443 A、B，也就是使用飞利浦的 Mifare 标准。在 Felica 标准中还含有加密逻辑电路，Mifare 的后期标准也追加了加密/解密模块。在业界简称为 Type A，Type B 和 Type F，其中 A，B 为 Mifare 标准，F 为 Felica 标准。

支持 NFC 的设备可以在主动或被动模式下交换数据。在被动模式下，启动 NFC 通信的设备，也称为 NFC 发起设备（主设备），在整个通信过程中提供射频场（RF-field），它可以选择 106 kbps、212 kbps 或 424 kbps 其中一种传输速度，将数据发送到另一台设备。另一台设备称为 NFC 目标设备（从设备），不必产生射频场，而使用负载调制（Load Modulation）技术，即可以相同的速度将数据传回发起设备。此通信机制与基于 ISO/IEC 14443A、Mifare 和 Felica 的非接触式智能卡兼容，因此，NFC 发起设备在被动模式下，可以用相同的连接和初始化过程检测非接触式智能卡或 NFC 目标设备，并与之建立联系。

在主动模式下，每台设备要向另一台设备发送数据时，都必须产生自己的射频场。如图 3-36 所示，发起设备和目标设备都要产生自己的射频场，以便进行通信。这是对等网络通信的标准模式，可以获得非常快速的连接设置。

图 3-36　RFID 和 NFC 关系图

与 RFID 一样，NFC 信息也是通过频谱中无线频率部分的电磁感应耦合方式传递，但两者之间还是存在很大的区别。NFC 是一种提供轻松、安全、迅速的通信无线连接技术，其传输范围比 RFID 小，RFID（超高频频段）的传输范围可以达到几米、甚至几十米，但由于 NFC 采取了独特的信号衰减技术，相对于 RFID 来说 NFC 具有距离近、带宽高、能耗低等特点。

NFC 与现有非接触式智能卡技术兼容，目前已经成为得到越来越多主要厂商支持的正式标准。NFC 还是一种近距离连接协议，提供各种设备间轻松、安全、迅速而自动的通信。与无线世界中的其他连接方式相比，NFC 是一种近距离的私密通信方式。

3.5.7　高频 RFID 系统与 NFC 技术

NFC 将非接触读卡器、非接触卡和点对点功能整合进一块单芯片，而 RFID 必须由读写器和标签组成。RFID 只能实现信息的读取以及判定，而 NFC 技术则强调的是信息交互。通俗地说，NFC 就是基于 RFID 技术的一个分支，双方可以近距离交换信息。NFC 手机内置 NFC 芯片，组成 RFID 模块的一部分，可以当作 RFID 无源标签使用进行支付费用；也可以当作 RFID 读写器，用作数据交换与采集，还可以进行 NFC 手机之间的数据通信。

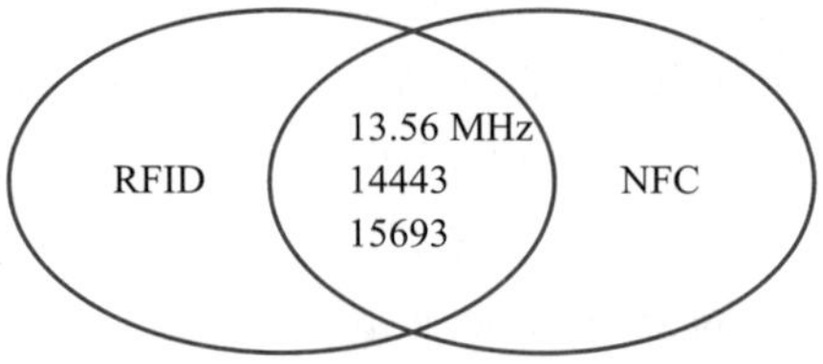

图 3-37 RFID 和 NFC 关系图

RFID 和 NFC 关系图如图 3-37 所示，两者最大的共同点是都采用 13.56 MHz，但 RFID 的范围比 NFC 要广很多，除 13.56 MHz 之外还有很多其他频段，而 NFC 只有 13.56 MHz 这一个频段。NFC 制定的初衷是为了近场支付和松散认证的小数据交换，NFC 选用了 13.56MHz 作为基础，同时增加了一个点对点的通信，传统的高频 RFID 只能同一时间一个读写器与一个电子标签交互，而 NFC 可以两个读写器之间相互传数据。

RFID 更多地被应用在生产、物流、跟踪、资产管理上，而 NFC 则在门禁、公交、手机支付等领域内发挥着巨大的作用。同时，NFC 还优于红外和蓝牙传输方式。作为一种面向消费者的交易机制，NFC 比红外更快、更可靠。

3.5.8 NFC 的发展现状与应用前景

日本的电信运营商在很早之前就开始普及 NFC 功能，加上日本是一个比较注重效率的国家，所以在日本的大城市中几乎每个商铺和自动售货机均支持 NFC 支付。在发生交易以后，手机运营商会自动扣除手机话费余额，而后付费的用户可以像信用卡一样到月底统一支付。日本游客手持具有 NFC 功能的手机，在韩国的机场可以下载韩国机场商户的电子优惠券到手机中，这样，日本游客就可以在韩国享受商户优惠的折扣。同样，韩国游客在日本的机场，用 NFC 手机也可以享受到日本商户的优惠。这是在全球统一的移动支付标准的前提下才可以做到的事情。

在英国，NFC 技术已经广泛应用于当地的城市信息化建设，当游客走进某艺术馆，只需要将手机对准绘画作品下方的接触点，以 NFC 实施数据传输，游客的手机上就会显示该作品的作者背景、创作年代等一系列信息。

在法国尼斯市的城市公交亭、咖啡馆以及户外海报上，NFC 应用更是随处可见。咖啡馆提供的免费上网服务不再需要输入用户名、密码等烦琐的步骤，用户只需在进门时将手机轻触商家固定的接触点即可。随着近距离无线通信技术在越来越多领域得到应用，法国政府看到了该技术在促进城市信息化、智能化方面的巨大潜力。近几年，法国政府启动了近距离无线通信技术项目招标，共甄选了 17 个地区作为示范区域，主要发展近距离无线通信技术在以下几个领域的应用：公共交通：车票、停车、公用自行车租赁等；公共服务：大厦门禁卡、学校服务管理和收银等；信息服务：旅游路线、生活信息等。

在中国，NFC 技术起步较晚，大约在 2011—2012 年，目前主要应用在手机支付领域。使用该业务，需在具有 NFC 模块的手机下载一个“钱包”应用，打开应用后，可在其中下载银行卡、公交卡、优惠券、加油卡等各种虚拟卡，并输入信息绑定实体卡。一部手机可以绑定很多张银行卡，并可在支持“闪付”的 POS 机上“刷手机”。

在 2016 年，随着 Apple 在国内推出 Apple Pay（NFC 的具体应用）后，三星、小米和华为都推出了 NFC 支付功能。由于这些 Apple Pay，Samsung Pay，Huawei Pay 不需要使用复杂的申办手续，所以也逐步带动了 NFC 支付的发展。而银行方面，也非常看好

NFC 支付的未来前景，多家银行表示绑定的 Apple Pay 信用卡将可享有与实体卡片相同的消费额度，并对使用 Apple Pay 提供不同程度的优惠活动，同时还有多家银行设置可通过 NFC 手机进行［无卡取款/账户查询］服务的 ATM。由此看来，国内银行希望通过 NFC 手机培养用户"线下大额支付用 NFC、小额支付用二维码"的使用习惯。

目前，国内 NFC 的市场规模还比较小。2015 年随着微信和支付宝大力推广微信支付和二维码支付后，极大地培养了手机用户用手机支付的习惯。因此，尽管 NFC 在技术、安全上更有优势，但是市场前景还有待观察，至少在国内如此。相对于 NFC 移动支付，二维码支付只要透过网络完成（验证），而不需 NFC 硬件接口，因此支付可以运行于多种终端（如拉卡拉刷卡机、智能手表、智能手机等）类型，支付接口则可以透过二维码、APP、网页等完成。毫无疑问，二维码支付最大优势就是方便，使用场景多，加上推广初期微信支付和支付宝支付"砸钱"补贴培养用户使用习惯，至今已掌握近端行动支付近 9 成交易额。然而二维码支付的安全系数不如 NFC 也是事实，在支付地铁/公交等费用时，也不如 NFC 方便。目前二维码支付暂已取得商家小额移动支付市场的胜利，但 NFC 还是有着自身优势，未来市场的发展值得大家期待。

习题与测试

习题答案

1. 充值消费系统的硬件设备包括__________和__________。
2. 充值消费系统的硬件设计主要是__________的设计。
3. M1 卡的容量是__________。
4. 读写器的软件设计包括__________和__________。
5. MF RC500 芯片的应用频段是__________。
6. S50 卡的序列号是（　　）个字节组成。

A. 2　　B. 4　　C. 6　　D. 8

7. Mifare 卡中，最常用的是（　　）卡。

A. S20　　B. S50　　C. S70　　D. S90

8. 以下（　　）命令不是对数值块的操作。

A. 增值/减值　　B. 读/写　　C. 备份/恢复　　D. 乘/除

9. 对 S50 卡的操作中，寻卡命令之后需要进行（　　）操作。

A. 选择卡　　B. 防冲突　　C. 密码校验　　D. 读卡块

10. 在对 S50 卡的卡块内容的读写操作完成后，需要进行（　　）操作。

A. 寻卡　　B. 防冲突　　C. 终止卡　　D. 选择卡

项目四

超高频 RFID 系统的设计与实现

微课
ETC 系统工作原理.mp4

引导案例

在车辆自动识别技术的发展过程中，实验和实施了多种不同的自动识别技术，如感应线圈识别技术、声表面波识别技术、红外通信识别技术等，但最终还是采用了 RFID 技术。 电子不停车收费（Electronic Toll Collection，ETC）系统，是国际上正在努力开发并推广普及的一种用于道路、桥梁和隧道的电子自动收费系统。 美国、欧洲等许多国家和地区的电子收费系统已经局部联网并逐步形成规模效益。

2007 年 3 月 17 日，我国正式发布国家标准 GB/T20851《电子收费专用短程通信》应用于高速公路电子收费，区别于欧洲标准的 915M 产品、日本标准的 2.4G 产品，我国选择了国标 5.8G 产品。 在 2015 年年底，基本实现全国 ETC 联网，主线收费站 ETC 覆盖率达到 100%，全国 ETC 用户数量达到 2000 万，彻底打破了过去以 IC 卡、磁卡为介质,采用人工收费方式为主的公路联网收费方式。

RFID 技术是 ETC 系统中重要的关键技术，如图 4-1 所示，超高频 RFID ETC 系统利用车载电子标签（存储车辆编号及相关信息）与微波天线（安装在车道上方）之间的专用短程通信（Dedicated Short Range Communication,DSRC）方式识别当前通行车辆，在不需要司机停车和其他收费人

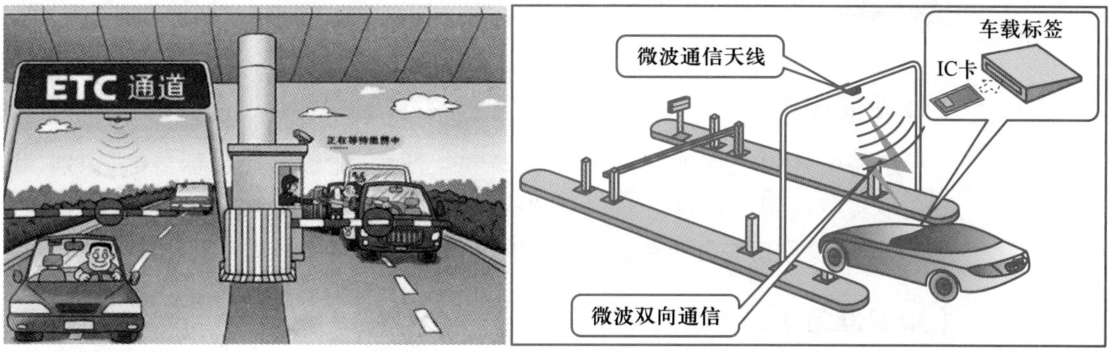

图 4-1 RFID ETC 系统示意图

员采取任何操作的情况下，自动完成收费处理全过程。

基于 RFID 技术的 ETC 系统与传统的收费系统相比，有着绝对的发展优势，充分发挥超高频 RFID 技术工作距离远、传输速率快、能够识别快速移动物体等诸多优点，代表着当今最先进的收费技术，也是未来发展的方向，有着广阔的发展前景。

为了突出超高频 RFID 技术的应用，立足本课程的定位与培养目标，本项目以 RFID ETC 系统为载体，以超高频 RFID 读写器应用为主线，选取超高频电子标签、读写器模块、计算机组建一个简易的超高频 RFID ETC 系统，分析超高频 RFID 系统的技术特点、ETC 系统工作流程、关键技术、硬件选型、测试方法等。

学习目标

知识目标

- 熟悉超高频 RFID 系统的工作原理、技术特点与技术标准
- 熟悉超高频 RFID ETC 系统的基本工作流程
- 熟悉超高频 RFID 系统读写器天线的作用和技术参数
- 熟悉超高频 RFID 系统电子标签的内部结构和技术参数
- 熟悉超高频 RFID 系统读写器的基本组成和技术参数
- 熟悉 RFID ETC 系统的硬件构成及各子模块的接口定义
- 熟悉 RFID ETC 系统 OBU 模块、RSU 模块的内部结构和使用方法
- 理解 RFID ETC 系统读写器、上位机软件设计方案
- 理解 RFID ETC 系统软件测试方法

技能目标

- 能够描述超高频 RFID 系统的工作原理
- 能够分析超高频 RFID 系统的技术特点、国际标准
- 能够描述超高频 RFID ETC 系统的基本工作流程
- 能够分析超高频 RFID 系统读写器天线的作用和技术参数
- 能够分析超高频 RFID 系统电子标签的内部结构和技术参数
- 学会分析 RFID ETC 系统的硬件构成及各子模块的接口定义
- 学会使用超高频 RFID 读写器上位机操作软件
- 初步具备超高频 RFID 读写器上位机配置、读写测试的能力
- 初步学会基于超高频 RFID 读写器进行二次开发的方法

任务 1 超高频 RFID 系统分析

【任务描述】

超高频 RFID 系统广泛应用于生产和生活中，能够实现目标追踪、识别、物品管理等众多实际应用。通过对超高频 RFID 系统的深入了解，可以从其技术特点、工作原理、工作频段方面来分析超高频 RFID ETC 系统的典型结构及其工作流程。

【知识准备】

UHF 频段的 RFID 技术将会成为全球热点。超高频 RFID 系统是目前射频识别系

统研发的核心，是最具有发展前途的物联网典型应用。

4.1.1　超高频 RFID 系统技术特点

超高频 RFID 系统可以同时对多个电子标签进行操作，主要应用于需要较长的读写距离和高读写速度的场合。相对于低频、高频 RFID 系统而言，超高频 RFID 系统主要技术特点如下：

- **工作距离**：较远的读写距离，通常大于 1 m。有源标签的读写距离更远，广泛应用于物流、供应链管理、ETC 领域等。
- **天线尺寸**：标签的尺寸较小。天线的小型化和微型化设计是保证标签技术性能的重点和难点，并催生了 UHF 天线设计制造的新技术。
- **防碰撞能力**：由于工作距离变远，在读写器工作范围内的有效标签数量就会增加，必须具有较快、有效的处理碰撞的能力。同时，读写器之间的相互干扰问题也需要考虑。
- **应答器功能**：除了传统的存储识别数据功能外，还可以集成传感器，如温度、压力等；同时，为了维护顾客的隐私权，电子标签还具有自毁功能，可以通过读写器发出的 KILL 命令来实现，应用于商品标签中。

总之，超高频 RFID 技术具有一次性读取多个标签、穿透性强、可多次读写、数据的记忆容量大，并且电子标签成本低、体积小、使用方便，可靠性和寿命都比较高等特点。

4.1.2　超高频 RFID 系统工作原理

教学课件
电磁耦合 RFID 系统工作原理.ppt

微课
电磁耦合 RFID 系统工作原理.mp4

与低频、高频 RFID 系统相比，超高频 RFID 系统采用电磁反向散射耦合工作方式。

1. 反向散射耦合

电磁耦合，即电磁反向散射耦合，利用电磁波反射来完成能量传递和数据传输，其理论和应用基础是雷达技术。

当电磁波遇到空间目标(物体)时，其能量的一部分被目标吸收，另一部分以不同的强度散射到各个方向。在散射的能量中，一小部分反射回发射天线，并被天线接收(因此发射天线也是接收天线)，对接收信号进行放大和处理，即可获得目标的有关信息。

一个目标反射电磁波的效率由反射横截面来确定。反射横截面的大小与一系列的参数有关，如：目标的大小、形状和材料，电磁波的波长和极化方向等。且目标的发射性能通常随频率的升高而增强。故电磁耦合 RFID 系统采用超高频和微波，工作距离大于 1 m。

2. 能量供给

在 RFID 反向散射耦合方式原理图 4-2 中，读写器、应答器和天线构成一个收发通信系统。

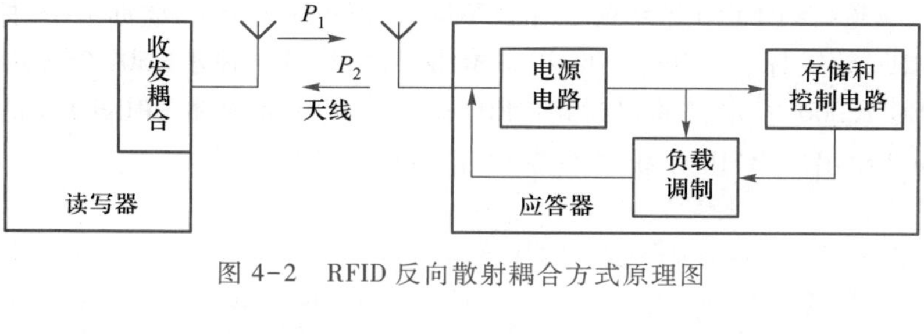

图 4-2　RFID 反向散射耦合方式原理图

无源应答器的能量由读写器提供，读写器天线发射的功率 P1 经自由空间衰减后到达应答器，被吸收的功率经应答器中的整流电路整流后形成应答器的工作电压。实际应用中，考虑到国际标准对读写器的发射功率的严格限制，应答器完全无源有一定的困难，需要安装附加电池，平时处于低功耗模式，当获得射频功率时进入工作状态。

① 读写器到电子标签的能量传输，在电子标签和发射天线最佳对准和正确极化时，电子标签可吸收到最大功率。

② 电子标签到读写器的能量传输，电子标签可吸收的最大功率与距离（电子标签与读写器之间的距离）的四次方成反比。

3. 数据传输

电磁反向散射系统的数据传输可分为以下两个过程。

(1) 读写器向电子标签发射信号

读写器向电子标签发射的信号包括已调制载波和未调制载波。

① 当电子标签接收的信号没有被调制时，载波能量全部被转换成直流电压，供给电子标签内芯片能量。

② 当载波携带数据或者命令时，电子标签通过接收电磁波作为自己的能量来源，并对接收信号进行处理，从而接收读写器的指令或数据。

(2) 电子标签向读写器返回信号

读写器只向标签发送未调制载波，载波能量一部分被电子标签转化成直流电压，供给电子标签工作；另一部分被标签通过改变射频前端电路的阻抗调制并反射载波来向读写器传送信息。

4.1.3 超高频 RFID 系统工作频率

超高频与微波 RFID 系统，统称为超高频 RFID 系统，其典型工作频率有 433 MHz、860~960 MHz、2.45 GHz 和 5.8 GHz 等。对应的电子标签可分为有源标签与无源标签两类。

LF、HF 应用的频段或频点在国际上有公认的划分，即位于 ISM 波段之中。但 860~960 MHz UHF 频段的应用则较为复杂，各国都有不同的频率管制，读写器的发射功率也有严格限制，所以使用者一定要注意 UHF 频率的选择问题，尤其是跨地区的应用，要符合当地的频率法定。

我国在 UHF 频率范围内，已经存在多种无线通信的应用，如 GSM 和 CDMA 的通信频段。2007 年，发布《800/900 MHz 频段射频识别（RFID）技术应用试行规定》，确定了 840~845 MHz 和 920~925 MHz 为我国使用的 UHF 频段。

其他各国超高频 RFID 系统的工作也不同。如图 4-3 所示，欧洲 UHF 标签工作在 868~870 MHz，北美标签工作于 902~928 MHz，日本标签工作于 950~956 MHz。

ISO/IEC 18000-6 定义的超高频 RFID 系统的频率范围和 EPCglobal 的协议 EPC Class 1 Gen 2 给出的 RFID 系统频率范围均为 860~960 MHz。

国家(地区)	划定情况	UHF 分配频段
美国/加拿大	已划定	902~928 MHz
欧盟(英法德意荷等国)	已划定	865.6~867.6 MHz
中国	已划定	840~845 MHz/920~925 MHz
中国香港	已划定	865~868 MHz/920~925 MHz
中国台湾	已划定	922~928 MHz
新加坡	已划定	866~869 MHz/920~925 MHz
日本	已划定	950~956 MHz
韩国	已划定	908.5~914 MHz
印度	已划定	865~867 MHz
澳大利亚	已划定	920~926 MHz
新西兰	已划定	864~868 MHz

图 4-3　超高频 RFID 在不同地区的频段

4.1.4　超高频 RFID ETC 系统分析

相比较于高频 RFID 系统,超高频 RFID 系统读写速度更快,识别距离更远,广泛应用于供应链管理、物流仓储业、制造业、交通业等领域。其中,电子不停车收费系统就是 UHF RFID 系统应用的典型代表。

电子不停车收费系统(Electronic Toll Collection,ETC),是指车辆在通过收费站时,通过车载设备实现车辆识别、信息写入(入口)并自动从预先绑定的 IC 卡或银行账户上扣除相应资金(出口),是国际上正在努力开发并推广普及的一种用于道路、桥梁和隧道的电子收费系统。

教学课件
UHF RFID ETC 系统的概述.ppt

微课
UHF RFID ETC 系统的概述.mp4

ETC 系统是利用微波技术、电子技术、计算机技术、通信和网络技术、信息技术、传感技术等高新技术的设备和软件(包括管理)所组成的先进系统,以实现车辆无须停车既可自动收取道路通行费用。具有自动识别、无需停车、信息档案管理、统计图分析、环保节能、塑造更好形象等功能及优势。

(1) 典型结构

ETC 系统的典型结构主要包括三大关键子系统:车辆自动识别系统(Automatic Vehicle Identification Systems,AVI)、自动车型分类系统(Automatic Vehicle Classification Systems,AVC)、违章车辆抓拍系统(Video Enforcement Systems,VES)。

教学课件
ETC 系统的选型依据.ppt

微课
ETC 系统的选型依据.mp4

如图 4-4 所示,AVI 子系统是利用超高频 RFID 技术实现电子不停车收费的关键核心,主要包括 ETC 门架、路侧 ETC 天线、车载标签以及车辆分类器等;AVC 子系统包括车牌识别系统、费额显示器、自动抬杆机等,实现车牌统计和车道通闭功能;VES 子系统包括地磁线圈、自动抬杆机及车道摄像机,用于抓拍影像。

如图 4-5 所示 AVI 子系统结构框图中:车道控制器与 ETC 天线直接相连,ETC 天线再通过 DSRC(专用短程通信技术)协议与车载标签交互通信。

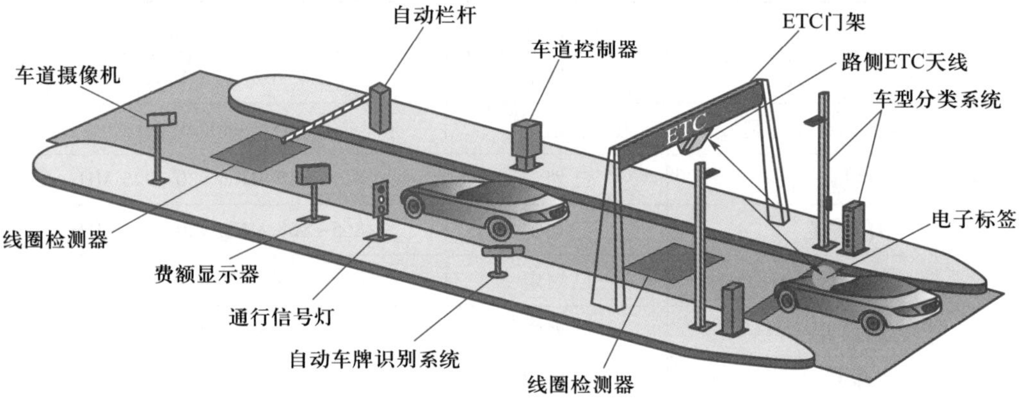

图 4-4 ETC 系统的典型结构

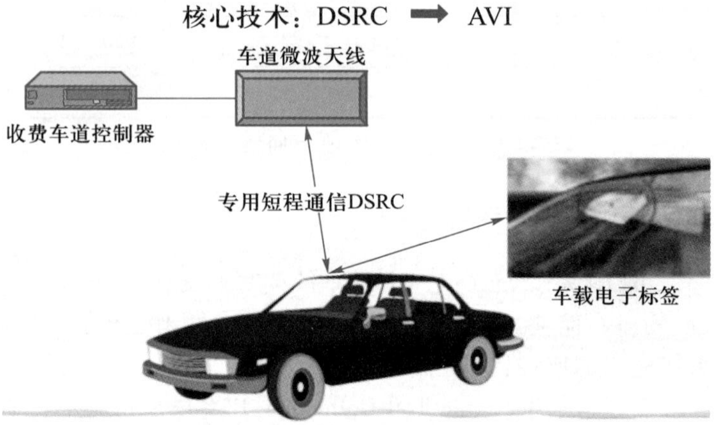

图 4-5 DSRC 协议与车载标签相交互

小 知 识

如表 4-1 所示，DSRC（Dedicated Short Range Communication，专用短程通信）的主要特点是通信距离相对较远 10～30 m，其频段属于 ISM 频段，通信速率较快为 500 kbps，有较好的加密机制。由于上述特性，恰好适用于高速公路不停车收费这一应用中。

表 4-1 DSRC 通信方式特点

通信距离	10～30 m
工作频段	ISM：5.8 GHz（915 MHz、2.45 GHz）
通信速率	500 kbps/250 kbps
完善的加密通信机制	3DES
应用领域宽	不停车收费、出入控制、车队管理、信息服务

（2）工作流程

由于不同的收费系统的收费业务过程基本相同，现以图 4-6 为例，说明电子收费系统的工作过程。

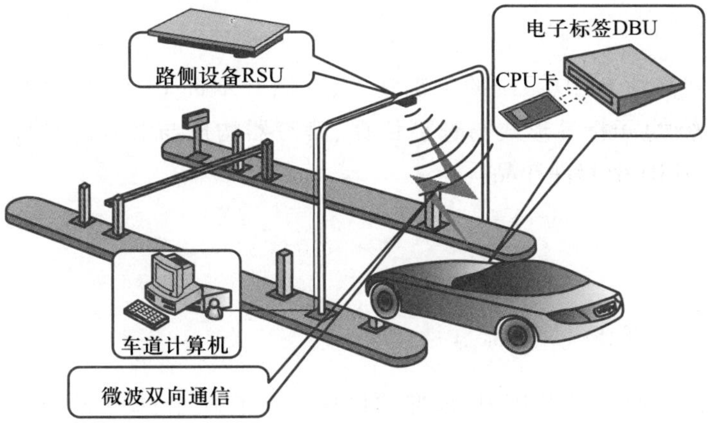

图 4-6　ETC 系统的工作流程

（1）装贴电子标签

车主到客户服务中心或代理机构购置车载电子标签，交纳储值，由发行系统向电子标签输入车辆识别码（ID）与密码，并在数据库中存入该车辆的全部有关信息，如识别码、车牌号、车型、颜色、储值、车主姓名与电话等，发行系统通过通信网将上述车主、车辆信息输入收费计算机系统。车主将标识卡贴在车内前窗玻璃上即可。

（2）驶入入口天线发射区

当车辆驶入 ETC 收费车道入口天线的发射区时，处于休眠的电子标签受到微波激励而苏醒，转入工作状态：电子标签通过微波发出电子标签标识和车型代码，天线接收确认电子标签有效后，以微波发出入口车道代码和时间信号等，写入电子标签的存储器内。

（3）驶入出口天线发射区

当车辆驶入收费车道出口天线发射范围时，经过唤醒、相互认证有效性等过程，天线读出车型代码以及入口代码和时间，传送给车道控制机，车道控制器存储原始数据并编辑成数据文件，上传给收费站管理子系统并转送收费结算中心。

【任务实施】

通过超高频 RFID ETC 系统应用案例，分析超高频应用系统的技术特点、工作原理、工作频率及其典型结构等。

【问题研讨】

1. 简述超高频 RFID 系统的工作原理、耦合方式及其应用场合。
2. 试分析超高频 RFID 系统与高频 RFID 系统的主要区别。

任务2 超高频 RFID 系统关键技术

【任务描述】

学会分析超高频 RFID 系统的关键技术，熟悉并掌握 UHF 频段的主要标准、天线形式与选型依据、电子标签形式与选型依据、读写器构成与芯片选型以及中间件选型依据与国内外 RFID 中间件产品。

【知识准备】

教学课件
超高频 RFID 系统的通信协议.ppt

4.2.1 超高频 RFID 协议标准

目前，国际上提出 UHF RFID 标准的机构主要有三个：EPCglobal、国际标准化组织 ISO 以及日本的 UID，其中 EPCglobal 最有影响力。目前有两个标准可供选择，一个是 ISO/IEC 18000-6B，另一个是已被 ISO 接纳为 ISO/IEC 18000-6C 的 EPC C1G2 标准。

微课
超高频 RFID 系统的通信协议.mp4

1. UHF EPC 标准

EPCglobal 组织旨在搭建一个可以自动识别任何地方、任何事物的开放性全球网络，来为公司提供某些完美的供应链。超高频 RFID 系统 UHF EPC 标准是由 EPCglobal 组织、各应用方协调一致的编码标准，可以实现对所有实体对象（包括零售商品、物流单元、集装箱、货运包装等）的唯一有效标识。

在物联网的架构当中，RFID 标签中储存的是 EPC 代码，可以通过无线数据通信网络自动采集到中央信息系统，以实现对物品的识别。见表 4-2，EPC 代码由一个版本号加上域名管理者、对象分类、序列号三段数据组成的一组数字。其中：

表 4-2 EPC 代码定义（以 UHF EPC G2-96 为例）

标头	管理者代码	对象分类代码	序列号
01.	0203DA2.	916E8B.	719BAE03C
8 bit	28 bit （2.68 亿组）	24 bit （1.6 千万组）	36 bit （680 亿组）

- 标头：EPC 的版本号，标识 EPC 的长度或类型（编码每部分的位数）。
- 域名管理者：描述与此 EPC 相关的生产厂商信息。
- 对象分类：记录产品精确类型的信息。
- 序列号：用于唯一标识货品单件。

EPC 赋予物品唯一的电子编码，其位长通常为 64 位或 96 位，也可扩展为 256 位。见表 4-3，对于不同的应用规定有不同的编码格式。

表 4-3　三种 EPC 应用编码

版本	类型	标头字段	EPC 管理者	对象分类	序列号
EPC-64	Type Ⅰ	2	21	17	24
	Type Ⅱ	2	15	13	34
	Type Ⅲ	2	26	13	23
EPC-96	Type Ⅰ	8	28	24	36
EPC-256	Type Ⅰ	8	32	56	160
	Type Ⅱ	8	64	56	128
	Type Ⅲ	8	128	56	64

EPC 标签是 EPC 代码的物理载体，附着于可跟踪的物品上，一般由天线和芯片组成。EPC 标签设定了类(Class)和代(Gen)的概念。类(Class)描述的是 EPC 标签的基本功能，代(Gen)是指 EPC 标签的版本号。例如，EPC Class1 Gen2 标签指的是 EPC 第 2 代 Class1 类别的标签，是目前使用最多的 EPC 标签。EPC Class1 Gen1、Gen2 两代标准的特性参数各有不同，详见表 1-15。

2. UHF ISO 标准

国际标准化组织 **ISO/IEC** 是信息技术领域最重要的标准化组织之一，其制定的 **RFID 空中接口协议 ISO/IEC18000 系列标准**定义了读写器与标签之间进行命令和数据双向交换的机制，即读写器发给标签的命令和标签发给读写器的响应。

ISO/IEC 18000 系列标准应用范围非常广，包含六个部分，涵盖不同的带宽，涉及 UHF 频段的主要有：

- ISO/IEC 18000-7 是 433 MHz 标准
- ISO/IEC 18000-6 是 860～930 MHz 标准
- ISO/IEC 18000-4 是 2.45 GHz 标准

其中，ISO/IEC 18000-6 规定了 860～930 MHz 读写器与标签之间的物理接口、协议和命令以及防碰撞方法。符合此标准的 RFID 设备工作在 UHF 超高频状态下，标签和读写设备采用反向散射的方式工作，标签利用接收到的由读写器发出的射频能量，将其中的编码信息用电波传播回去，其工作距离较大，可超过 10 m 进行工作。

ISO/IEC 18000-6 标准包含了 Type A、Type B 和 Type C 三种无源标签的接口协议。

- Type A 协议的标签存储容量大，可达几 Kbit，抗冲突能力弱，指令类型多，已鲜有应用。
- Type B 协议的标签储存容量可达 2 Kbit，有一定的抗冲突能力。一次最多可以读取 10 个标签，一般用在闭环的领域，像烟草等资产管理。
- Type C 协议的标签读写速度快，抗干扰性好，抗冲突能力强，可达 1000 个标签，未来成本会很低，适合开环应用，如物流行业。

目前，Type C 协议的应用前景最为看好，同时兼容了 EPC Class1 Gen2 标准，使得全球 UHF RFID 技术得到了规范发展，已经得到了世界上众多企业的支持，如沃尔玛于 2006 年 9 月正式开始用 Gen2 标签替代 Gen1 标签。目前已经开始应用到供应链管理、图书馆管理、资产追踪、后勤管理等众多领域。

教学课件
超高频 RFID 标签的天线结构.ppt

微课
超高频 RFID 标签的天线结构.mp4

4.2.2 超高频 RFID 系统天线

超高频 RFID 系统读写器通过其天线向标签发送一段调制好的命令信号，标签天线捕捉并反向散射标签芯片再调制的信号给读写器天线接收，读写器根据接收到的信号提取相应的标签信息。可以看出，在超高频 RFID 系统整个通信过程中，天线起了至关重要的作用，甚至决定了整个系统的性能。

1. 超高频标签天线

在超高频射频标签中，可供选择的**天线形式**如表 4-4 所示。表中前 3 类天线是线极化的，但是微带天线可以是圆极化的，对数螺旋天线只能是圆极化的。

表 4-4 不同种类超高频标签天线的特点

天线	模式类型	自由空间宽带(%)	尺寸(波长单位)	阻抗/Ω
偶极子	全向	10~15	0.5	50~80
折合振子	全向	15~20	0.5×0.05	100~300
印刷振子	方向性	12~15	0.5×0.5×0.1	50~100
微带天线	方向性	2~3	0.5×0.5	30~100
对数螺旋	方向性	100	0.3×0.25	50~100

(a) 定向天线　　(b) 全向天线

图 4-7 超高频方向天线

考虑到天线的阻抗问题、辐射模式、局部结构、作用距离等因素的影响，为了以最大功率传输，射频标签芯片的输入阻抗必须与天线的输出阻抗匹配。考虑到这个要求，在射频标签中不应该使用全向天线[图 4-7(b)所示]，而应该使用定向天线[图 4-7(a)所示]，这是因为定向天线具有更少的辐射模式和更少的返回损耗干扰。

常用的标签天线类型有折叠偶极子天线、微带天线及倒 F 天线，如图 4-8 所示。

折叠偶极子天线性能较低，且受金属表面影响较大。

微带天线及倒 F 天线能够充分利用金属表面作为天线的地平面，经常应用在抗金属标签天线的设计上。两种天线各有特点，但带宽、增益及阻抗特性都相差不是很大，都有一定的应用潜力。

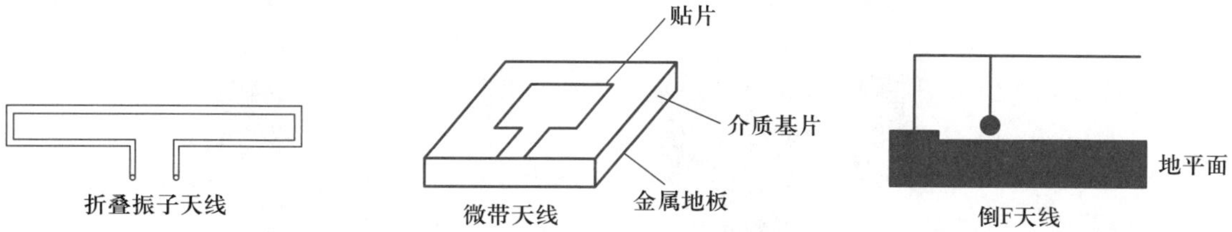

图 4-8　常见超高频标签天线

倒 F 天线是从微带天线发展而来，其结构特点是天线辐射面需要通过短路面或者通孔与地平面相连，天线的辐射面可以与地平面处于一个平面或者不同平面上。由于与地面相连，使得天线的谐振长度缩短，减小了整体尺寸。

微带天线比倒 F 天线的尺寸稍微大些。天线的辐射面与地平面在不同平面上，且微带天线不需要任何短路面或者通孔使两者相连，减小了工程复杂度与降低了成本。

常用的一类微带天线是在一个薄介质基上，一面附上金属薄层作为接地板，另一面用腐蚀等方法作出一定形状的金属贴片，利用微带线和轴线探针对贴片馈电，这就构成了微带天线。当贴片是一面积单元时，称它为微带天线；若贴片是一细长带条则称其为微带振子天线。

2. 超高频读写器天线

通常 RFID 系统读写器天线工作于全双工模式，即同时收发信号，命令信号的间歇有连续波，连续波发射时间正好是标签信号返回之时。但用于远场的 UHF 读写器天线讲究的是高增益，这样可以在有限的功率基础上，最大限度地扩展天线的读取范围。

由于射频标签的方向性是不可控的，因而读写器天线大多是圆极化的，这样可以不受标签天线摆放位置的影响，以免产生极化盲点。类似于雷达的工作原理，返回信号很弱，但是读写器的询问信号很强，两者相差通常在 60 dB 以上，如图 4-9 所示。

图 4-9　超高频读写器天线

UHF 读写器一般分为手持式和固定式两种模式，如图 4-10 所示。

固定式的例如公交车系统，学校饭卡读取系统等。这一类系统的天线应用场景比较固定，周围的电磁干扰也比较固定，因此对天线的抗干扰能力要求不高。但是手持式的则不同，周围的环境随时在改变，天线的方向图也会随着周围的环境发生相应的改变，因此不但对天线的电磁特性有很高的要求，对其机械特性也有很高的要求。

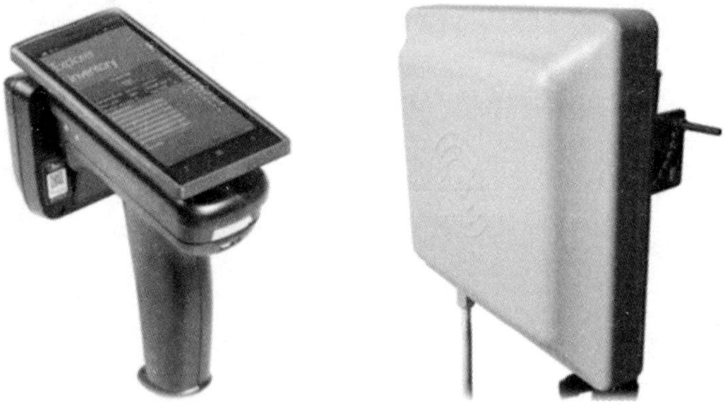

图 4-10 超高频读写器的常见模式

在 UHF 频段，读写器天线的形式有很多种，例如微带贴片天线、半波偶极子天线、螺旋天线。具有高增益的读写器天线可以应用到远距离通信中，与低增益天线相比，它可以传送和接受更加微弱的信号。与方向性天线相比，全向天线的增益较低。

极化和增益对于 RFID 天线来说至关重要。通常，远场 RFID 系统读写器使用圆极化天线，而标签则使用线极化天线。这样系统就可以不受标签天线放置反向的影响，在任意放置的条件下均可以读取标签数据。但圆极化和线极化不匹配也将降低读写器天线的读取距离。

教学课件
超高频 RFID 电子标签的选型.ppt

微课
超高频 RFID 电子标签的选型.mp4

4.2.3 超高频 RFID 电子标签

超高频 RFID 电子标签利用整流电路将交流转变为直流，对内部其他模块进行供电。标签通过解调电路从射频脉冲中解调出指令和数据，并送至基带数字电路模块。基带数字电路根据接收到的指令进行一系列数据操作。标签通过控制天线接口的阻抗，从而改变天线接口的反射系数来对数据信号进行调制。数字电路的系统时钟由本地振荡器产生，如图 4-11 所示。

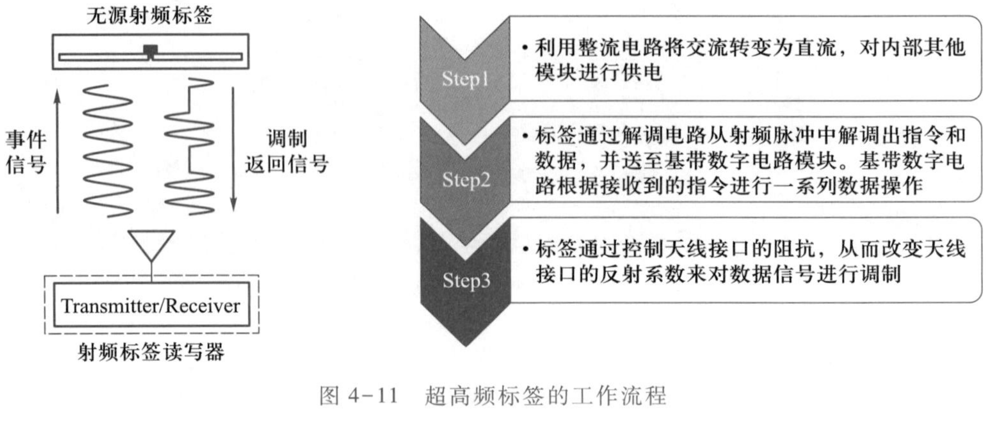

图 4-11 超高频标签的工作流程

超高频 RFID 电子标签结构如图 4-12 所示，其选型的三个关键指标为：IC 芯片类型、天线特性与标签的封装形式。

1. IC 芯片类型

RFID 标签的核心是 IC 集成芯片，负责存储独特的信息。大多数超高频标签依据 EPC Class1 Gen2 标准，使用 96 位的内存来存储电子产品代码（EPC），因此有足够的空间去存储 24 个十六进制字符（0～9，A～F）。EPC 标签芯片内部结构如图 4-13 所示。

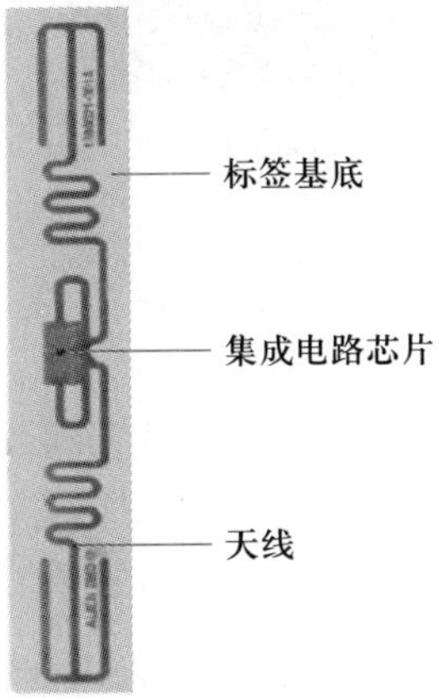

图 4-12 超高频 RFID 电子标签结构

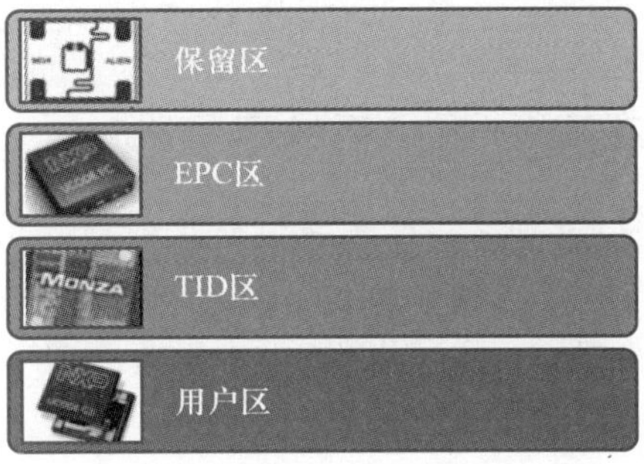

图 4-13 EPC 标签芯片内部结构

2. 天线类型

标签内部天线的尺寸决定标签读取范围；射频标签会被周围环境所影响，例如水和金属会吸收和反射射频能量，因此会降低 RFID 系统的性能（降低读写范围和读写速率）；天线的振子数量也影响 RFID 系统的效率，偶极子天线可以从更多方向读取信息，而单一振子天线仅能从可控方向识别，如图 4-14 所示。

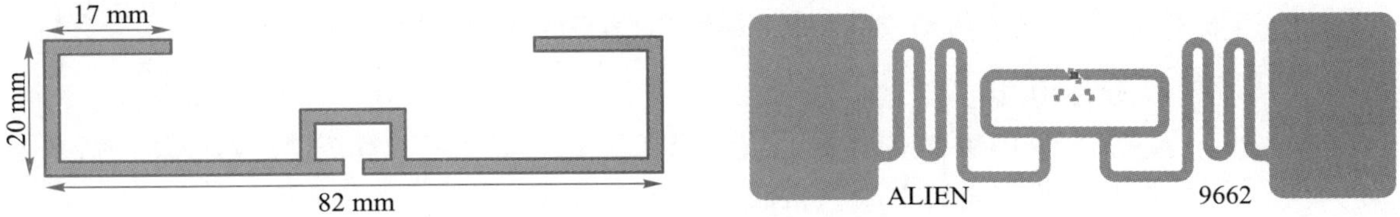

图 4-14 对称振子天线

3. 标签封装

标签的封装包含了 IC 芯片与天线；标签的底衬可以是黏性的，可以依附于物体上；标签的封装材质可以保护内部芯片，可以防撞、抵挡温度变化、防水以及环境变化，如图 4-15 所示。

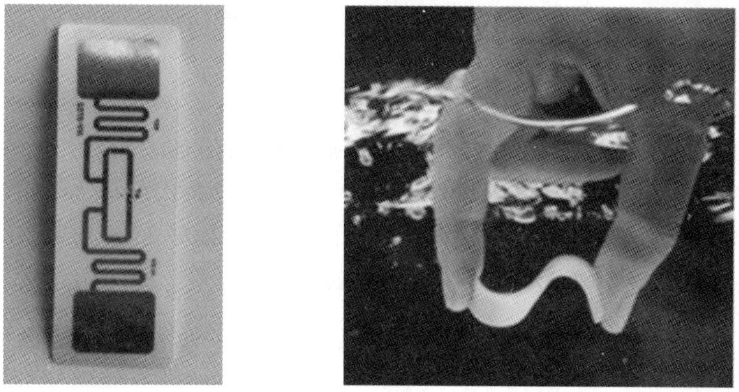

(a) 粘性封装　　(b) 防水材料封装

图 4-15　超高频标签封装形式

教学课件
超高频 RFID 阅读器的选型.ppt

微课
超高频 RFID 阅读器的选型.mp4

4.2.4　超高频 RFID 系统读写器

读写器工作流程，首先读写器发射射频信号给标签，然后标签感应到读写器的询问命令后发送标签存储的物品信息，读写器接收到标签发送的信号后，对其进行解调和解码等处理后发送给主机，主机再通过网络传输到后台终端。超高频读写器的作用如图 4-16 所示。

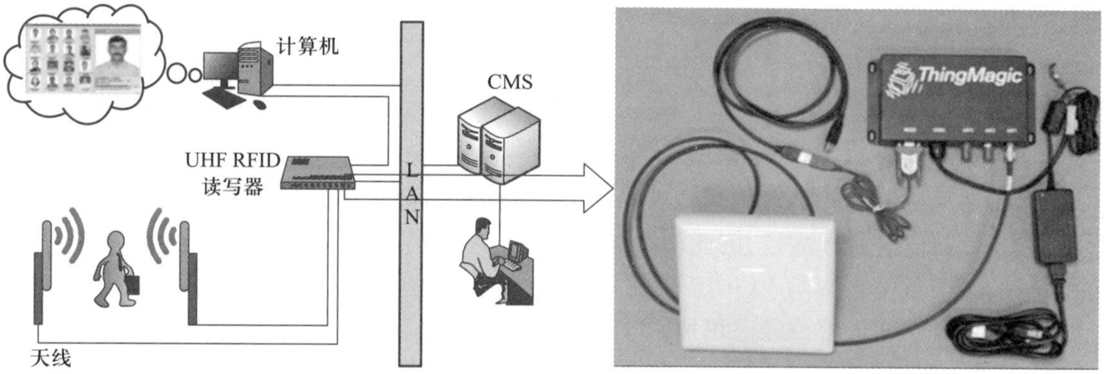

图 4-16　超高频读写器的作用

1. 硬件构成

超高频 RFID 系统读写器的组成原理如图 4-17 所示，整个读写器硬件包括基带处理电路、射频发射电路和射频接收电路三个部分。

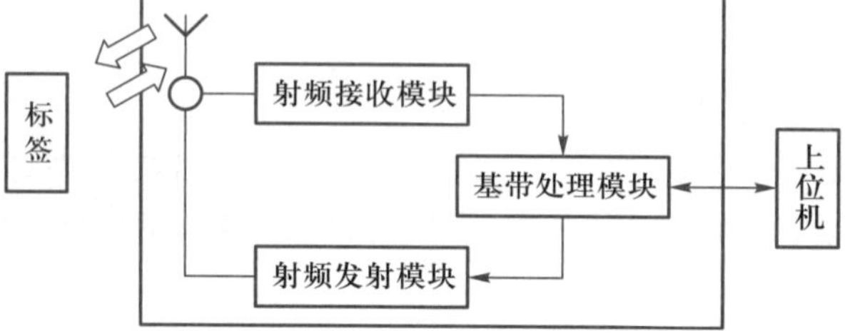

图 4-17　超高频 RFID 系统读写器的组成原理

（1）射频发射电路：完成载波以及调制信号的发射。调制方式为 ASK，调制深度选用 100%，发射信号的输出衰减数字可控，使用 FPGA 进行配置。

（2）射频接收电路：主要实现标签返回信号的解调。为降低后端 DSP 的处理难度，采用 I、Q 两路直接变频的方式进行解调。

（3）基带处理电路：整个电路的控制中心，提供整个读写器硬件电路的控制信号，根据上位机的命令控制读写器的工作，包括编码、译码、CRC 校验和防碰撞处理等。

为了保证电路的处理速度和可扩展性，通常采用了（数字信号处理器）DSP 芯片和 FPGA 芯片相结合的方式。

2. 选型依据

因为 RFID 读写器是整个系统的大脑。因此，在实际应用中，选择合适的 UHF RFID 读写器至关重要，需考虑以下三个重要因素：应用的区域、天线的端口数量、通信的方式。

（1）应用的区域：UHF RFID 应用的区域决定了系统的工作频段，如果读写器的传输带宽设置为 902～928 MHz，而当地的标准是 865～868 MHz，那么应用就无法使用，且违反当地的频率法定。

（2）天线的端口数量：UHF RFID 识读区域或点位数量会根据应用的不同而变化，而数量的变化取决于读写器 RFID 天线部署的数量。天线的数量是读写器选型中必须考虑的，读写器常用的有 2 端口、4 端口或 8 端口，如图 4-18 所示。在一些应用中，UHF RFID 读写器需要使用多路复用器来扩展天线数量，可多达 32 个端口。

2端口　4端口　8端口

图 4-18　不同数量端口的超高频读写器

（3）读写器的通信方式：如果在一些应用中，读写器不需要网络通信，则可以通过以下 3 种方式与计算机主机相连：RS232 线缆、以太网线、USB 线缆，如图 4-19 所示。

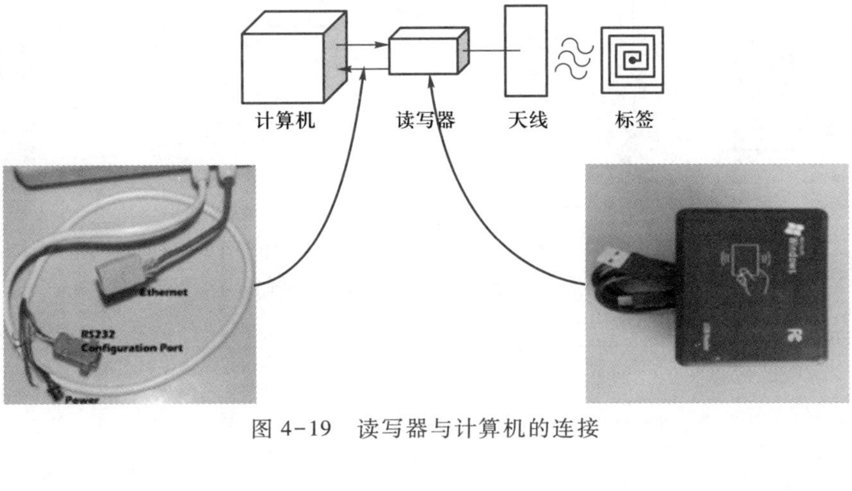

图 4-19　读写器与计算机的连接

3. 读写芯片选型

在超高频 RFID 读写器前端电路设计的**芯片**中,市面上主要有 3 家公司提供:奥地利微电子的 AS3992/AS3993 芯片、Impinj 公司的 R1000/R2000 芯片和 Phychips 公司的 PR9000 芯片。

(1) 奥地利微电子的 AS3993 系列,专门为 900 MHz 开发的 RFID 阅读器收发芯片,内部并没有集成处理器,只集成了模拟收发、基带和寄存器等,如图 4-20 所示。

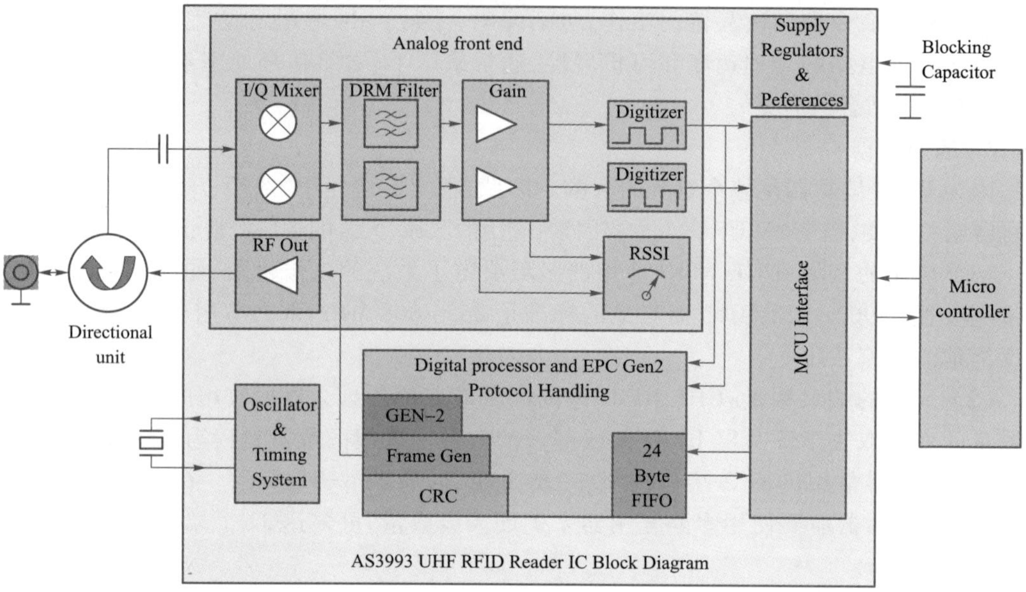

图 4-20 奥地利微电子 AS3993 芯片系统框图

(2) ImpinJ 公司的 R2000,专门为 900 MHz 开发的一款 RFID 收发机芯片,它集成了功放、锁相环、ADC、DAC、VCO、地址寄存器、GPIO 口等功能模块,能够完成从标签处接收信号到实现与处理器之间串口通信,如图 4-21 所示。

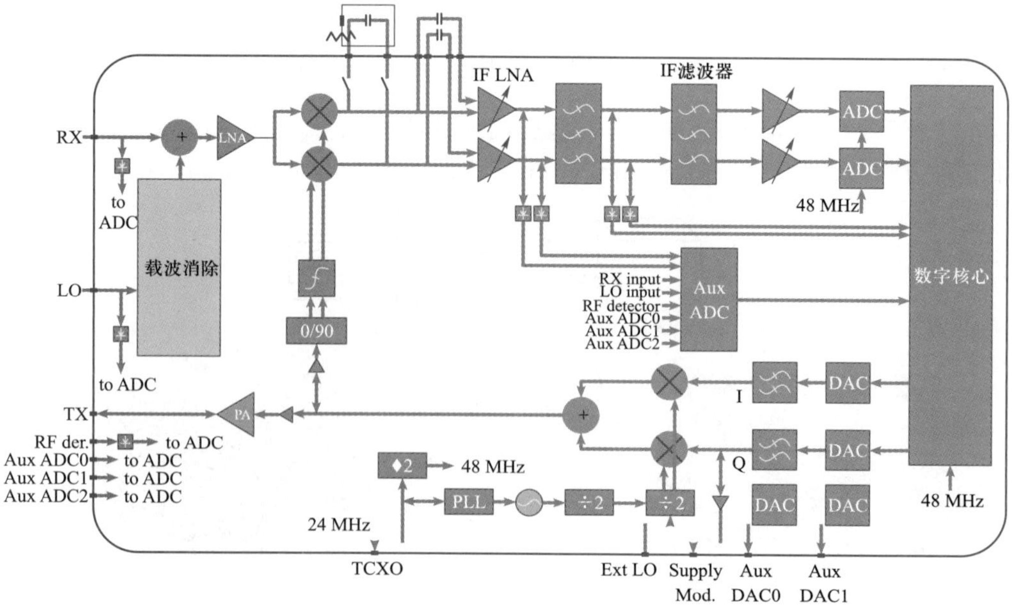

图 4-21 ImpinJ 公司 R2000 系列芯片框图

（3）Phychips 公司的 PR9000，专注于 ISO/IEC 18000-6C（Gen2）协议的 900MHz 芯片，集成了模拟收发电路、电源管理模块、可编程增益放大器、时钟模块、FLASH SRAM、看门狗、各种与主机的通信串口和中断系统，可以说是超高频 RFID 读写器集成度最高的一款芯片，如图 4-22 所示。

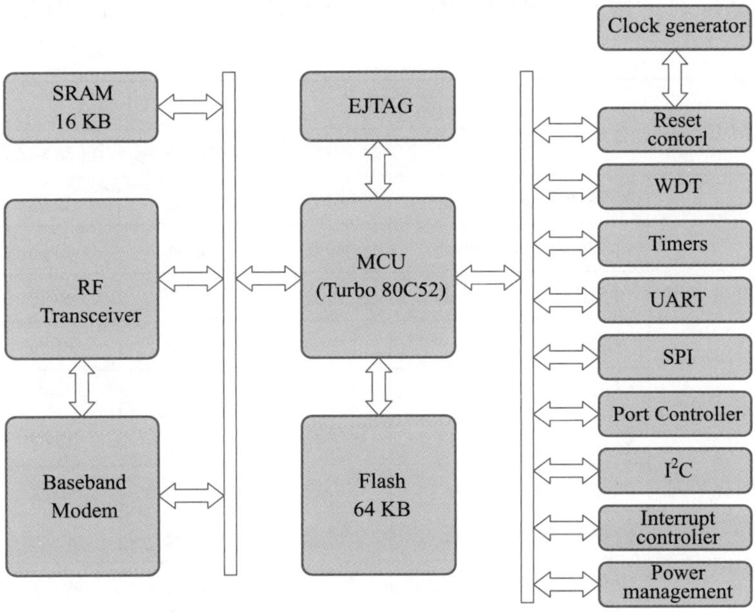

图 4-22　Phychips 公司 PR9000 芯片系统框图

教学课件
超高频 RFID 中间件.ppt

4.2.5　超高频 RFID 系统中间件

如图 4-23 所示，RFID 中间件是 RFID 读写器和应用系统之间的中介，屏蔽了 RFID 设备的多样性和复杂性，能够为后台业务系统提供强大的支撑，从而驱动更广泛、更丰富的 RFID 应用。

微课
超高频 RFID 中间件.mp4

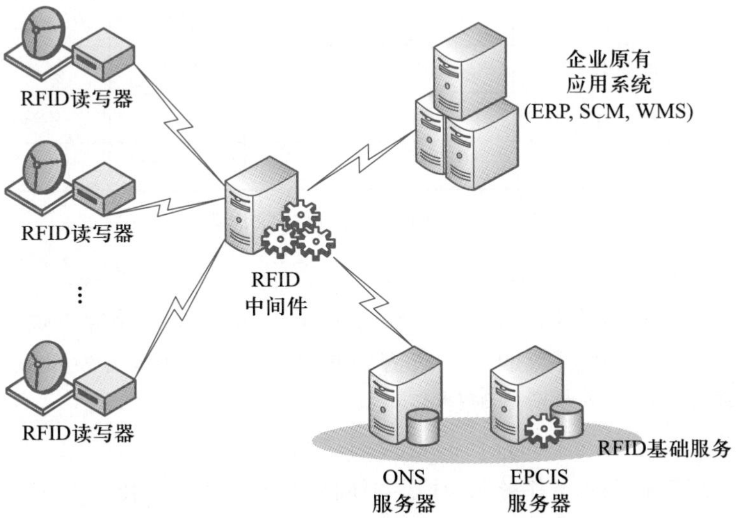

图 4-23　基于 RFID 中间件的超高频系统架构

那么如何将现有的系统与新的 RFID Reader 连接？这个问题的本质是用户应用系统与硬件接口的问题。在 RFID 应用中，通透性是整个应用的关键，正确抓取数据、确保数据读取的可靠性以及有效地将数据传送到后端系统都是必须考虑的问题。

1. RFID 中间件选型

问题 1:怎样确定用户的 RFID 中间件需求？如图 4-24 所示，RFID 中间件需求清单。

应用模式			成本模式		ROI 模式		战略模式
			贴—运	贴—检—运	WMS 贴标	自动贴标	集成贴标
功能指标	设备管理	标签读写	必选	必选	必选	必选	必选
		读写器	必选	必选	必选	必选	必选
		打印机	可选	可选	必选	必选	必选
		贴标机	—	—	可选	可选	必选
		标签机	—	—	—	—	可选
	数据管理	数据过滤	可选	初级报表	必选	必选	必选
		数据转换	—	可选	必选	必选	必选
		数据集合	—	可选	必选	必选	必选
	事件管理	事件过滤	—	—	必选	必选	必选
		事件转换	—	—	必选	必选	必选
		事件集合	—	—	必选	必选	必选
	应用集成	内部集成	—	—	—	局部集成	全面集成
		外部集成	—	—	—	—	可选
		B2B 集成	—	—	—	—	可选
非功能指标	标准化		必选	必选	必选	必选	必选
	可靠性		必选	必选	必选	必选	必选
	可配置性		—	—	可选	必选	必选
	伸缩性		—	—	—	必选	必选
	数据安全性		—		—		必选

图 4-24 RFID 中间件需求清单

问题 2:买现成的产品，还是定制？

目前，在开发平台标准化、面向服务架构化、产品功能系列化等方面逐渐形成了成熟的 RFID 中间件。采用成熟的产品具有缩短开发周期、降低开发难度、规避开发风险、提高开发质量、节省开发费用等优点。

问题 3:哪些供应商的中间件产品适合用户？

有实力的系统开发商或者身兼 RFID 中间件生产商，既有传统中间件产品开发背景，又有 RFID 中间件产品品牌背景的供应商则是最佳的选择方案。

2. RFID 中间件产品

该领域基本上被国外大型软件公司垄断,国内软件公司限于实力很少介入 RFID 系统软件开发。

(1) 国外中间件产品

- IBM RFID 中间件 IBM WebSphere RFID
- Oracle RFID 中间件 Oracle RFID
- Microsoft RFID 中间件 biztalk RFID
- SAP RFID 中间件 SAP RFID
- Sybase RFID 中间件 BEA RFID
- BEA RFID 中间件 BEA WebLogic RFID

(2) 国内中间件产品

- 深圳立格公司的 RFID 中间件 AIT LYNKO-ALE
- 清华同方的"ezONE 易众"中间件
- IBM 与远望谷合作开发中间件

【任务实施】

针对超高频 RFID ETC 系统,分析其采用的国际标准、读写器与电子标签天线形式、电子标签关键指标、读写器芯片选型依据等。

【问题研讨】

1. 比较标准 ISO/IEC 18000-6C 与 EPC C1 G2 的主要技术指标。
2. 分析在超高频 RFID 系统中电子标签天线与读写器天线的方向性。

任务 3 超高频 RFID 系统硬件设备

【任务描述】

学会分析超高频 RFID ETC 系统组成部分,掌握超高频 RFID ETC 系统读写器的参数指标、电子标签存储结构与操作指令,熟悉超高频 RFID 天线的设计方法。

【知识准备】

4.3.1 超高频 RFID ETC 系统组成

教学课件
RFID ETC 系统的硬件选型.ppt

微课
RFID ETC 系统的硬件选型.mp4

本项目以一个简易的超高频 RFID ETC 系统为例,该系统由计算机(管理软件)、RFID 电子标签、RFID 读写器、控制箱、道闸和地感线圈组成,如图 4-25 所示。

在图 4-25 中,每辆汽车的挡风玻璃内放置一块 RFID 电子标签(银行卡大小,记录本车基本信息),在道口进出口上安放 RFID 读写器,同时配置道闸和地感线圈。

当带有 RFID 电子标签的车辆进入地感线圈时,地感线圈得到信号,同时 RFID

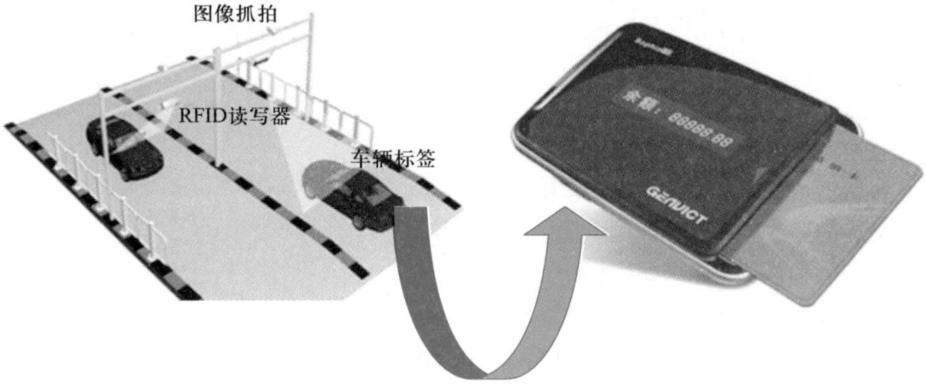

图 4-25 ETC 系统示意图

读写器也读到 RFID 电子标签的信号，光学识别系统识别车的车牌，如果是合法的，就发出信号，打开道闸，允许车辆通过，自动识别系统读取电子标签中的用户费用信息、车型信息和入口车道信息进行收费计算，并向用户显示有关收费状态信息后给予放行，如果有非法用户强行通过专用车道，可进行车牌抓拍，生成违章记录，便于事后处理。此时车辆只要适当减速，不需要停车，也不需要伸手刷卡，就可以顺利通过道口。

单纯从超高频 RFID 技术应用的角度来看，RFID ETC 系统的核心硬件设备主要是 RFID 读写器、RFID 电子标签。

4.3.2 超高频 RFID ETC 读写器选型

本项目选用中距离超高频读写器 RT-210，如图 4-26 所示。

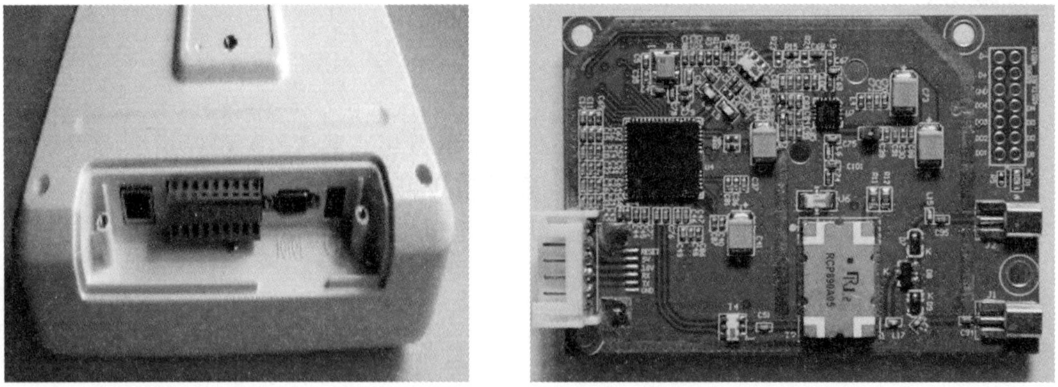

(a) 外部结构　　(b) 内部电路

图 4-26 超高频读写器实物图

此 UHF 读写器的技术参数见表 4-5。

表 4-5　UHF 读写器的技术参数

工作频率	902~928 MHz、868 MHz(可根据用户需要定制)
频率工作方式	广谱跳频或定频发射方式
读卡工作方式	主从工作模式,定时工作模式,触发工作模式
射频功率	20~30 dBm(随国家或地区不同可能略有差别)
协议	ISO/IEC 18000-6B、ISO/IEC 18000-6C(EPC G2)
天线方式	7dBI 圆极化
通信接口	韦根 26/32/34、RS232/485、10/100M 自适应以太网、USB1.1(后两项需定制)
工作温度	-30~+75 ℃
读卡距离	稳定读取距离不小于 5 m(和标签及天线有关);最远可读 15 m
平均功耗	小于 5 W,读多卡时小于 10 W
电源适配器	AC100-240 V/DC +12 V/3.8 A
外形尺寸	230 mm×230 mm×65 mm
重量	2.0 kg

4.3.3　超高频 RFID ETC 电子标签

本项目选用 EPC C1 G2 UHF 标准的电子标签,如图 4-27 所示。

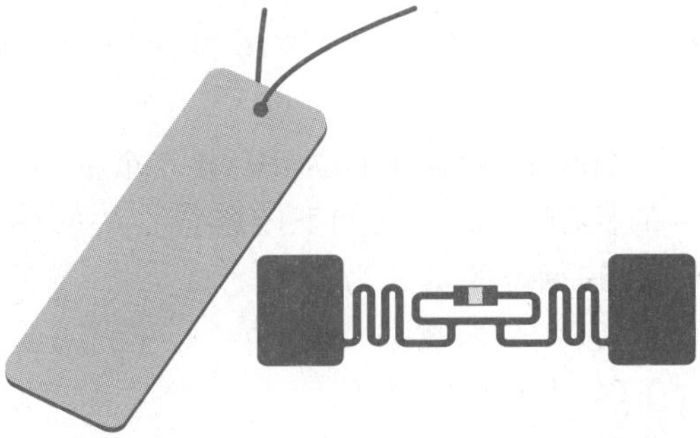

图 4-27　超高频 EPC C1 G2 标签实物图

在逻辑上来说,EPC C1 G2 电子标签分为 4 个存储体,每个存储体可以由一个或一个以上的存储器字组成。其存储器结构图如图 4-28 所示。

1. 存储结构

从图 4-27 中可以看出,标签存储体分为:保留内存(Reserved)、EPC(电子产品代码)存储器、TID(标签识别号)存储器和 User(用户自定义)存储器四个独立的存储区块(Bank)。

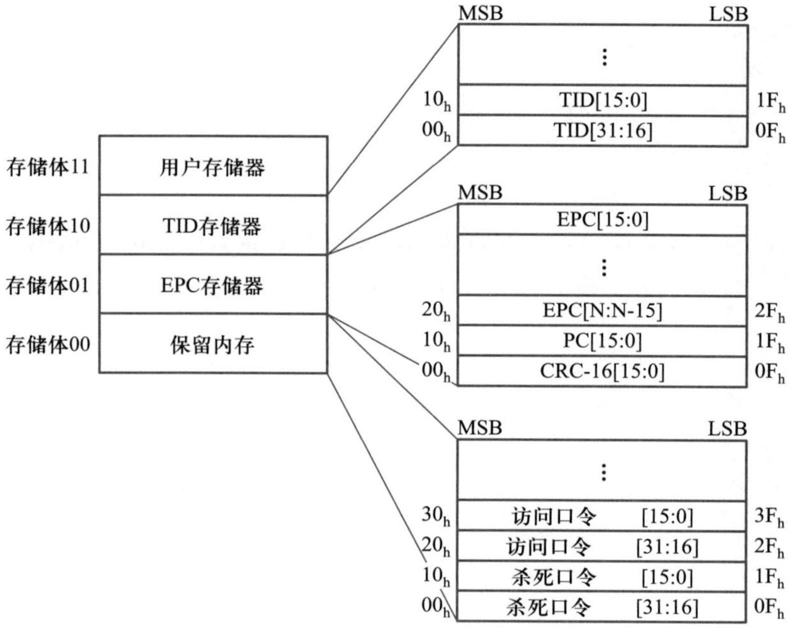

图 4-28 EPC C1 G2 标签存储器结构图

(1) 保留内存

为电子标签存储密码(口令)的部分。包括灭活口令和访问口令。灭活口令和访问口令都为 4 个字节。

其中:灭活口令的地址为 00H—10H(以字为单位,字长 16 位);访问口令的地址为 20H—30H。

(2) EPC 存储器

用于存储电子标签的 EPC 号、PC(协议-控制字)以及这部分的 CRC—16 校验码。

其中:CRC-16:存储地址为 00,共 2 个字节 16 位,CRC-16 为本存储体中存储内容的 CRC 校验码。

PC:电子标签的协议-控制字,存储地址为 10,共 2 个字节 16 位。

PC 表明本电子标签的控制信息,包括如下内容:

PC 为 2 个字节,16 位,其每位的定义为:

00~04 位:电子标签的 EPC 号的数据长度.

$=00000_2$:EPC 为 0 个字,0 位

$=00001_2$:EPC 为 1 个字,16 位

$=00010_2$:EPC 为 2 个字,32 位

…

$=11111_2$:EPC 为 31 个字,496 位

05~07 位:RFU = 000B

08~0F 位:= 00000000B

EPC 号:若干个字,由 PC 的值来指定。

EPC 为识别标签对象的电子产品码。EPC 存储在以 20H 存储地址开始的 EPC 存

储器内,MSB 优先。

用于存储本电子标签的 EPC 号,该 EPC 号的长度在以上 PC 值中来指定,每类电子标签(不同厂商或不同型号)的 EPC 号长度可能会不同。

用户通过读该存储器内容命令读取 EPC 号。

(3) TID 存储器

该存储体是指电子标签的产品类识别号,每个生产厂商的 TID 号都会不同。

用户可以在该存储区中存储其自身的产品分类数据及产品供应商的信息。

一般来说,TID 存储区的长度为 4 个字,8 个字节。但有些电子标签的生产厂商提供的 TID 区会为 2 个字或 5 个字。

用户在使用时,需根据自己的需要选用相关厂商的产品。

(4) 用户存储器

该存储区用于存储用户自定义的数据。用户可以对该存储区进行该、写操作。

该存储器的长度由各个电子标签的生产厂商确定。每个生产厂商提供的电子标签,其用户存储区的长度会不同。存储长度大的电子标签会贵一些。

用户应根据自身应用的需要,来选择相关长度的电子标签,以减低标签的成本。

2. 操作指令

在对电子标签的操作中,有 3 组命令集,用于完成相关的操作。这三种命令分别是:选择、盘存及操作,这 3 组命令集分别由一个或多个命令组成。

(1) 选择(SELECT)

由一条命令组成。

读写器对电子标签的读写操作前,需应用相关的命令,选择符合用户定义的标签。使符合用户定义的标签进入相应的状态,而其他不符合用户定义的标签仍处于非活动状态,这样可有效地先将所有的标签按各自的应用分成几个不同的类。以利于进一步的标签操作命令。

(2) 盘存(INVENTORY)

由多条命令组成。

盘存是将所有符合选择条件的标签循环扫描一遍,标签将分别返回其 EPC 号。用户利用该操作可以首先将所有符合条件的标签的 EPC 号读出来。并将标签分配到各自的应用块中。

盘存操作中有许多参数,并且是一个扫描的循环,在一个盘存扫描中,会组合应用到几条不同的盘存命令,故一个盘存又被称为一个盘存周期。

因为读写器与标签之间对于盘存命令的数据交换的时间响应有严格的要求,故读写器会将一个盘存周期操作设计成一个盘存循环算法,提供给用户使用。而不需要用户去自己设计盘存算法及盘存步骤。

一般读写器会为各种不同的盘存需要设计几个优化的盘存算法命令,供用户使用。

(3) 操作(ACCESS)

用户应用该组命令完成对电子标签的各项读取或写入操作。

该命令集包括电子标签的密码校验、读标签、写标签、锁定标签及灭活标签等。

3. 标签状态

标签收到连续波(CW)照射,即上电(Power-up)以后,标签可处于 Ready(准备)、Arbitrate(裁断)、Reply(回令)、Acknowledged(应答)、Open(公开)、Secured(保护)和 Killed(灭活)七种状态之一。

① Ready 状态是未被灭活的标签上电以后,开始所处的状态,准备响应命令。

② 在 Arbitrate 状态,主要为等待响应 Query 等命令。

③ 响应 Query 后,进入 Reply 状态,进一步将响应 ACK 命令就可以发回 EPC 号码。

④ 发回 EPC 号码后,进入 Acknowledged 状态,进一步可以响应 Req_RN 命令。

⑤ Access Password 不为 0 才可以进入 Open 状态,在此进行读、写操作。

⑥ 已知 Access Password 才可能进入 Secured 状态,进行读、写、锁定等操作。

⑦ 进入 Killed 状态的标签将保持状态不变,永远不会产生调制信号以激活射频场,从而永久失效。被灭活的标签在所有环境中均应保持 Killed 状态,上电即进入灭活状态。灭活操作不可逆转。

要使标签进入某一状态一般需要适当次序的一组合法命令,反过来各命令也只能当标签在适当的状态下才能有效,标签响应命令后也会转到其他状态。

动画演示
超高频标签天线制作.mp4

4.3.4 超高频 RFID 标签天线设计

以微带天线为例,超高频 RFID 标签天线的一般设计步骤如图 4-29 所示。

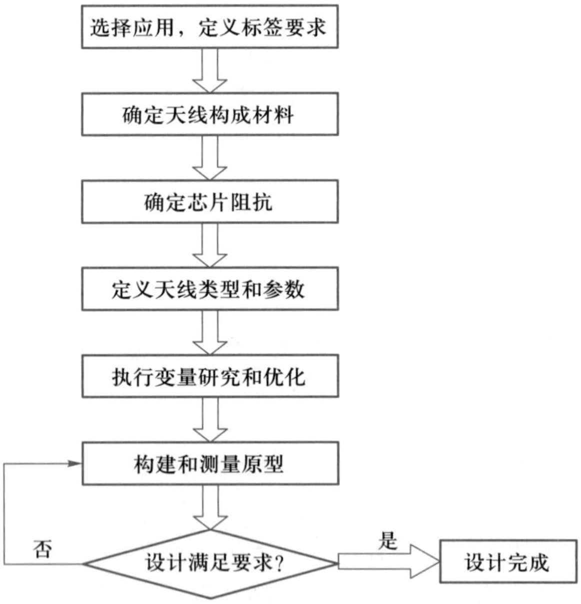

图 4-29 微带天线设计流程图

首先根据 RFID 应用环境,来选定标签需求,这些需求决定了标签天线构成和 ASIC 封装材料,选定的 ASIC 的阻抗可用网络分析仪来检测,检测电路如图 4-30 所示,电路板底面覆铜,正面布线,做成 50 Ω 微带线,然后将 SMA 接头焊接上,待测芯片一端连于 50 Ω微带线末端,另一段通过通孔连接到地,在测量前需要对网络分析仪进行校准。

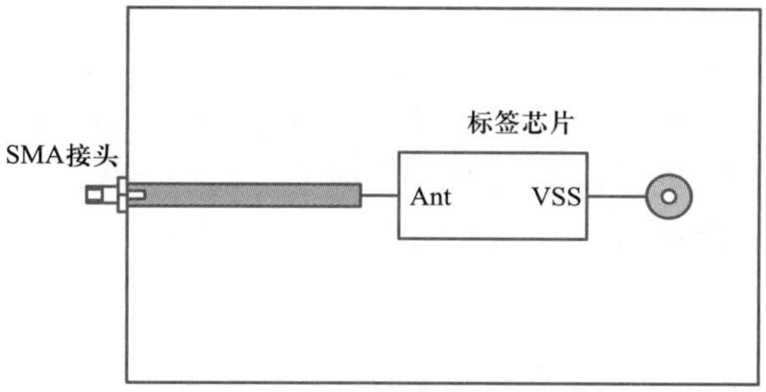

图 4-30 天线 SMA 接头测试

标签天线首先是模型化、仿真，以及优化设计的最后一步，构建和测量原型。如果满足需求，可以开始天线制作，否则，需要进一步的调整和优化，直到满足要求，如图 4-31 所示。

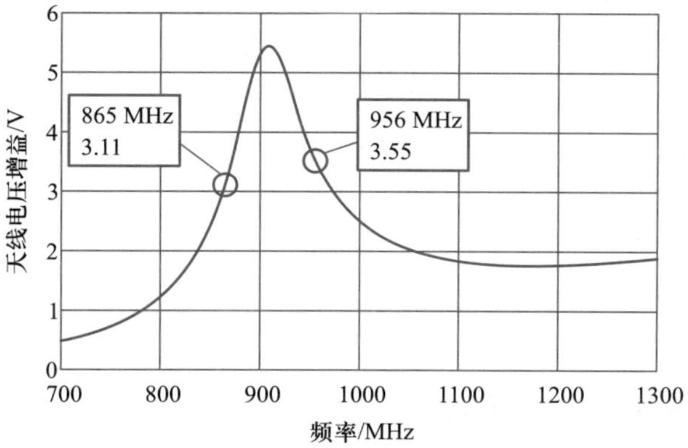

图 4-31 超高频标签天线测试仿真

精确的标签读写距离测量应该在可控制的环境中操作，如电波暗室或者 TEM 室中，这两种方法标签位置可固定，发射机输出功率能根据可控的衰减变化。如图 4-32 所示，在电波暗室内，标签在一个离读写器天线固定距离的位置。

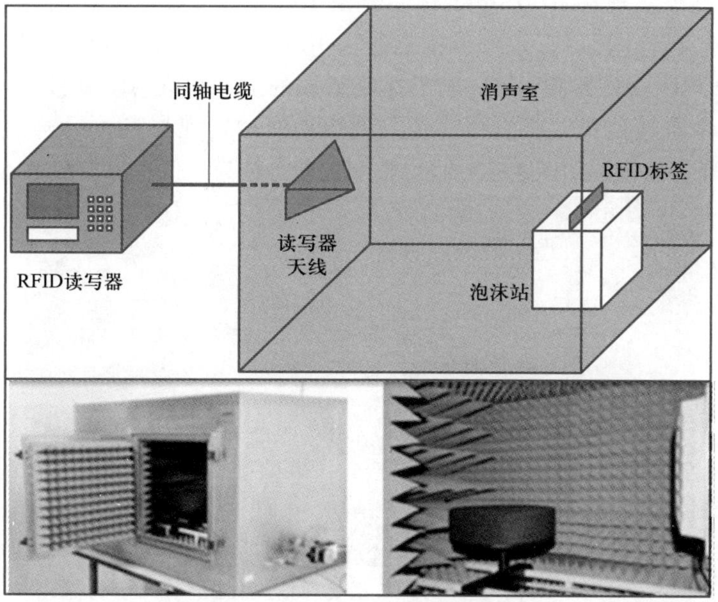

图 4-32 超高频标签实际测试设备

【任务实施】

针对超高频 RFID ETC 系统,分析系统的组成部分和功能需求,合理选择 UHF 系统读写模块和读写天线、电子标签,确保系统的读写速率、读取距离、防碰撞能力、接口方式、标签容量等核心指标。

【问题研讨】

1. 简述超高频 RFID ETC 系统的基本组成及其功能。
2. 列举超高频 RFID 系统读写器的核心技术参数,并说明理由。

任务 4 超高频 RFID 系统软件设计

【任务描述】

熟悉超高频 RFID ETC 系统出入口工作流程,分析系统读写器、上位机软件的功能需求,设计软件实现超高频 RFID 读写器与上位机管理系统之间的通信和 RFID 读写器与电子标签之间的通信。

【知识准备】

4.4.1 ETC 系统软件工作流程

超高频 RFID ETC 系统软件主要由两大核心部分来实现:RFID 读写器与上位机管理系统之间的通信和 RFID 读写器与 RFID 电子标签之间的通信。

前者,采用串口通信完成 RFID 读写器与上位机管理系统的数据传输。后者,采用 RFID 技术实现 RFID 读写器与 RFID 电子标签之间,对车辆信息进行上传和回送。

整个收费过程实现从 RFID 电子标签经由 RFID 读写器将车载信息上传至上位机管理系统,经过收费计算后将余额等信息经由 RFID 读写器返回到 RFID 电子标签。

所以,由 RFID 读写器和 RFID 电子标签组成的射频单元、RFID 读写器和上位机管理软件组成的串口通信单元都直接决定着收费功能的实现与否。

ETC 系统通信流程图如图 4-33 所示,整个过程可分为入口和出口两个工作流程进行。

图 4-33 ETC 系统通信流程图

1. 入口工作流程

ETC 系统入口流程图如图 4-34 所示，ETC 车辆进入车道，先触发地感线圈，并进入微波通信区域；系统接收到地感线圈检测到的车辆驶入信号后，启动 RFID 读写器设备打开 ETC 天线，唤醒车内休眠的 RFID 电子标签并与其通信。ETC 系统通过 RFID 天线和读写器把入口信息写入电子标签内。写入成功，栏杆自动抬起。车向前驶离落杆线圈后，栏杆自动关闭。

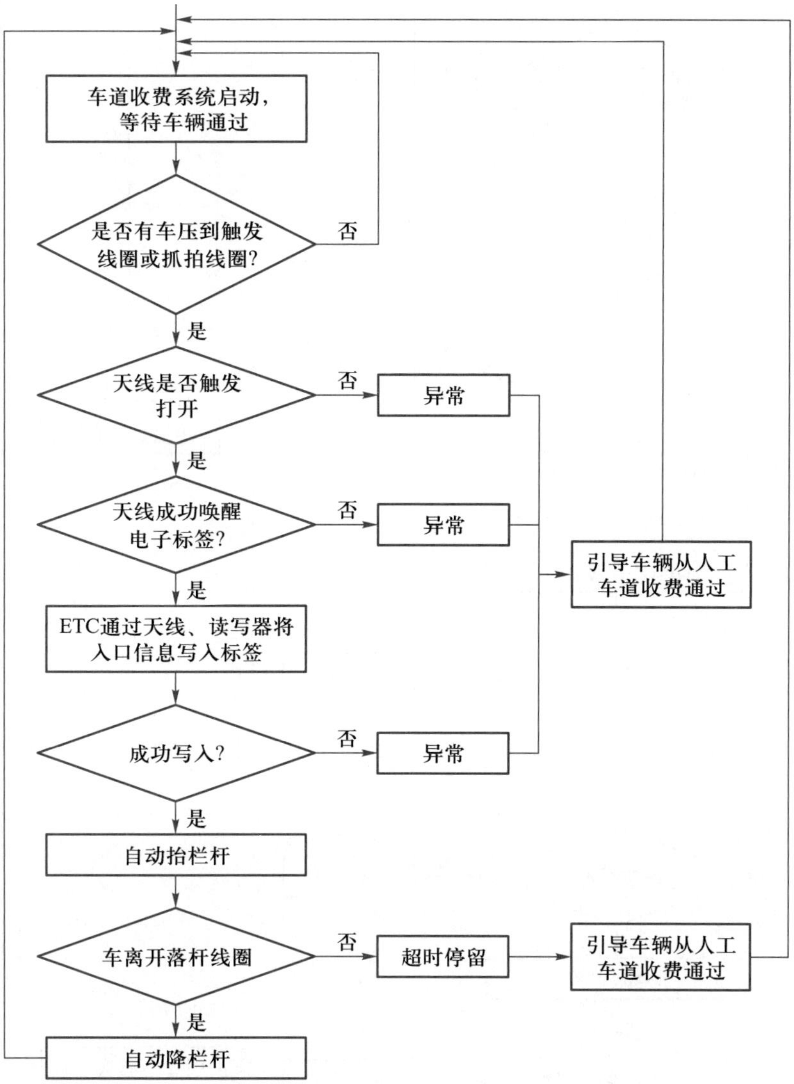

图 4-34 ETC 系统入口流程图

2. 出口工作流程

ETC 系统出口流程图如图 4-35 所示，ETC 车辆继续向前行驶，依次触发地感线圈、启动 RFID 读写器、打开 ETC 天线并唤醒车内休眠的 RFID 电子标签，并与其通信。ETC 系统通过 ETC 天线和 RFID 读写器读取电子标签内的入口信息，ETC 系统软件计算通行费，扣除本次通行费用。成功后栏杆自动抬起，车向前驶离落杆线圈后，栏杆自动关闭。

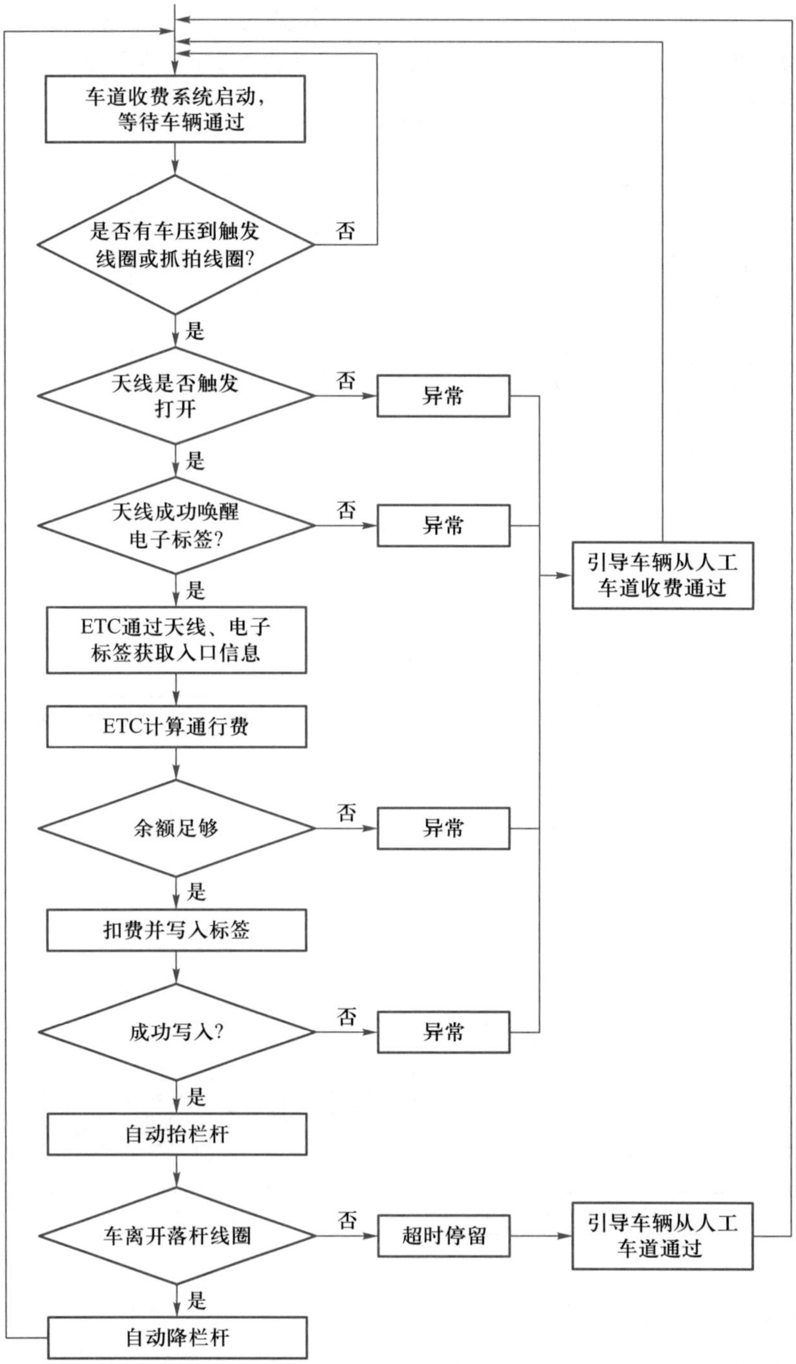

图 4-35 ETC 系统出口流程图

【任务实施】

教学课件
RFID ETC 系统读写器软件设计.ppt

微课
RFID ETC 系统读写器程序的编写 . mp4

4.4.2　ETC 系统读写器软件设计

RFID 读写器是一个实时的系统，读写器必须在接收到上位机的命令后，马上发出指令与 RFID 标签通信，然后接收 RFID 标签返回的数据信息，并将该数据信息以命令顿的形式上传给上位机系统。

1. 读写器软件结构

如图 4-36 所示，整个读写器的软件结构可以分为 3 大部分：顶层的应用层、底层的协议层和底层的驱动层。

（1）顶层的应用层：负责处理与上位机和芯片的通信，接收数据和发送命令等。大体上是接口通信程序，包括和上位机通信的 USB、UART 处理程序，还有和 AS3992（以此为例）通信的 I/O 接口程序。

（2）底层的协议层：主要是对接收到的数据或者命令按照 ISO/IEC 18000-6C 协议进行操作。

（3）底层的驱动层：主要是完成对硬件的控制与操作，比如接口驱动程序，实现控制与操作该接口的目的。

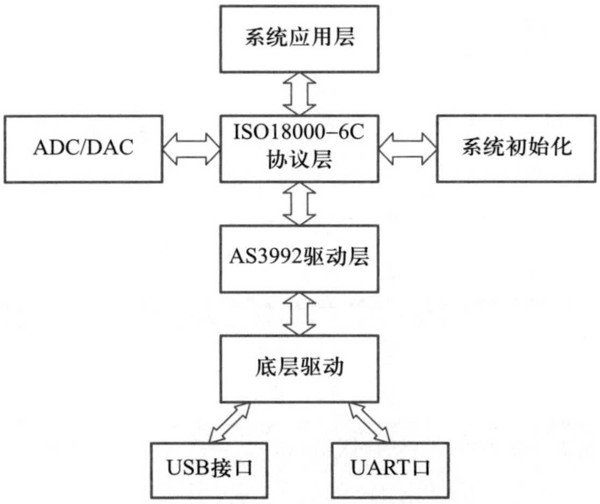

图 4-36　读写器软件结构

图 4-36 中，USB 和 UART 接口负责和上位机的通信，而 AS3992 底层驱动主要负责芯片硬件的初始化；协议层主要负责对数据或者通信按照 ISO/IEC 18000-6C 协议实现传输，系统应用层则运行各种应用程序。

2. 读写器软件流程图

读写器软件流程图如图 4-37 所示。

首先在读写器上电后，AS3992 驱动层和接口驱动层完成对系统硬件的初始化工作，保证读写器在进行其他操作之前，能正常运行。初始化的主要工作是对 AS3992 芯片内部的寄存器初始化，外部电路的接口初始化，以及芯片内部各个寄存器、时钟等进行正确的设置。

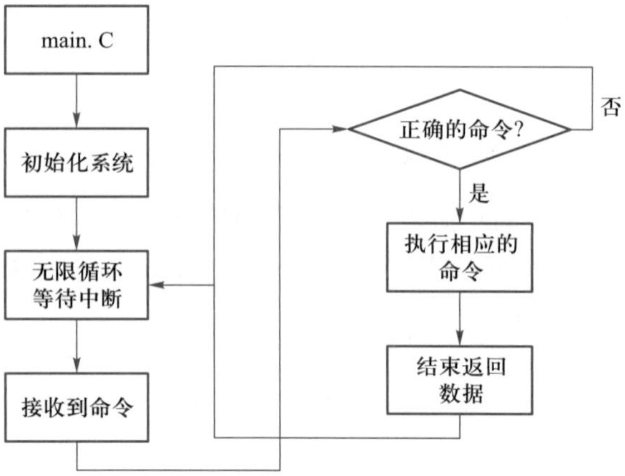

图 4-37 读写器软件流程图

在完成初始化设置后,系统将进入等待,等待接收来自上位机的指令,这是一个无限循环,当串口或者 USB 口接收到来自上位机的数据,此时将会产生一个中断,MCU 根据产生的中断号进入相应的中断服务函数,中断服务函数就是根据不同的指令执行不同的操作,例如寻卡、读卡、写卡等操作,在通过完成这些按照协议执行的操作后,中断服务函数将会以命令顿的形式返回结果给上位机。返回结果后,主程序继续进入一个无限循环,直到下一次中断产生。

教学课件
RFID ETC 系统上位机界面设计.ppt

微课
RFID ETC 系统上位机程序的调试.mp4

4.4.3 ETC 系统上位机界面设计

ETC 系统上位机软件主要由车道控制主程序,原始过车记录处理程序,异常电子标签名单处理程序,时间同步程序组成。实现了上班登录、交接班、费率生效、计费扣费、黑名单分发与同步,设备测试和后台实时传输数据等功能。可设置本站代码、入口最近站、入口最远站和车道设备连接情况等。ETC 系统上位机界面如图 4-38 所示。

图 4-38 ETC 系统上位机界面

如图 4-39 所示，ETC 系统上位机软件的功能，主要包括：车辆识别、自动收费、设备控制、图像抓拍、人员管理、数据管理、日志管理、查询统计、信息提示，车道计算机实时显示等。

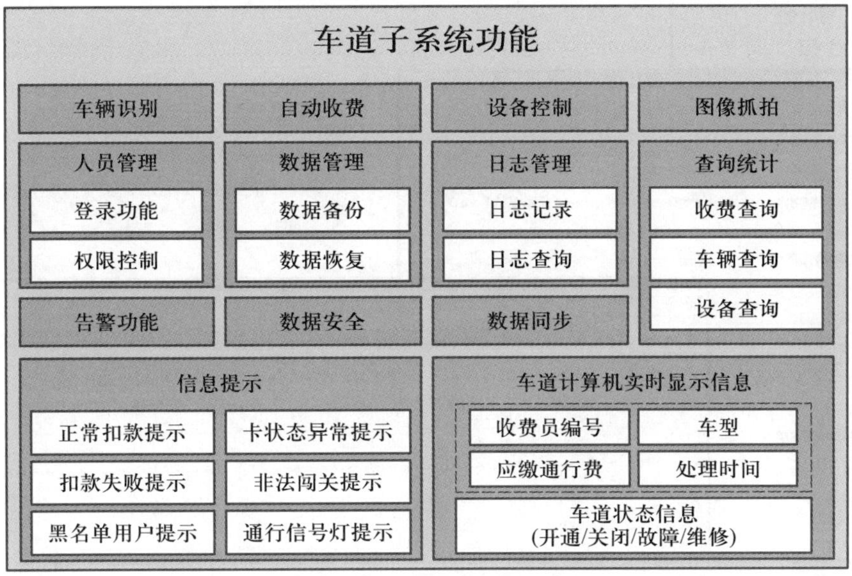

图 4-39　ETC 系统软件功能

ETC 系统过车状态实时显示功能，如图 4-40 所示，可以清晰地看到通过路口的车辆信息（进入时间，离开时间，车牌号码，交易金额），当有车辆经过，交通指示灯变绿，栏杆抬起。

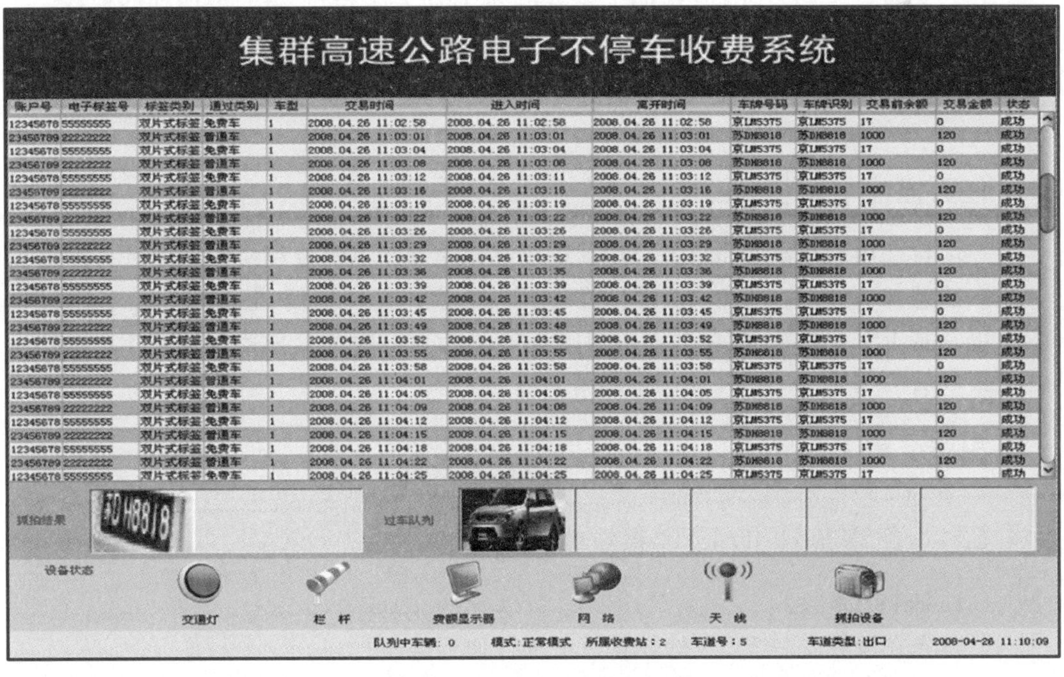

图 4-40　实时显示功能

如图 4-41 所示，系统告警查询功能，能识别是否交易成功，存储告警记录便于事后追责。

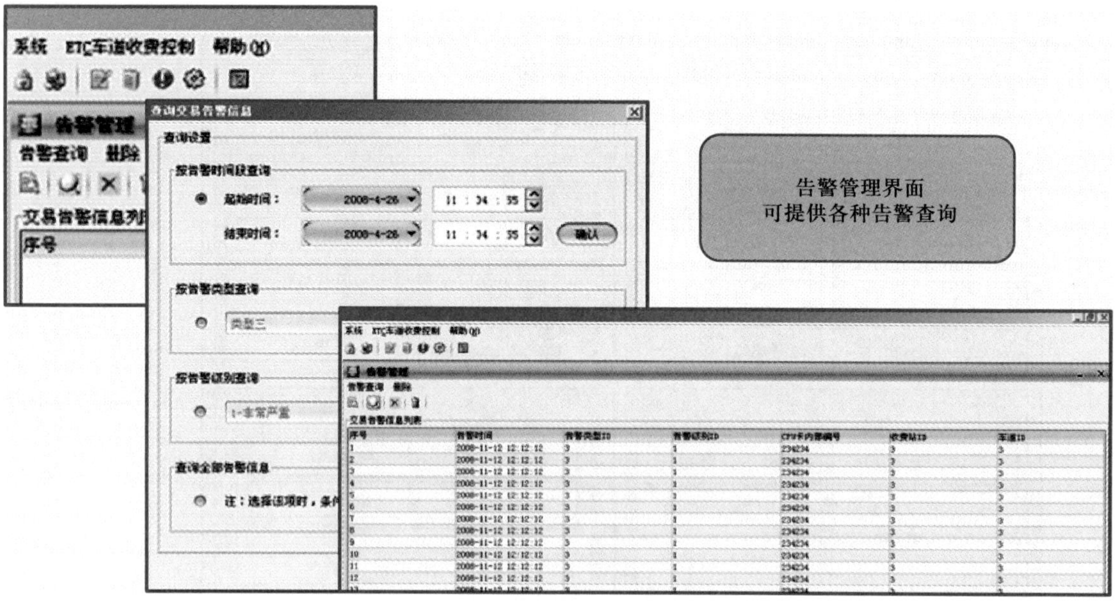

图 4-41　系统告警查询功能

【问题研讨】

1. 如何根据超高频 RFID 读写模块的开发包进行软件二次开发？
2. 根据超高频 RFID 系统的工作流程，如何进行上位机、读写器的功能划分。

任务 5　超高频 RFID 系统实现

【任务描述】

项目选用的超高频 RFID ETC 系统核心模块读写器需要相应的软件进行配置和使用。熟悉并掌握超高频 RFID 读写器的上位机软件安装流程、上位机界面参数配置方法以及基于上位机软件、读写器对电子标签进行读写操作。熟悉超高频 RFID ETC 系统集成后的功能测试和性能测试步骤和内容。

【知识准备】

4.5.1　超高频 RFID ETC 系统软件安装

压缩包 EpcTest_SDK_C#_Release.zip

1. 准备工作

首先在没有安装 VC++的计算机上进行如下操作：

① 把 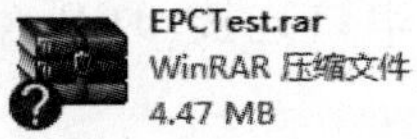

这个压缩包解压。

② 解压后将出现如下列表文件。其中：

- bin：存放已编译好的各语言版本 Demo。
- docs：存放 Demo 相关文档。
- Include：包含开发需要的一些头文件。
- lib：包含开发需要的底层库文件。
- samples：存放开发需要的示例源代码程序。
- tools：存放设备网络 IP 搜索工具及其他或许需要用到的工具。

2. 运行程序

找到 bin 下面的 VC++_32(其他语音版本功能类似，以 C++语言版本做介绍）文件夹下的 

，双击即运行 Demo 软件。

① 首先出现语言选择画面，如图 4-42 所示。

如果选择中文界面操作，单击“否”；需要选择英文操作界面，单击“是”。下面以中文操作界面介绍功能，其英文界面功能一致，只是语言不同，如图 4-43 所示。

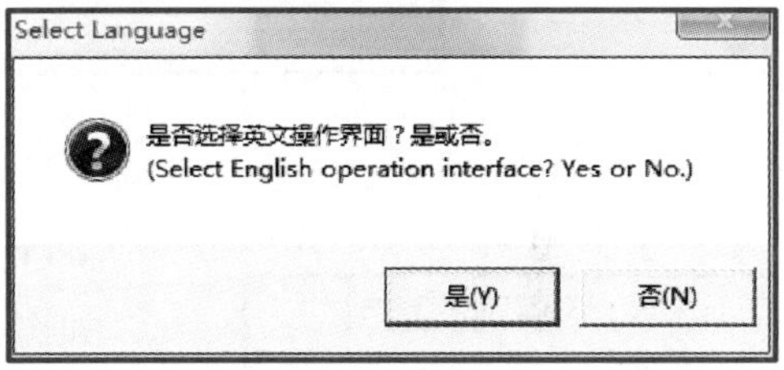

图 4-42　语言选择界面

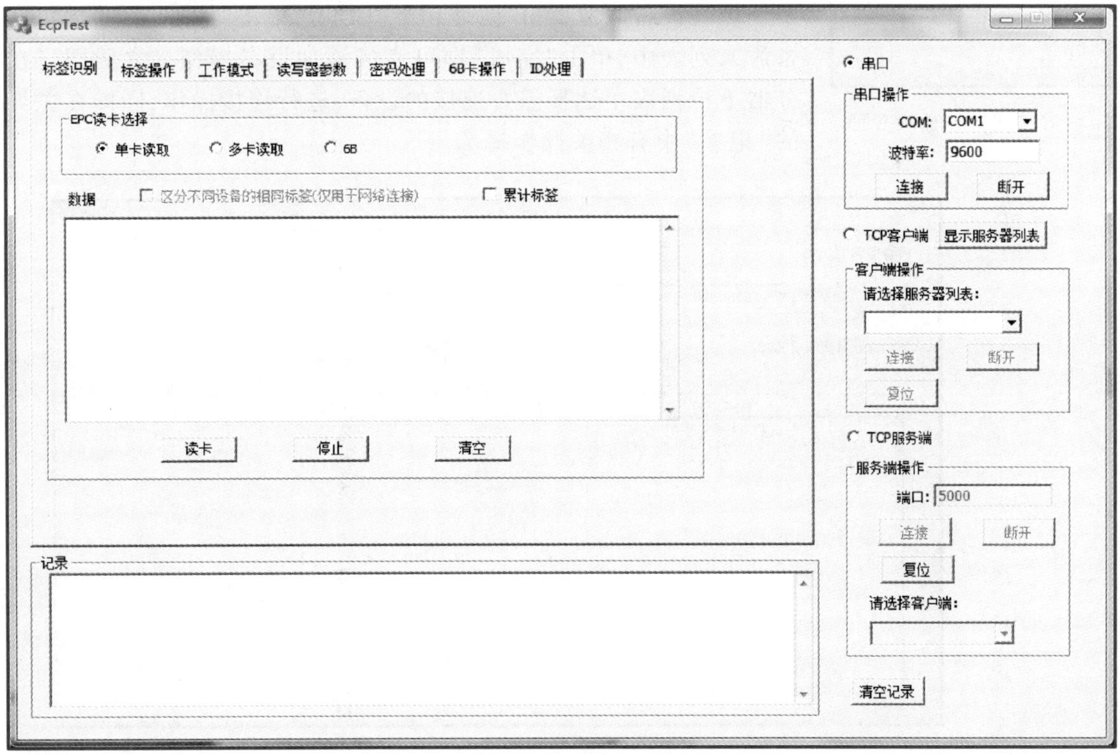

图 4-43　程序运行主界面

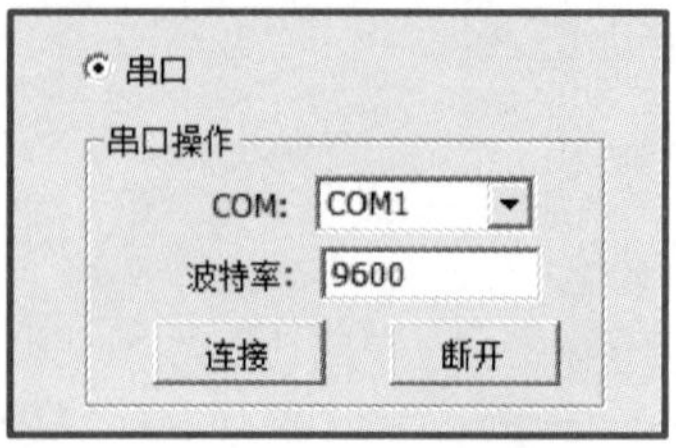

图 4-44 串口配置

② 连接界面介绍：有三种连接方式：串口连接、TCP 客户端连接和服务端连接。

- 串口连接：

选择正确的串口号和波特率后，单击“连接”按钮即可连接设备，连接成功后“记录”中有相关记录，如图 4-44、图 4-45 所示。

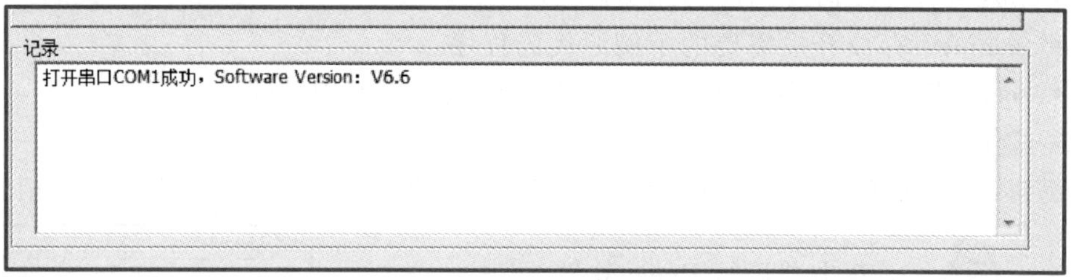

图 4-45 连接成功记录信息

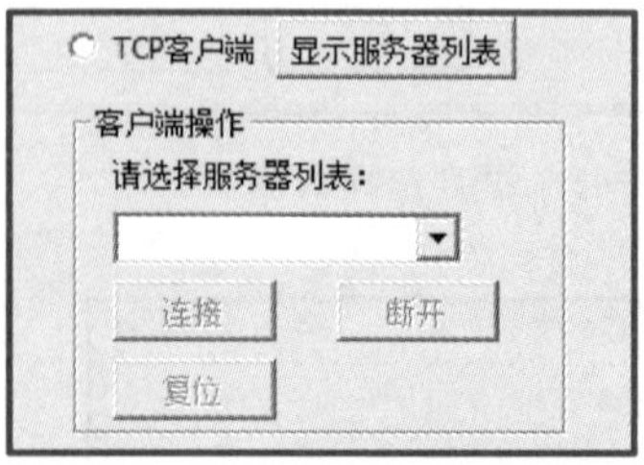

图 4-46 服务器选项界面

- TCP 客户端连接：

如图 4-46 所示，选中“TCP 客户端”，该方式下，将读卡设备设置为服务端。该软件作为客户端去连接服务器。单击“显示服务器列表”添加设备连接信息，如图 4-47 所示。

填写设备服务器 IP 地址和端口号后，单击“添加设备”即可将设备添入列表中，单击“完成”即可完成添加设备操作。之后即可在服务器下拉列表中选择需要连接的设备，进行连接操作，同样在主界面的“记录”中有相关操作提示。

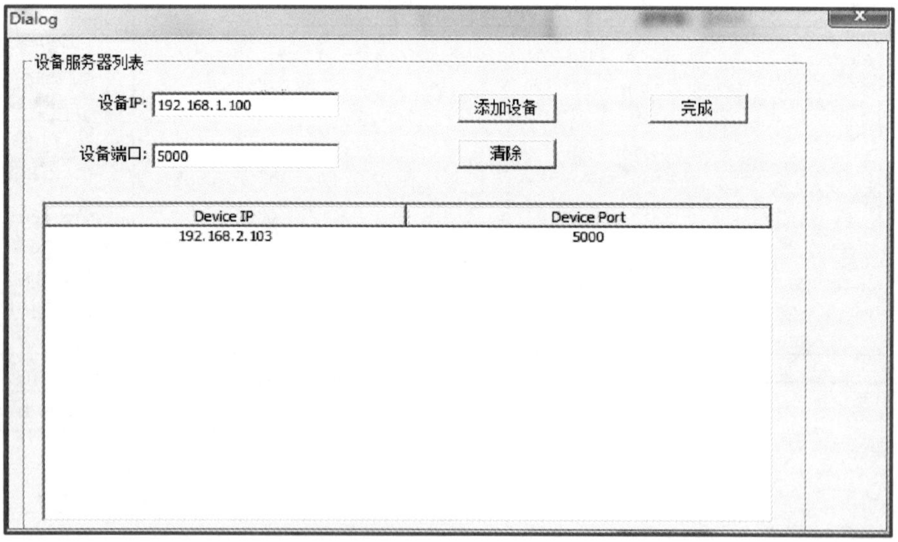

图 4-47 添加设备连接界面

- TCP 服务端连接：

选中“TCP 服务端”，该方式下，读卡器设备是作为客户端，当你选择对应的端口后，单击“连接”操作后，设备会主动连接，之后可以在客户端列表中选择需要操作的设备进行操作，如图 4-48 所示。

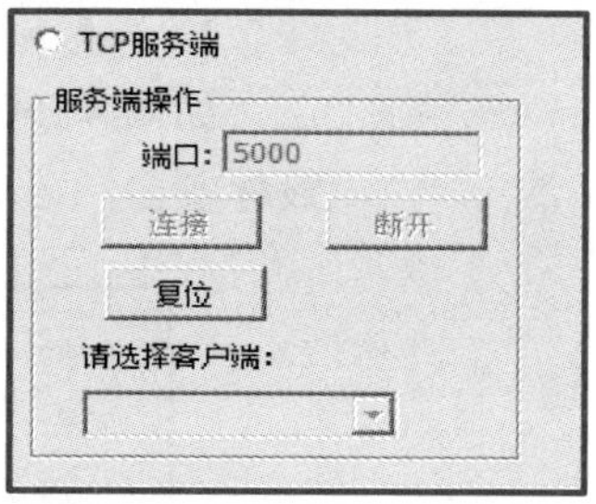

图 4-48 TCP 客户端

4.5.2 超高频 RFID ETC 系统阅读器操作

首先选择串口连接方式，然后依次完成标签识别、标签操作、工作模式、读写器参数、6B 卡操作等。

1. 标签识别

“标签识别”模式，可以选择“单卡读取”还是“多卡读取”，如图 4-49 所示，选中读卡模式后单击“读卡”按钮即可以把读出来的卡的 ID 号显示在“数据”栏中。

- “停止”按钮在读单卡模式下无效，在读多卡模式下为暂停读多卡。
- “清空”按钮为清除读到的 ID 号。
- “区分不同设备的相同标签”该功能只用于网络连接操作，勾选后，每张标签数据前会出现设备 IP 地址来代表哪台设备读取的标签。
- “累积标签”该功能仅用于读多卡操作，勾选后读卡标签数据将会累积。

注意：如果连接了多台设备的话，读多卡操作将启动所有设备读卡功能，停止也将停止所有读卡操作。而除多卡操作外，其他功能的操作都是针对列表中选中的设备进行操作。

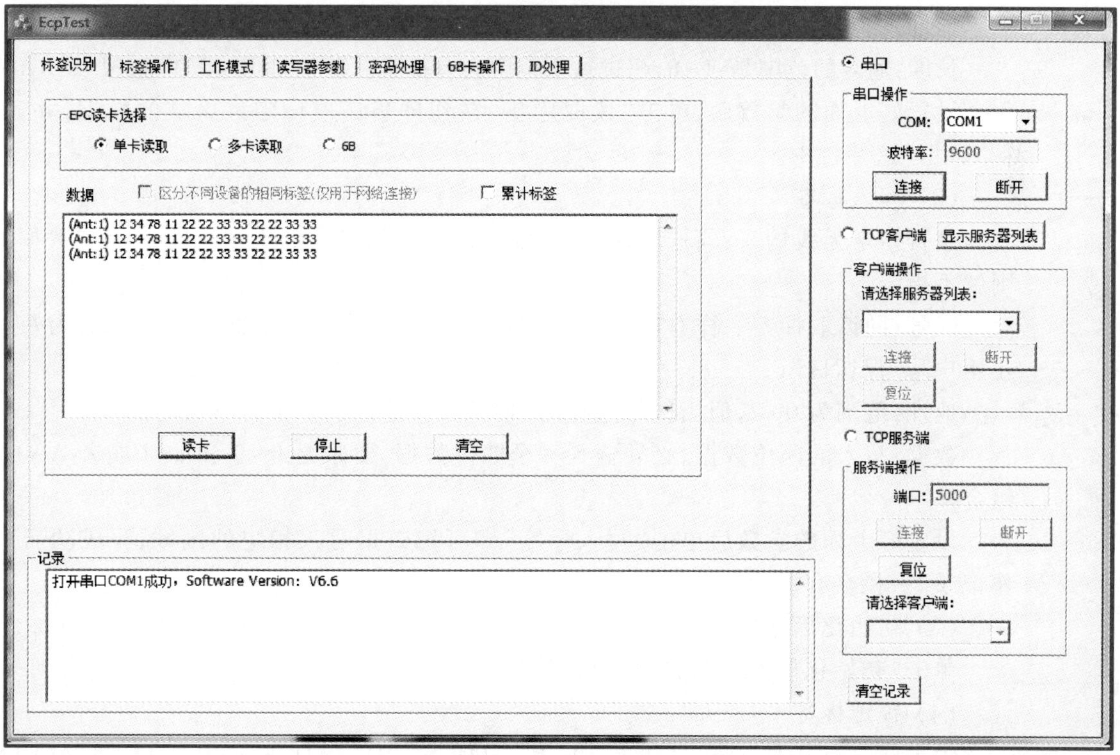

图 4-49 标签识别界面

2. 标签操作

如图 4-50 所示,标签操作包括:读取标签、写入标签、初始化标签、锁定标签和销毁标签。

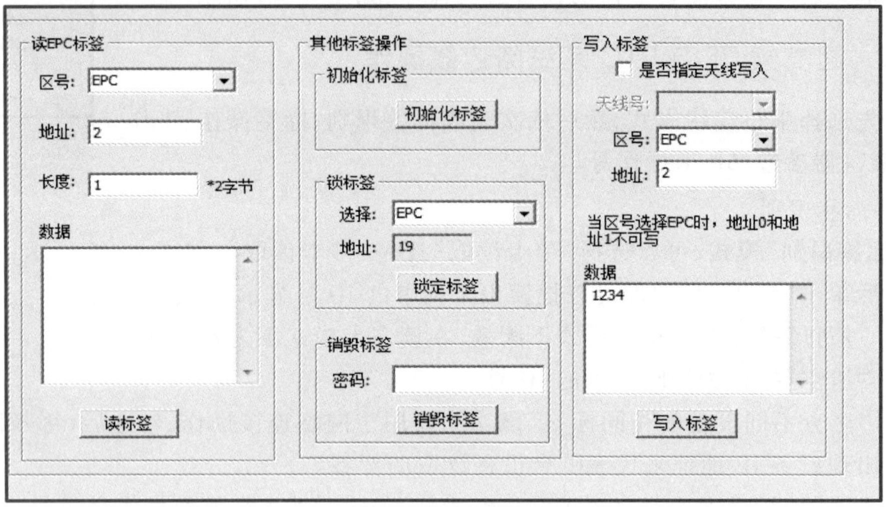

图 4-50 标签操作界面

(1) 读取标签

区号:只有"保留区""EPC 区""TID 区"和"用户区"四个区选择。

地址:输入的范围是:0~7,超过这个范围会有提示。

长度:输入的范围是:1~8,超过这个范围会有提示。单位是 Word(1 Word=2 Byte)。

设置好上面的参数后,单击"读取标签"按钮即可读取设定好区域的数据,并显示在"数据"这一栏中。

(2) 写入标签

是否指定天线输入:勾选的话,就可以选择下面的指定的天线号写入标签数据,否则就不指定。

区号:同读取标签一样有四个区号,但选择"保留区"时,下面的参数都变为灰,禁止用户写"保留区"。

地址:范围为 0~7,但当区号选择为"EPC"时,地址 0 和 1 是不可写的。

数据:写入的四位数据,必须输入一个四位数据,要求是 0~9 和 a~f 或者 A~F 的组合。

设置好上面的参数后单击"写入标签"即可把数据写入相应的区域,写成功后"操作记录"一栏会有提示。

(3) 初始化标签

单击"初始化标签"按钮即可对标签初始化。

(4) 锁定标签

锁定标签有几种选择"LOCK USER""LOCK TID""LOCK EPC""LOCK ACCES""LOCK KILL"和"LOCK ALL"。

LOCK USER：锁定用户区，一旦被锁定，用户区的数据只能读出不能被修改。

LOCK EPC：锁定 EPC 区，一旦被锁定，EPC 区的数据只能读出不能被修改。

LOCK TID：锁定 TID 区，一旦被锁定，TID 区的数据只能读出不能被修改。

LOCK ACCES、LOCK KILL 和 LOCK ALL 功能这里不做说明，请用户最好不要用这几个功能，因为这几个锁定会损坏标签。

（5）锁毁标签

在锁毁标签时要输入一个 8 位的密码，无密码不能进行锁毁标签操作，一旦标签锁毁后，这张标签即失效，请切记谨用。

3. 参数设置

（1）工作方式参数

工作参数选项界面如图 4-51 所示。

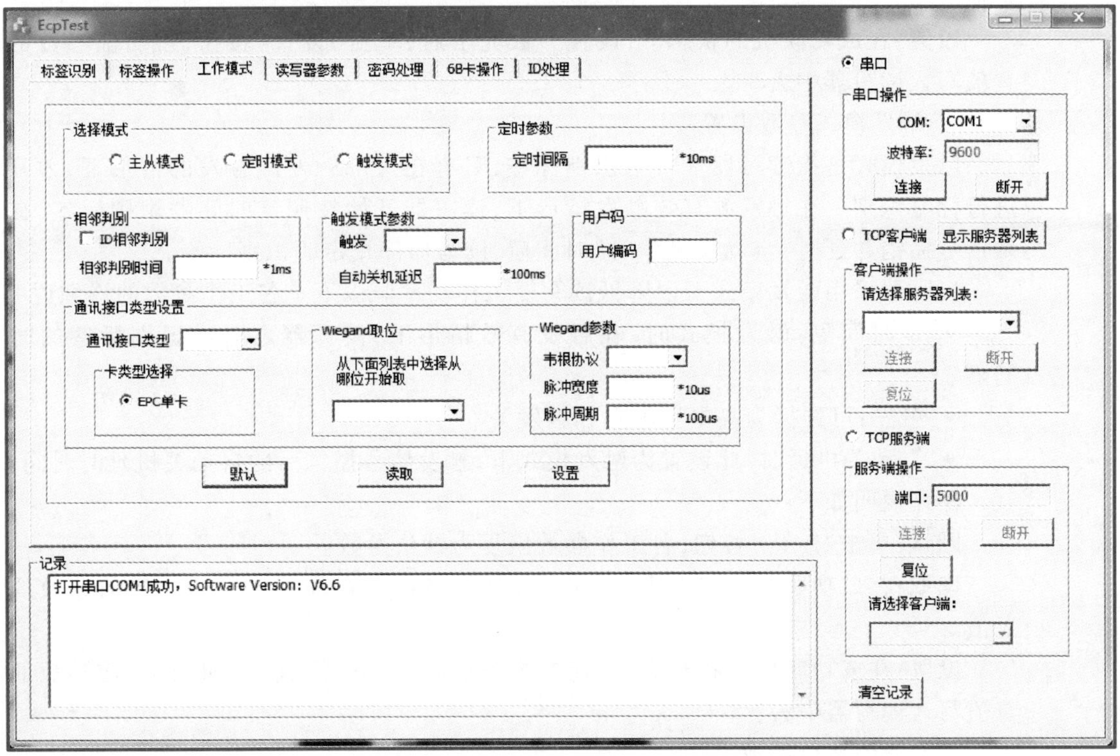

图 4-51　工作参数选项界面

① 主从模式参数设置

主从模式是指对读写器的操作完全通过主机来操纵的工作方式，此时，读写器工作参数设置比较简单。相应操作说明如下：

默认：单击“默认”按钮，各工作参数恢复为默认参数。

读取：在成功联机的状态下，单击“读取”按钮，可查询到读写器中当前参数的设置值。

设置：在成功联机的状态下，设置参数完毕后，单击“设置”按钮，将当前参数的设置值写入读写器中去。

② 定时模式参数设置

定时模式是读写器按照设定的时间间隔，周期性识别标签的一种工作方式。下面是各参数的详细说明。

- 定时间隔：定时工作方式时，读写器定时地识别标签的时间间隔。
- ID 相邻判别：读写器实现了标签 ID 数据过滤功能。如果选中 ID 相邻判别，则读写器每次识别标签 ID 数据后，与前一个有效标签 ID 数据比较，如果相同则丢弃本次识别的标签 ID 数据，如果不同则判别为新的有效标签 ID 数据。如果未选中 ID 相邻判别，读写器识别到的标签 ID 数据都为有效数据。

操作说明如下：

默认：单击“默认”按钮，各工作参数恢复为默认参数。

读取：在成功联机的状态下，单击“读取”按钮，可查询到读写器中当前参数的设置值。

设置：在成功联机的状态下，设置参数完毕后，单击“设置”按钮，将当前参数的设置值写入读写器中去。

③ 触发模式参数设置

触发模式是指读写器平时不识别标签，只有在外部触发源触发的情形下，才开始进行标签识别。在触发源有效触发情形下，读写器开始按照定时间隔识别标签，在触发信号撤销并延时“自动关机延时”时间后，读写器停止定时识别标签。

读写器采用触发模式可以降低读写器工作功率。以下是各工作参数的详细说明。

- 定时间隔：触发模式时，在触发有效情形下，读写器定时地识别标签的时间间隔。
- 触发：可选择为高电平触发和触发关。
- 自动关机延时：此设置为触发模式下，触发信号撤销后的自动关机延时时间。

操作说明如下：

默认：单击“默认”按钮，各工作参数恢复为默认参数。

读取：在成功联机的状态下，单击“读取”按钮，可查询到读写器中当前参数的设置值。

设置：在成功联机的状态下，设置参数完毕后，单击“设置”按钮，将当前参数的设置值写入读写器中去。

（2）通信接口参数

- 通信接口类型：根据读写器与控制器通信接口的不同，可选择 Wiegand 或 RS485、RS232 接口。

① 当输出接口选择 RS232 接口时，以下与 RS232 接口有关的工作参数需要配置。

波特率设置：RS232 接口的初始波特率值，本参数只能设为 9 600。

② 当输出接口选择 RS485 接口时，以下与 RS485 接口有关的工作参数需要配置。

波特率设置：RS485 接口的初始波特率值，本参数只能设为 9 600。

③ 当输出接口选择 Wiegand 接口时，以下与 Wiegand 接口有关的工作参数需要配置。

√ 韦根协议：可以选择 Wiegand26、Wiegand32 和 Wiegand34

√ 脉冲宽度：Wiegand 协议中脉冲输出的宽度

√ 脉冲周期：Wiegand 协议中脉冲输出的周期

√ 用户编码：用户给该读写器分配的站地址编码，在运用时以区分于其他的设备。可设置为 0～ff。

(3) 读写器参数

如图 4-52 所示，读写器参数设置如下：

- 功率设置：读写器 RF 功率值设定，功率有效值范围是 0～150，功率值越大，读写器与标签有效通信距离就越远。功率值可以根据应用要求进行适当的调整。
- 天线设置：依据不同的读写器型号可以分为单通道和多通道，对于多通道读写器，可以根据读写器外接天线的实际情况和应用要求，选中相应的工作天线。
- 读卡方式：读卡方式分为单卡和多卡两种方式。单卡方式，读写器有效作用范围内只有单张标签时，可以选用单卡方式。多卡方式，采用防冲突算法进行标签 ID 识别，多卡识别可以识别读写器有效作用范围内的多张标签。
- 频率设置：读写器可以定频或跳频工作。定频是指读写器与标签之间以一个固定频率进行通信，用户可以从频点下拉列表中选择一个频点；跳频是指读写器与标签之间以选择的频点序列进行通信。用户可以选择读写器跳频或定频模式工作。

操作说明如下：

默认：单击“默认”按钮，各工作参数恢复为默认参数。

读取：在成功联机的状态下，单击“读取”按钮，可查询到读写器中当前参数的设置值。

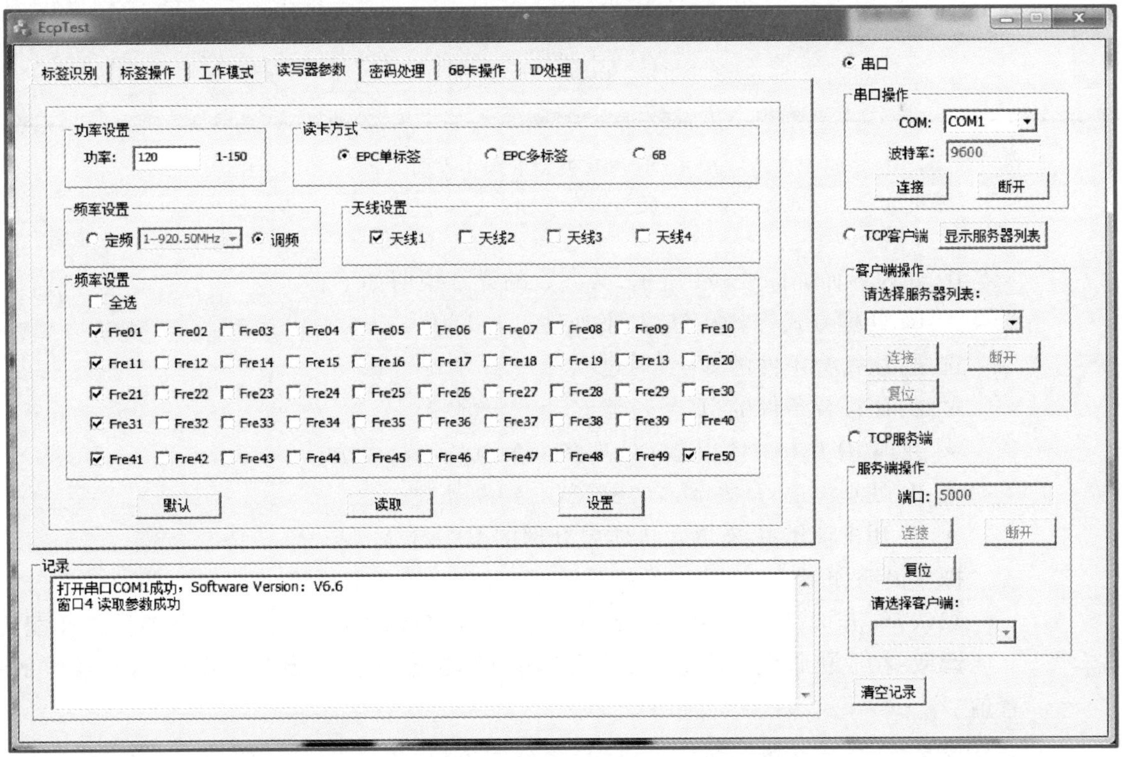

图 4-52　读写器参数设置界面

设置:在成功联机的状态下,设置参数完毕后,单击“设置”按钮,将当前参数的设置值写入读写器中去。

(4) 6B 卡操作

该功能类似标签操作,但仅用于 6B 类型卡操作,如图 4-53 所示。

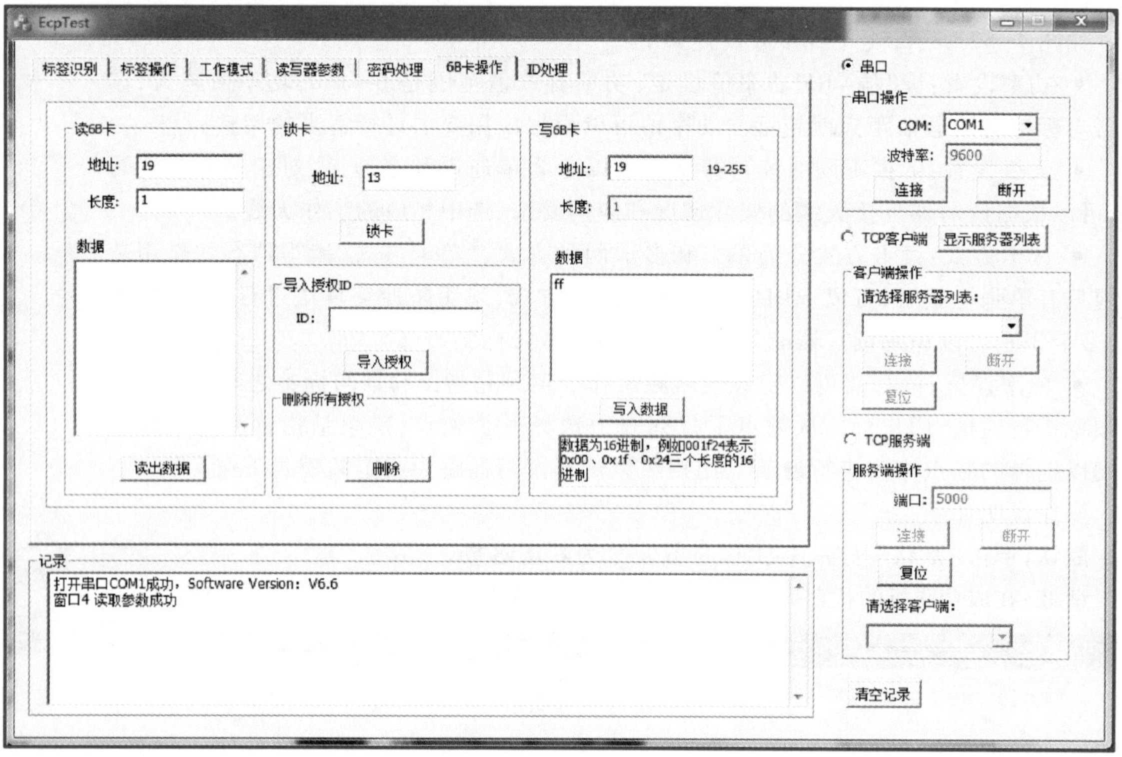

图 4-53 6B 类型卡操作界面

(5) ID 处理

ID 处理界面如图 4-54 所示,其参数的详细说明如下:

- ID 处理方式:选通,过滤,不处理。

选通:让符合条件的 ID 号通过

过滤:让符合条件的 ID 号过滤

- 处理 ID Byte 个数:选择处理多少个 ID 字节,可选;
- ID 处理次序:从左到右,还是从右到左处理;
- ID BUFFER:用来填入具体要处理的 ID 号。

操作说明如下:

默认:单击“默认”按钮,各工作参数恢复为默认参数。

读取:在成功联机的状态下,单击“读取”按钮,可查询到读写器中当前参数的设置值。

设置:在成功联机的状态下,设置参数完毕后,单击“设置”按钮,将当前参数的设置值写入读写器中去。

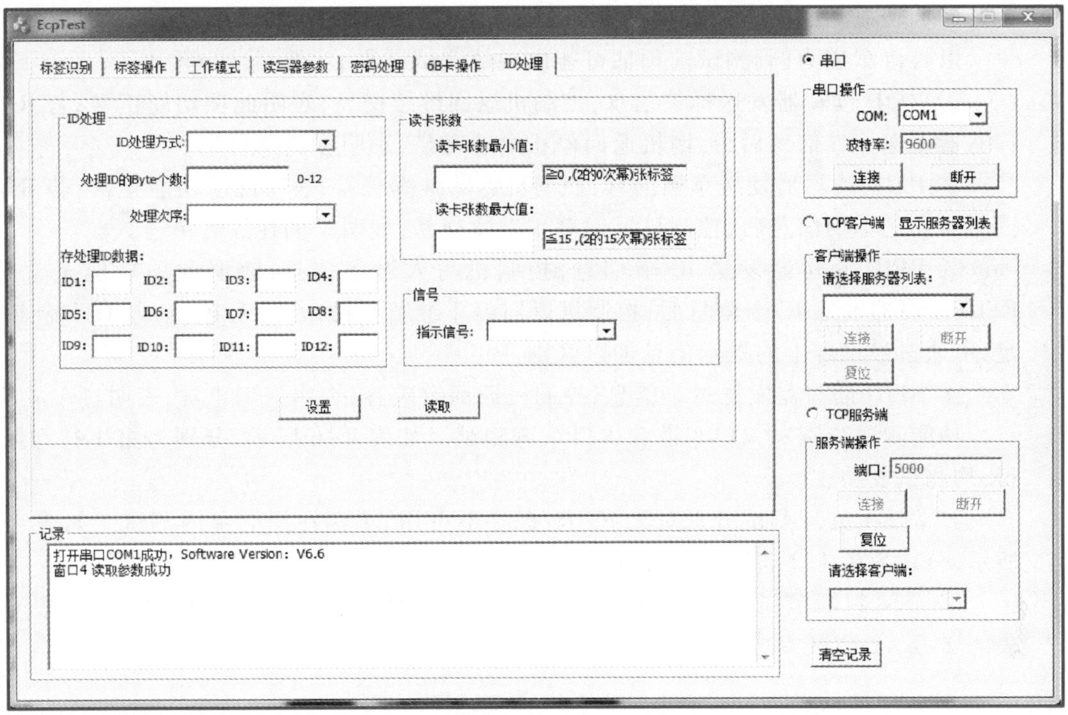

图 4-54　ID 处理界面

【任务实施】

4.5.3　超高频 RFID ETC 系统测试

ETC 系统集成后，即将进入工程项目的测试环节。评判系统软件是否能正常使用、功能和性能如何、设计和维护是否存在漏洞，都需要通过系统测试来确定。

如图 4-55 所示，系统测试包括功能测试和性能测试两部分。功能测试包含车辆交易测试、异常情况处理测试、IC 余额判断测试。性能测试包含可靠性测试和稳定性测试。

图 4-55　ETC 系统测试现场图

（1）功能测试

以入口车道为例，测试前预估可能出现的测试结果，功能测试步骤如下：

① RFID 读写器发送标签信息，控制机返回继续交易，表明此项功能正常；若 RFID 读写器发送标签信息后，控制机返回停止继续交易，表明标签不可用。

② RFID 读写器发送车辆信息，控制机返回继续交易，表明此项功能正常；若 RFID 读写器发送车辆信息后，控制机返回停止继续交易，表明车辆在黑名单内。

③ RFID 读写器发送 IC 卡信息，控制机写入过车信息，表明此项功能正常；若 RFID 读写器发送 IC 卡信息后，控制机返回停止继续交易，表明无 IC 卡或 IC 卡余额不足，可通过显示屏上的提示信息加以区别。

④ RFID 读写器发送过车信息，控制机返回空应答，表明一切正常，表明过车成功。

功能测试分别对入口车道和出口车道测试。如表 4-6 所示，分别为第 1 行和第 2 行，均测试成功。

异常情况处理测试分别对无 IC 卡、标签不可用、车辆在黑名单内测试。如表 4-7 所示，分别为第 1、2、3 行，均测试成功。

IC 余额判断测试主要测试 ETC 软件是否能判断出 IC 卡余额不足的情况。如表 4-8 所示，测试成功。

教学课件
RFID ETC 系统的功能测试.ppt

微课
RFID ETC 系统软件的功能.mp4

表 4-6 车辆交易测试

测试所用		测试结果		是否可用
标签卡号	IC 卡号	数据流程	界面显示	
0299be	0231231	1. 读写器→控制机：发送 B2（OBU 信息） 2. 控制机→RSU：返回 C1（继续交易） 3. RSU→控制机：发送 B3（车辆信息） 4. 控制机→RSU：返回 C1（继续交易） 5. RSU→控制机：发送 B4（IC 卡信息） 6. 控制机→RSU：返回 C8（写入过车信息） 7. RSU→控制机：发送 B4（过车信息） 8. 控制机→RSU：空应答	1. 显示过车记录 2. 显示 OBU 信息、IC 卡信息、车辆相关信息 3. 弹出提示：过车成功	是
0298rt	0243450	1. RSU→控制机：发送 B2（OBU 信息） 2. 控制机→RSU：返回 C1（继续交易） 3. RSU→控制机：发送 B3（车辆信息） 4. 控制机→RSU：返回 C1（继续交易） 5. RSU→控制机：发送 B4（IC 卡信息） 6. 控制机→RSU：返回 C6（扣款） 7. RSU→控制机：发送 B4（扣款信息） 8. 控制机→RSU：返回 C8（写入交易信息） 9. RSU→控制机：发送 B4（交易信息） 10. 控制机→RSU：空应答	1. 显示过车记录 2. 显示 OBU 信息、IC 卡信息、车辆相关信息 3. 弹出提示：过车成功	是

表 4-7　异常处理测试

测试所用		测试结果		是否可用
OBU 卡号	IC 卡号	数据流程	界面显示	
0299be	无卡	1. RSU→控制机:发送 B2(OBU 信息) 2. 控制机→RSU:返回 C1(继续交易) 3. RSU→控制机:发送 B3(车辆信息) 4. 控制机→RSU:返回 C1(继续交易) 5. RSU→控制机:发送 B4(IC 卡信息) 6. 控制机→RSU:返回 C2(停止继续交易)	显示该车无 IC 卡	是
034451	0231231	1. RSU→控制机:发送 B2(OBU 信息) 2. 控制机→RSU:返回 C2(停止继续交易)	显示该车 OBU 不可用	是
0296oe	0143462	1. RSU→控制机:发送 B2(OBU 信息) 2. 控制机→RSU:返回 C1(继续交易) 3. RSU→控制机:发送 B3(车辆信息) 4. 控制机→RSU:返回 C2(停止继续交易)	1. 显示 OBU 信息 2. 弹出提示:该车在车辆黑名单内。 3. 启动黄闪报警器报警	是

表 4-8　IC 余额判断测试

测试所用		测试结果		是否可用
OBU 卡号	IC 卡号	数据流程	界面显示	
0298rt	0243450	1. RSU→控制机:发送 B2(OBU 信息) 2. 控制机→RSU:返回 C1(继续交易) 3. RSU→控制机:发送 B3(车辆信息) 4. 控制机→RSU:返回 C1(继续交易) 5. RSU→控制机:发送 B4(IC 卡信息) 6. 控制机→RSU:返回 C2(停止继续交易)	1. 显示 OBU 信息、IC 卡信息、车辆相关信息。 2. 弹出提示:该 IC 卡余额不足,不能进行交易。	是

(2) 性能测试

可靠性测试主要测试软件在突发情况下的运行是否正常。如表 4-7 所示,以车道网络中断为例,测试成功。稳定性测试主要测试软件在长时间高负荷状态下连续运行是否稳定,有无死机、延缓等异常现象出现。通过在室内放置一台车道控制机,准备标签、IC 卡和读写器。设定读写器与电子标签之间的交易时间为 1 s,每次交易扣款金额为 0.01 元,以此大幅增加 ETC 软件交易的频率,来测试其稳定性。

如表 4-7 所示,软件经过近 10 天连续运行,中间没有出现故障现象。

根据以上测试表明,软件在功能和性能两大方面,无论是正常状态下过车交易还是异常状态下的相应处理,都可以达到预期效果,满足使用者的具体需求。经过以上测试,表明软件可以通过测试项目,达到预期的工作状态,该软件开发也就完成了。

【问题研讨】

读写器上位机界面参数配置要点有哪些？编写简易超高频 ETC 系统功能测试步骤和性能测试内容，增强对复杂系统的测试认知。

习题与测试

习题答案

1. 工作频率为 300 MHz～3 GHz 的标签是(　　)。

A. 低频电子标签　　B. 高频电子标签

C. 超高频电子标签　　D. 微波电子标签

2. EPC C1 G2 协议与下述哪个协议相同？(　　)

A. ISO/IEC 18000-2　　B. ISO/IEC 18000-3

C. ISO/IEC 18000-6　　D. ISO/IEC 18000-7

3. UHF 电子标签的主要厂商有(　　)。

A. NXP　　B. Impinj　　C. Alien　　D. 以上都是

4. 下列属于 RFID ETC 系统的典型结构有(　　)。

A. 车辆自动识别系统　　B. 自动车型分类系统

C. 违章车辆抓拍系统　　D. 以上都是

5. ETC 的硬件组成包括(　　)。(多选题)

A. 车道控制器　　B. RSU　　C. OBU　　D. CBU

6. 车辆自动识别系统包括(　　)。(多选题)

A. ETC 门架　　B. ETC 天线　　C. 车载标签　　D. 车辆分类器

7. 目前国际上与 RFID UHF 相关的通信标准主要有(　　)。(多选题)

A. ISO/IEC 18000 标准　　B. EPCglobal 标准

C. UID 标准　　D. AIM Global 标准

8. 下列属于超高频 RFID 系统特性的有(　　)。(多选题)

A. 阅读距离大　　B. 速度快　　C. 封装形式多样　　D. 频率低

9. 超高频 RFID 标签的应用有(　　)。(多选题)

A. 小型物品标识　　B. 银行卡　　C. 车辆管理　　D. 校园卡

10. UID 标准体系主要采用的频段为 2.45 GHz 和 13.56 MHz。(　　)(判断题)

A. 正确　　B. 错误

附录1 缩略语英汉对照表

缩写	英文全称	中文全称
AES	Advanced Encryption Standard	高级加密标准
ALE	Application Level Events	应用层事件
AM	Amplitude Modulation	调幅
ASCII	American Standard Code for Information Interchange	美国信息交换标准代码
ASIC	Application Specific Integrated Circuit	专用集成电路
ASK	Amplitude shift keying	幅移键控法
AVC	Automatic Vehicle Classification Systems	自动车型分类系统
AVI	Automatic Vehicle Identification Systems	车辆自动识别系统
BF	Busy Flag	忙标志位
CCD	Close Coupling Device	密耦合设备
CDMA	Code Division Multiple Access	码分多路法
CGROM	Code Generation ROM	字符发生存储器
CICC	Close-coupled Integrated Circuit card	密耦合集成电路卡
CRC	Cyclic Redundancy Check	循环冗余校验
CRM	Customer Relationship Management	客户关系管理
DES	Data Encryption Standard	数据加密标准
DSRC	Dedicated Short Range Communication	专用短程通信
DSP	Digital Signal Processor	数字信号处理器
EAN	European Article Numbering	国际物品编码协会
EAS	Electronic Article Surveillance	电子商品防盗系统
EEPROM	Electrially Erasable ROM	电擦除可编程只读存储器
EPC	Electronic Product Code	电子产品编码
EPCIS	EPC Information Service	EPC 信息服务

续表

缩写	英文全称	中文全称
ERP	Enterprise Resource Planning	企业资源规划
ETC	Electronic Toll Collection	电子不停车收费
FDMA	Frequency Division Multiple Access	频分多路法
FM	Frequency Modulation	调频
FPGA	Field-Programmable Gate Array	现场可编程门阵列
FRAM	Ferromagnetic RAM	铁电存储器
FSK	Frequency shift keying	频移键控法
IC	Integrated Circuit	集成电路
ID	Identification Card	身份识别卡
IEC	International Electrotechnical Commission	国际电工技术委员会
IOT	Internet of Things	物联网
ISBN	International Standard Book Number	国际标准图书编号
ISO	International Organization for Standarization	国际标准组织
JAN	Japanese Article Number Code	日本通用商品编码
LCD	Liquid Crystal Display	液晶显示器
LoRa	Long Range	超长距离低功耗数据传输技术
LRC	Longitudinal Redundancy Check	纵向冗余校验
MCU	Microcontroller Unit	微控制器
NB-IOT	Narrow Band Internet of Things	窄带物联网
NFC	Near Field Communication	近距离无线通信
NRZ	Non Return Zero	反向不归零
OBU	On board Unit	车载单元
OCR	Optical Character Recognition	光学字符识别
ONS	Object Name Service	对象名解析服务
OOK	On-Off Keying	开关键控
PCD	Proximity Coupling Device	近耦合设备
PICC	Proximity-coupled Integrated Circuit card	近耦合集成电路卡
PIE	Pulse Interval Encoding	脉冲间隔编码

续表

缩写	英文全称	中文全称
PLL	Phase Locked Loop	锁相环
PM	Phase Modulation	调相
PPM	Pulse Position Modulation	脉冲位置调制
PSK	Phase shift keying	相移键控法
PVC	Polyvinyl chloride polymer	聚氯乙烯
QAM	Quadrature Amplitude Modulation	正交调幅编码
RF	Radio Frequency	射频
RFID	Radio Frequency Identification	射频识别,无线射频识别
RSU	Road Side Unit	路测单元
RTF	Read Talk First	读写器先发言
SCM	Supply Chain Management	供应链管理
SDMA	Space Division Multiple Access	空分多路法
SMA	Sequential Multiple Analysis	连续多种分析
SPI	Serial Peripheral interface	串行外围设备接口
SQL	Structured Query Language	结构化查询语言
SRAM	Static Random Access Memory	静态随机存储器
TDMA	Time Division Multiple Access	时分多路法
TRON	The Real-time Operating system Nucleus	实时操作系统内核
TTF	Tag Talk First	标签先发言
UART	Universal Asynchronous Receiver/Transmitter	通用异步收发传输器
UCC	Uniform Code Council	美国统一代码协会
UPC	Universal Product Code	通用商品条码
UWB	Ultra Wideband	超宽带通信协议
VCD	Vicinity Coupling Device	疏耦合设备
VCO	Voltage Controlled Oscillator	压控振荡器
VES	Video Enforcement Systems	违章车辆抓拍系统
VICC	Vicinity-coupled Integrated Circuit card	疏耦合集成电路卡
WMS	Warehouse Management System	仓库管理系统

附录2　RFID设备供应商

公司 LOGO	公司网站	主要频段
ALIEN	http://www.alientechnology.com	915 MHz、2.45 GHz,无源
AWID	http://www.awid.com	915 MHz、2.45 GHz,无源
TagMaster	http://www.tagmaster.com	2.45 GHz,有源
inside secure	https://www.insidesecure-finance.com/en/	13.56 MHz,无源
	http://www.shhic.com	13.56 MHz,无源
Texas Instruments	http://www.ti.com.cn	13.56 MHz,无源
CROSSECOM	http://www.crossecom.com	有源
SCS STUNS CONSULTING SERVICES, INC.	http://www.scs-corp.com	915 MHz、2.45 GHz,无源
PARAGON ID	http://www.paragon-id.com/en	869 ~ 915 MHz、13.56 MHz,无源
savi	http://www.savi.com	125 kHz、443 MHz,有源
ier Bolloré	http://www.ier.fr/	915 MHz,无源
Symbol Technologies	http://www.symboltech.net/	915 MHz,无源

续表

公司 LOGO	公司网站	主要频段
μe m em microelectronic	http://www.emmicroelectronic.com	915 MHz，无源
Honeywell THE POWER OF CONNECTED	http://www.honeywellaidc.com	915 MHz、2.45 GHz，无源
STid Electronic Identification	http://www.stid.com	125 kHz、13.56 MHz、915 MHz，无源、有源
Q FREE LEADING THE WAY	http://www.q-free.com/	5.8 GHz，有源
VEIC	http://www.veic.org	915 MHz，无源、有源
远望谷	http://www.invengo.cn	915 MHz，无源、有源
ASSA ABLOY	http://www.sokymat.com	915 MHz，无源
infineon 英飞凌	http://www.infineon.com/cn	13.56 MHz，无源
MICROCHIP	http://www.microchip.com/	13.56 MHz，无源
LEGIC	http://www.legic.com/	13.56 MHz，无源
HITACHI Inspire the Next	http://www.hitachi.com	2.45 GHz，无源

参考文献

[1] 方龙雄.RFID 技术与应用[M].北京:机械工业出版社,2013.

[2] 刘胜利.食品安全 RFID 全程溯源及预警关键技术研究[M].北京:科学出版社,2012.

[3] 彭力,冯伟.无线射频识别(RFID) 工程实践[M].北京:北京航空航天大学出版社,2013.

[4] 游战清,刘克胜,张义强,等.无线射频识别技术(RFID)规划与实施[M].北京:电子工业出版社,2005.

[5] 慈新新,王苏滨,王硕.无线射频识别(RFID)系统技术与应用[M].北京:人民邮电出版社,2007.

[6] 游战清.无线射频识别技术(RFID)理论与应用[M].北京:电子工业出版社,2004.

[7] 刘岩.RFID 通信测试技术及应用[M].北京:人民邮电出版社,2010.

[8] 黄玉兰.物联网·射频识别(RFID)核心技术详解[M].北京:人民邮电出版社,2013.

[9] 刘同娟,杨岚清,胡安琪.RFID 与 EPC 技术[M].北京:机械工业出版社,2016.

[10] 夏巴纳.RFID 与物联网(法)[M].北京:清华大学出版社,2016.

[11] 张新程,付航,李天璞,等.物联网关键技术[M].北京:人民邮电出版社,2007.

[12] 张智文.射频识别技术理论与实践[M].北京:中国科技技术出版社,2007.

[13] 王洪泊.物联网射频识别技术[M].北京:清华大学出版社,2013.

[14] 慈新新,王苏滨,王硕.无线射频识别(RFID)系统技术与应用[M].北京:人民邮电出版社,2007.

[15] 饶运涛,邹继军.电子标签技术[M].北京:北京航空航天大学出版社,2011.

[16] Klaus Finkenzeller.射频识别技术原理与应用[M].6 版.北京:电子工业出版社,2015.

[17] 周晓光,王晓华.射频识别(RFID)系统设计、仿真与应用[M].北京:人民邮电出版社,2008.

[18] 董丽华,等.RFID 技术与应用[M].北京:电子工业出版社,2008.

[19] 许毅,陈建军.RFID 原理与应用[M].北京:清华大学出版社,2013.

[20] 章伟,甘泉.UHF RFID 标签天线设计、仿真及实践[M].北京:电子工业出版社,2012.

[21] 王佳斌,张维纬,黄诚惕.RFID 技术及应用[M].北京:清华大学出版社,2016.

读者意见反馈

为收集对教材的意见建议，进一步完善教材编写并做好服务工作，读者可将对本教材的意见建议通过如下渠道反馈至我社。

咨询电话　400-810-0598

反馈邮箱　gjdzfwb@ pub.hep.cn

通信地址　北京市朝阳区惠新东街4号富盛大厦1座

高等教育出版社总编辑办公室

邮政编码　100029